高等院校信息技术系列教材

# 计算机组成原理
## （微课版）

朱世宇 孙令翠 王慧英 万川梅 包海宾 章蕊 编著

清华大学出版社
北京

## 内 容 简 介

本书系统介绍计算机的设计方法和运行方式。全书共 9 章。第 1 章为计算机系统概论,第 2 章介绍布尔代数与逻辑电路,第 3 章介绍数据表示,第 4 章介绍运算器,第 5 章介绍存储系统,第 6 章介绍指令系统,第 7 章介绍中央处理器,第 8 章介绍输入输出系统,第 9 章给出几个 TD-CMA 实验箱实验。

本书可作为应用型高校计算机专业的"计算机组成原理"课程教材,也可作为计算机领域开发应用人员的参考书。

**图书在版编目(CIP)数据**

计算机组成原理:微课版/朱世宇等编著. —北京:清华大学出版社,2023.4
高等院校信息技术系列教材
ISBN 978-7-302-62883-5

Ⅰ.①计⋯ Ⅱ.①朱⋯ Ⅲ.①计算机组成原理-高等学校-教材 Ⅳ.①TP301

中国国家版本馆 CIP 数据核字(2023)第 037781 号

责任编辑:白立军 战晓雷
封面设计:常雪影
责任校对:韩天竹
责任印制:沈 露

出版发行:清华大学出版社
　　　　　网　　　址:http://www.tup.com.cn,http://www.wqbook.com
　　　　　地　　　址:北京清华大学学研大厦 A 座　　　邮　　编:100084
　　　　　社 总 机:010-83470000　　　　　　　　　邮　　购:010-62786544
　　　　　投稿与读者服务:010-62776969,c-service@tup.tsinghua.edu.cn
　　　　　质量反馈:010-62772015,zhiliang@tup.tsinghua.edu.cn
　　　　　课件下载:http://www.tup.com.cn,010-83470236
印 装 者:三河市铭诚印务有限公司
经　　销:全国新华书店
开　　本:185mm×260mm　　　印　　张:15　　　字　　数:350 千字
版　　次:2023 年 6 月第 1 版　　　　　　　　印　　次:2023 年 6 月第 1 次印刷
印　　数:1~2000
定　　价:49.00 元

产品编号:095744-01

# 前言

习近平总书记在中国共产党第二十次全国代表大会上的报告中指出：教育、科技、人才是全面建设社会主义现代化国家的基础性、战略性支撑。必须坚持科技是第一生产力、人才是第一资源、创新是第一动力，深入实施科教兴国战略、人才强国战略、创新驱动发展战略，这三大战略共同服务于创新型国家的建设。报告同时强调：推动战略性新兴产业融合集群发展，构建新一代信息技术、人工智能、生物技术、新能源、新材料、高端装备、绿色环保等一批新的增长引擎。

随着人工智能成为引领新一轮科技革命和产业变革的核心技术，计算机已经做到了人们期望它做到的一切——甚至更多。计算机在制造、金融、教育、医疗和交通等领域的应用不断落地，极大地改变了现有的生产和生活方式。计算机是几乎所有现代技术的核心。计算机组成原理对于理解计算机如何运作至关重要，本书探讨了计算机系统的基本组成部分和组织结构，为读者提供了坚实的基础，以理解计算机如何用于模拟或实现人类学习行为，获取新知识或技能，重新组织现有知识结构以不断提高其性能，并最终实现智能。任何对计算机及其相关领域感兴趣的人，计算机组成原理都是必不可少的，它是计算机技术的核心，是计算机运行的根本。

由于计算机本身对计算的发展产生了巨大影响，因此在计算的课程体系中大多包含一门有关计算机如何工作的课程，如"计算机组成原理与系统结构"。大学中的计算机科学或计算机工程方向的培养方案中都会有这样一门课程。实际上，专业和课程的认证机构都将计算机体系结构作为一项核心要求。比如，计算机体系结构就是 IEEE 计算机协会和 ACM 联合发布的计算学科课程体系的中心内容。介绍计算机如何工作与实现的课程有很多名称。有人将它称作硬件课，也有人将它称作计算机体系结构，还有人将它称作计算机组成原理，以及它们之间的各种组合。

"计算机组成原理"的教材有很多，不过作为一门计算机类的专业基础课程，多数教材没有区分不同层次、不同专业的学生。"计算机组成原理"的课程会在 3 个不同的系讲授：电子工程系(EE)、电子与计算机工程系(ECE)、计算机科学系(CS)。这些系有自己的文化，也会从各自的角度看待计算机体系结构。电子工程系和电子与计算机工程系会关注电子学以及计算机的每个部件是如何工作的。面向这两个系的教材会将重点放在门电路、接口、信号和计算机组成上。而计算机科学系的学生大多没有足够的电子学知识背景，因此很难对那些强调电路设计的教材感兴趣。实际上，计算机科学系更强调底层的处理器体系结构与高层的计算机科学抽象之间的关系。

"计算机组成原理"是计算机专业的核心课程，但往往它很难被学生接受。这源于学生对这门课程的迷茫。这门课程学的是修计算机吗？组成原理有什么用？系统结构与什么岗位技能相关？很多人会有这样的疑惑。很多时候，学生无法学好一门课程，难度并非来源于课程知识本身，而是因为学生不了解相关知识的用途和应用场所。

通常，学生学习编程类课程的目标是很明确的。学生明白，学习这门课程就是学习如何编写程序，并且有所见即所得的效果。而学习"计算机组成原理"时，学生会很迷茫，计算机组成原理的知识对我们有什么用呢？清楚地解答这一问题，也是本书写作的初衷。很多想法源于在重庆工程学院讲授"计算机组成原理"课程的经历。编者在讲这门课程时总是期望能够更多地阐述这些知识的应用场景，让学生能清楚地认识到学什么、为什么学，以及学了有什么用。本书还加入了虚拟实验，通过编程完成虚拟实验，让学生直观地理解概念、明确应用场景。本书会形象地让学生"看到"概念，并让他们从实验中获得成就感，激发学习动力。此外，本书也讲述了许多有趣的道理。比如"少即是多"，因为 80% 的时间都是在使用 20% 的简单指令；又比如代码要少些循环和判断，是出于分支预测和多级流水线的原因。

尽管要写出一本能够同时满足电子工程系、电子与计算机工程系和计算机科学系的教材几乎是不可能的，但本书进行了有效的折中，它为电子工程系和电子与计算机工程系学生提供了足够的门级和部件级的知识，而这些内容也没有高深到使计算机科学系的学生望而却步的程度。由于本书覆盖了计算机组成原理的基础内容、核心知识以及高级主题，内容丰富，篇幅很大，所以它适合与"计算机组成原理"相关的不同课程裁剪使用。综合考虑国内高校计算机组成与结构系列课程的教学目标和课程设置，本书针对应用型本科院校学生的特点，以学以致用的思想为主线，按照循序渐进、逐步深入、重在实践的原则，加入大量仿真实验以帮助学生体会计算机知识的魅力。希望学生能以自上而下的方式看到代码如何被计算机执行，也能自下而上地从门电路开始搭建一台计算机。

全书共 9 章，主要内容如下。

第 1 章介绍计算机的发展、计算机的硬件组成、计算机软件、计算机系统的层次结构，并在实训部分介绍了基于 Python 的仿真实验开发环境。

第 2 章介绍布尔代数与逻辑电路，主要内容包括布尔代数基本逻辑运算、逻辑函数及其简化，以及硬件电路如何实现逻辑运算，并在最后进行门电路仿真实验，使学生对计算机部件的逻辑结构形成初步概念，为学生理解计算机中的数据奠定基础。

第 3 章介绍数据表示，主要内容包括进位记数制、进制转换、十进制数据编码、ASCII编码、中文编码、数据信息的校检，并在最后进行偶校验码生成仿真实验，使学生全面了解计算机中的数据表示，并掌握主要的信息编码。

第4章介绍运算器，主要内容包括机器数与真值、机器数编码、定点数加减法、全加器与加法装置、定点数乘法，并在最后进行全加器仿真实验，使学生掌握运算器的运算方法。

第5章介绍存储系统，主要内容包括存储系统概述、主存储器、半导体存储器的容量扩展、高速缓冲存储器、虚拟存储器、辅助存储器，并在最后进行Cache仿真实验，使学生了解存储器的基本工作原理、各类存储器的特性及使用。

第6章介绍指令系统，主要内容包括指令的组成、寻址方式、指令的格式设计、复杂指令集和精简指令集，并在最后进行指令寻址仿真实验，使学生对计算机指令和寻址有所了解。

第7章介绍中央处理器，包括CPU的功能和组成、指令周期、时序产生器和控制方式、流水CPU和RISC CPU。

第8章介绍输入输出系统，主要内容包括I/O接口的功能和基本结构、I/O方式（程序查询方式、程序中断方式、DMA方式、通道方式），重点介绍程序中断方式，并且介绍总线的基本概念、总线分类、总线仲裁和操作，使学生对计算机输入输出系统的基本概念、数据传送方式及总线有全面了解。

第9章介绍TD-CMA实验箱实验，主要内容包括通过TD-CMA实验箱进行运算器实验、静态随机存储器实验和系统总线接口实验。通过这几个实验，使学生加深对计算机核心部件的理解。

本书主要由朱世宇、孙令翠、王慧英、万川梅、包海宾、章蕊编写。参加编写、校对工作的还有张峤、张海涛、雷仕英、曹玉强、余玉清、卢政旭，他们帮助增添或改进了书中内容并提供了有价值的反馈，编者在此表示感谢。特别是张海涛，为本书做了大量的工作，对改进本书提供了宝贵意见。

限于编者水平，书中疏漏之处在所难免，敬请读者指正。

**编　者**

2023年1月

# 目录

Contents

# 第1章

# 计算机系统概论

本章介绍计算机的发展简史,以冯·诺依曼计算机为基础介绍组成计算机的硬件和软件部分,同时讲解计算机系统的评价标准。本章重点介绍冯·诺依曼存储程序的核心思想、计算机的起源、计算机各组成部分的主要功能和相互联系。本章通过讲解计算机的思想以及计算机硬件、软件,使学生初步建立计算机的整体概念,对计算机有所了解,为后续的学习奠定基础。后面各章将围绕冯·诺依曼五大部件分别做详细介绍。

本章学习目的:

(1)掌握冯·诺依曼计算机模型的思想,冯·诺依曼计算机的硬件组成和基本功能。

(2)从硬件、软件两方面掌握计算机系统的层次结构。

(3)掌握计算机的发展历史。

(4)掌握计算机的性能指标。

(5)了解计算机的工作过程。

## 1.1 计算机的兴起

计算机的发明和发展是 20 世纪人类最伟大的科学技术成就之一,也是现代科学技术发展水平的重要标志。

电子数字计算机(electronic digital computer),通常简称为计算机(computer),是按照一系列指令对数据进行处理的机器,是一种能够接收信息、存储信息,并按照存储在其内部的程序对输入的信息进行加工、处理,得到人们所期望的结果,并把处理结果输出的高度自动化的电子设备。

计算机的发展

### 1. 第一台通用电子数字计算机问世

研制电子数字计算机的想法产生于第二次世界大战期间。当时激战正酣,各国的武器装备还很差,占主要地位的战略武器就是飞机和大炮,因此研制和开发新型大炮和导弹就显得十分必要和迫切。为此美国陆军军械部在马里兰州的阿伯丁设立了弹道研究实验室。美国军方要求该实验室每天为陆军炮弹部队提供 6 张射表,以便对导弹的研制进行技术鉴定。事实上每张射表都要计算几百条弹道,而每条弹道的数学模型都是一组非常复杂的非线性方程组。这些方程组是没有办法求出准确解的,因此只能用数值方法近似地进行计算。不过即使使用数值方法近似求解也不是一件容易的事！利用当时的计算工具，实验室即使雇用 200 多名计算员加班加点工作，也需要两个多月的时间才能算完一张射表。在"时间就是胜利"的战争年代，这么慢的速度怎么能行呢？恐怕还没等先进的武器研制出来，败局已定。为了改变这种不利的状况，当时任教于宾夕法尼亚大学莫尔电机工程学院的莫希利（John Mauchly）于 1942 年提出了试制第一台电子计算机的初始设想——"高速电子管计算装置"，期望用电子管代替继电器以提高计算机的计算速度。美国军方得知这一设想，马上拨款大力支持，成立了一个以宾夕法尼亚大学莫尔电机工程学院的莫希利和埃克特（John Eckert）为首的研制小组，开始研制工作，预算经费为 15 万美元，这在当时是一笔巨款。

　　1946 年，美国宾夕法尼亚大学成功研制出世界上第一台通用电子数字计算机——ENIAC（Electronic Numerical Integrator And Computer，电子数字积分计算机），如图 1-1 所示。ENIAC 长 30.48m，宽 6m，高 2.4m，占地面积约 170m²，有 30 个操作台，重达 30 吨，耗电量 150kW，造价 48 万美元。它包含了 17 468 个电子管、7200 个晶体二极管、70 000 个电阻器、10 000 个电容器、1500 个继电器、6000 多个开关，计算速度是每秒 5000 次加法或 400 次乘法，是使用继电器运转的继电式计算机的 1000 倍，是手工计算的 20 万倍。ENIAC 除了体积大、耗电多以外，机器运行产生的高热量也使电子管很容易损坏。只要有一个电子管损坏，整台机器就不能正常运转。所以只要有电子管损坏，就需要先从接近 1.8 万个电子管中找出损坏的那个，再换上新的，非常麻烦。

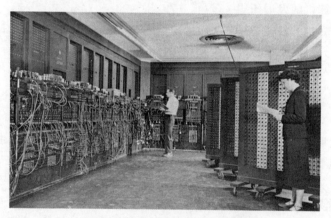

图 1-1　世界上第一台通用电子数字计算机 ENIAC

　　最初，ENIAC 的结构设计中没有存储器，并且每一次重新编程都必须重新连线（rewiring），最慢时，连线时间长达几天，计算速度也就被这一工作抵消了。十分幸运的是，当时任弹道研究实验室顾问、正在参加美国第一颗原子弹研制工作的数学家冯·诺依曼（Von Neumann，1903—1957，美籍匈牙利人）带着原子弹研制过程中遇到的大量计算问题，加入了计算机研制小组。1945 年，冯·诺依曼和研制小组在共同讨论的基础上发表了一个全新的存储程序通用电子计算机方案，提出二进制表达方式和存储程序控制计算机的构想。在存储程序体系结构中，给计算机一个指令序列（程序），计算机会存储它们，并在未来的某个时间里从计算机存储器中读出，依照程序给定的顺序执行它们。

现代计算机区别于其他机器的主要特征就在于这种可编程能力。虽然 ENIAC 体积庞大，耗电量惊人，运算速度不过几千次，但它比当时已有的计算装置快 1000 倍，而且还有按事先编好的程序自动执行算术运算、逻辑运算和存储数据的功能。ENIAC 宣告了一个新时代的开始。从此科学计算的大门被打开了。

**2. 计算机的发展历程**

自从 ENIAC 计算机问世以来，从使用器件的角度来看，计算机的发展大致经历了 5 代，如表 1-1 所示。

表 1-1　计算机的发展

| 代 | 时　间 | 使　用　器　件 | 执行速度（次/秒） | 典型应用 |
|---|---|---|---|---|
| 第一代 | 1946—1957 | 电子管 | 几千次至几万次 | 数据处理机 |
| 第二代 | 1958—1964 | 晶体管 | 几万次至几十万次 | 工业计算机 |
| 第三代 | 1965—1970 | 小规模/中规模集成电路 | 几十万次至几百万次 | 小型计算机 |
| 第四代 | 1971—1985 | 大规模/超大规模集成电路 | 几百万次至几千万次 | 微型计算机 |
| 第五代 | 1986 年至今 | 甚大规模集成电路 | 几亿次至上百亿次 | 单片计算机 |

第一代计算机使用电子管作为电子器件，使用机器语言与符号语言编制程序。计算机运算速度只有每秒几千次至几万次，体积庞大，存储容量小，成本很高，可靠性较低，主要用于科学计算。在此期间，形成了计算机的基本体系结构，确定了程序设计的基本方法，数据处理机开始得到应用。

第二代计算机使用晶体管作为电子器件，开始使用计算机高级语言。计算机运算速度提高到每秒几万次至几十万次，体积缩小，存储容量扩大，成本降低，可靠性提高，不仅用于科学计算，还用于数据处理和事务处理，并逐渐用于工业控制。在此期间，工业控制机开始得到应用。

第三代计算机使用小规模集成电路（Small-Scale Integration，SSI）与中规模集成电路（Medium-Scale Integration，MSI）作为电子器件，而操作系统的出现使计算机的功能越来越强，应用范围越来越广。计算机运算速度进一步提高到每秒几十万次至几百万次，体积进一步减小，成本进一步下降，可靠性进一步提高，为计算机的小型化、微型化提供了良好的条件。在此期间，计算机不仅用于科学计算，还用于文字处理、企业管理和自动控制等领域，出现了管理信息系统（Management Information System，MIS），形成了机种多样化、生产系列化、使用系统化的特点，小型计算机开始出现。

第四代计算机使用大规模集成电路（Large-Scale Integration，LSI）与超大规模集成电路（Very-Large-Scale Integration，VLSI）作为电子器件。计算机运算速度大大提高，达到每秒几百万次至几千万次，体积大大缩小，成本大大降低，可靠性大大提高。在此期间，计算机在办公自动化、数据库管理、图像识别、语音识别和专家系统等众多领域大显身手，由几片大规模集成电路组成的微型计算机开始出现，并进入家庭。

第五代计算机采用甚大规模集成电路（Ultra-Large-Scale Integrated circuit，ULSI）

作为电子器件,运算速度高达每秒几亿次至上百亿次。由一片甚大规模集成电路实现的单片计算机开始出现。

总体而言,电子管计算机在整个 20 世纪 50 年代居于统治地位。到了 20 世纪 60 年代,由于更小、更快、更便宜、能耗更低、更可靠的晶体管允许计算机生产以空前的商业规模进行,因此晶体管计算机逐渐取而代之。到了 20 世纪 70 年代,集成电路技术的采用和其后微处理器的产生,导致计算机在尺寸、速度、价格和可靠性上有了一次新的飞跃。到了 20 世纪 80 年代,计算机的尺寸已经变得足够小,价格便宜,能够取代诸如洗衣机等家用电器中的简单机械控制装置。与此同时,计算机也被个人广泛使用,成为现在无处不在的个人计算机。自从 20 世纪 90 年代以来,随着互联网的普及与成长,个人计算机变得与电视和电话一样普及,几乎所有的现代电子设备都会包含某种形式的计算机。

计算机的分类

## 1.2 计算机的分类

根据计算机的效率、速度、价格、运行的经济性和适应性划分,计算机可分为通用计算机和专用计算机两大类。

(1) 通用计算机。这类计算机功能齐全,通用性强,适应面广,可完成各种各样的工作,但缺点是效率不够高、速度不够快、不够经济。

(2) 专用计算机。这类计算机是专为某些特定问题而设计的功能单一的计算机,通常结构简单,具有可靠性高、速度快、成本低的优点,是最有效、最经济和最快速的计算机,但是其适应性较差。

通用计算机又可以分为超级计算机(supercomputer)、大型机(mainframe)、服务器(server)、工作站(workstation)、微型机(microcomputer)、单片机(single-chip computer)6 类,其区别在于体积、复杂度、功耗、性能指标、数据存储容量、指令系统规模和价格,具体如图 1-2 所示。

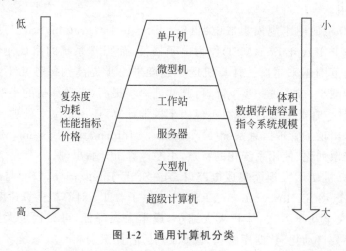

图 1-2 通用计算机分类

(1) 超级计算机主要用于科学计算,其运算速度远远超过其他计算机,数据存储容量很大,结构复杂,价格昂贵。

（2）单片机是只用单片集成电路(Integrated Circuit,IC)做成的计算机,体积小,结构简单,性能较低,价格便宜。

（3）大型机、服务器、工作站、微型机的结构规模和性能指标依次递减,但随着超大规模集成电路的迅速发展,今天的工作站可能是明天的微型机,而今天的微型机也可能是明天的单片机。

计算机系统可以分为硬件系统和软件系统两大部分,如图 1-3 所示。

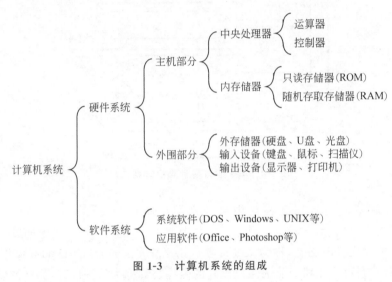

图 1-3　计算机系统的组成

## 1.3　计算机硬件

计算机的硬件系统

计算机硬件是组成计算机的所有电子器件和机电装置的总称,是构成计算机的物质基础,是计算机系统的核心。

目前大多数计算机都是根据冯·诺依曼体系结构的思想设计的,其主要特点是使用二进制数和存储程序。其基本思想是:事先设计好用于描述计算机工作过程的程序,并与数据一样采用二进制形式存储在计算机中,计算机在工作时自动、高速地从存储器中按顺序逐条取出程序指令加以执行。简而言之,冯·诺依曼体系结构计算机的设计思想就是存储程序并按地址顺序执行。

在计算机存储器里把程序及其操作数据一同存储的思想,是冯·诺依曼体系结构(或称存储程序体系结构)的关键所在。在某些情况下,计算机也可以把程序存储在与其操作的数据分开的存储器中,这被称为哈佛体系结构(Harvard architecture),源自 Harvard Mark Ⅰ 计算机。现代的冯·诺依曼计算机在设计中展示出了某些哈佛体系结构的特性,如高速缓存。

冯·诺依曼体系结构的计算机具有共同的基本配置,即具有五大部件——控制器、运算器、存储器、输入设备和输出设备,这些部件用总线相互连接。冯·诺依曼计算机体系结构如图 1-4 所示。

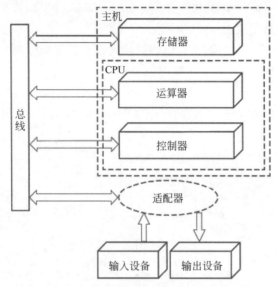

图 1-4　冯·诺依曼计算机体系结构

其中，控制器和运算器合称为中央处理器（Central Processing Unit），以下简称 CPU。早期的 CPU 由许多分立元件组成。但是自从 20 世纪 70 年代中期以来，CPU 通常被制作在单片集成电路上，称为微处理器（microprocessor）。CPU 和存储器通常组装在一个机箱内，合称为主机。除去主机以外的硬件装置称为外围设备，简称外设。

计算机系统工作时，输入设备将程序与数据存入存储器。运行时，控制器从存储器中逐条取出指令，将其解释成为控制命令，控制各部件的动作。数据在运算器中加工处理，处理后的结果通过输出设备输出。计算机五大部件协调工作的关系如图 1-5 所示。

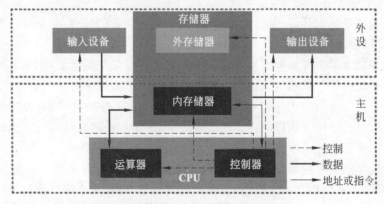

图 1-5　计算机五大部件协调工作的关系

### 1.3.1　控制器

控制器是计算机的管理机构和指挥中心，它按照预先确定的操作步骤，协调控制计算机各部件有条不紊地自动工作。

控制器工作的实质就是解释程序,它每次从存储器读取一条指令,经过译码,产生一系列操纵计算机其他部分工作的控制信号(操作命令),发向各个部件,控制各部件动作,使整个机器连续、有条不紊地运行。高级计算机中的控制器可以改变某些指令的顺序,以改善性能。

对所有 CPU 而言,一个共同的关键部件是程序计数器(Program Counter,PC)。它是一个特殊的寄存器,记录要读取的下一条指令在存储器中的位置。

### 1. 控制器的基本工作流程

控制器的基本工作流程如下(注意,这是一种简化描述,根据 CPU 的类型不同,某些步骤可以并发执行或以不同的顺序执行):

(1) 从程序计数器所指示的存储单元中读取下一条指令代码。

(2) 把指令代码译码为一系列命令或信号,发向各个不同的功能部件。

(3) 使程序计数器递增,以指向下一条指令。

(4) 根据指令的需要,从存储器(或输入设备)读取数据,所需数据的存储器位置通常保存在指令代码中。

(5) 把读取的数据提供给运算器或寄存器。

(6) 如果指令需要由运算器(或专门硬件)完成,则命令运算器执行所请求的操作。

(7) 把来自运算器的计算结果写回存储器、寄存器或输出设备。

(8) 返回第(1)步。

### 2. 控制器的基本任务

控制器的基本任务就是:按照程序中的指令序列,从存储器取出一条指令(简称取指)放到控制器中,对该指令进行译码,然后根据指令性质,执行这条指令,进行相应的操作。接着,再取指、译码、执行……

通常把取指令的一段时间称为取指周期,而把执行指令的一段时间称为执行周期。因此,控制器反复交替地处在取指周期与执行周期之中。

每取出一条指令,控制器中的程序计数器就加 1,从而为取下一条指令做好准备。正因为如此,指令在存储器中必须按顺序存放。

### 3. 指令和数据

计算机中有两股信息在流动:一股是控制信息,即操作命令,其发源地是控制器,控制信息分散流向各个部件;另一股是数据信息,它受控制信息的控制,从一个部件流向另一个部件,边流动边加工处理。

在读存储器时,由于冯·诺依曼计算机的指令和数据全部以二进制数形式存放在存储器中,似乎难以分清哪些是指令,哪些是数据。然而,控制器却完全可以进行区分。一般来讲,取指周期中从存储器读出的信息流是指令流,它由存储器流向控制器;而执行周期中从存储器读出的信息流是数据流,它由存储器流向运算器。

显然，某些指令执行过程中需要两次访问存储器，一次是取指令，另一次是取数据。

### 1.3.2　运算器

运算器是用于信息加工的部件，它可以对数据进行算术运算和逻辑运算。

运算器通常由算术逻辑单元（Arithmetic Logic Unit，ALU）和一系列寄存器组成，其结构如图 1-6 所示。其中，算术逻辑单元是具体完成算术运算和逻辑运算的单元，是运算器的核心，由加法器和其他逻辑运算单元组成；寄存器用于存放参与运算的操作数；累加器是一个特殊的寄存器，除了存放操作数之外，还用于存放中间结果和最终结果。

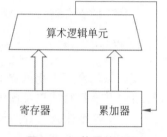

图 1-6　运算器的结构

特定算术逻辑单元支持的算术运算可能仅局限于加法和减法，也可能包括乘法、除法，甚至包括三角函数和平方根。有些算术逻辑单元仅支持整数，而其他算术逻辑单元则可以使用浮点数表示有限精度的实数。但是，能够执行最简单运算的任何计算机都可以通过编程把复杂的运算分解成它可以执行的简单步骤。所以，任何计算机都可以通过编程来执行任何算术运算，如果其算术逻辑单元不能从硬件上直接支持这些算术运算，则该运算将用软件方式实现，但需要花费较多的时间。

逻辑运算包括与（AND）、或（OR）、异或（XOR）、非（NOT）等，对于创建复杂的条件语句和处理布尔逻辑而言都是有用的。

算术逻辑单元还可以比较数值，并根据比较结果（如是否相等、大于或小于）返回一个布尔值——TRUE（真）或 FALSE（假）。

超标量（superscalar）计算机包含多个算术逻辑单元，可以同时处理多条指令。图形处理器和具有单指令流多数据流（Single-Instruction Multiple-Data stream，SIMD）和多指令流多数据流（Multiple-Instruction stream Multiple-Data stream，MIMD）特性的计算机通常提供可以执行矢量和矩阵算术运算的算术逻辑单元。

### 1.3.3　存储器

存储器的主要功能是存放程序和数据。程序是计算机操作的依据，数据是计算机操作的对象。不管是程序还是数据，在存储器中都是用二进制数的形式表示的。向存储器中存入信息或从存储器中取出信息，都称为访问存储器。

计算机存储器是由可以存放和读取数值的一系列单元组成的，每个存储单元都有一个编号，称为地址。向存储器中存数或者从存储器中取数，都要按给定的地址寻找所选择的存储单元。存放在存储器中的信息可以表示任何东西，文字、数值甚至计算机指令都可以同样容易地存放到存储器中。

由于计算机仅使用 0 和 1 两个二进制数字，所以使用位（bit，简写成 b）作为数字计算机的最小信息单位，包含 1 位二进制信息（0 或 1）。当 CPU 向存储器送入或从存储器取出信息时，不能存取单个的位，而是使用字节、字等较大的信息单位。1 字节（Byte，简写成 B)由 8 位二进制信息组成,而一字(Word)则表示计算机一次所能处理的一组二进制数,它由一个以上的字节组成。通常把组成一个字的二进制位数称为字长,例如微型机的字长可以少至 8 位,多至 32 位,甚至达到 64 位。

存储器中所有存储单元的总数称为存储器的存储容量,通常用单位 KB(Kilobyte,千字节)、MB(Megabyte,兆字节)、GB(Gigabyte,吉字节)表示,如 64KB、128MB、256GB。度量存储器容量的各级单位之间的关系为：1KB = 1024B,1MB = 1024KB,1GB = 1024MB。存储容量越大,计算机所能存储的信息就越多。

存储器是计算机中存储信息的部件。按照存储器在计算机中的作用,可分为主存储器寄存器、闪速存储器、高速缓冲存储器、辅助存储器等几种类型,它们均可完成数据的存取工作,但性能及其在计算机中的作用差别很大。

### 1. 主存储器

计算机主存储器(main memory,简称主存)通常采用半导体存储器。主存储器有两种主要类型：随机存取存储器(Random Access Memory,RAM)和只读存储器(Read Only Memory,ROM)。RAM 可以按 CPU 的命令进行读和写；而 ROM 则事先加载了固化的数据和软件,CPU 只能读取。一般情况下,当计算机电源关闭时,RAM 的内容被消除,而 ROM 会保留其数据。

ROM 通常用来存储计算机的初始启动指令。在 PC 中,通常包含一个固化在 ROM 中、称为 BIOS 的专用程序。当计算机开机或复位时,BIOS 可以把计算机操作系统从硬盘加载到 RAM 中。在通常没有硬盘的嵌入式计算机中,执行任务所需的全部软件都可以存储在 ROM 中。

存储在 ROM 中的软件经常被称为固件(firmware),因为它从外观上看更像硬件。

### 2. 寄存器

CPU 内部包含一组称为寄存器(register)的特殊存储单元,其读写速度比主存区域快得多。不同类型的 CPU 有少则两个、多则超过 100 个寄存器。

寄存器通常被用于使用最为频繁的数据项,以避免每次需要数据时都访问主存。由于主存比算术逻辑单元和控制器速度慢,减少主存访问需求可以大大加快计算机的速度。

### 3. 闪速存储器

闪速存储器(flash memory,简称闪存)可以像 ROM 一样在关机时保留数据,但又像 RAM 一样可被重写,从而模糊了 ROM 和 RAM 之间的界限。但闪存通常比常规的 ROM 和 RAM 慢得多,所以局限于不需要高速的应用场合。

### 4. 高速缓冲存储器

在现代计算机中,存在一个或多个比寄存器慢但比主存快的高速缓冲存储器(简称高速缓存)——Cache,它位于 CPU 和主存之间,规模较小但速度很快,能够很好地解决

CPU 和主存之间的速度匹配问题。

通常，计算机能够自动地把需要频繁访问的数据移入 Cache，无须任何人工干预。当需要读写数据时，CPU 首先访问 Cache，只有当 Cache 中不包含需要的数据时，CPU 才去访问主存。

**5. 辅助存储器**

半导体存储器的存储容量毕竟有限，因此，计算机中又配备了存储容量更大的磁盘存储器和光盘存储器，称为外存储器（简称外存）或辅助存储器（简称辅存）。相对而言，半导体存储器称为内存储器（简称内存）。

辅助存储器主要用于存放当前不在运行的程序和未被用到的数据，其特点是存储容量大、成本低，并可脱机保存信息。常见的辅助存储器有硬盘存储器、光盘存储器等。

## 1.3.4　输入输出设备

计算机的输入输出设备是计算机从外部世界接收信息并反馈结果的手段，统称为外围设备（peripheral，简称外设）。各种人机交互操作、程序和数据的输入、计算结果或中间结果的输出、被控对象的检测和控制等，都必须通过外围设备才能实现。

在一台典型的个人计算机上，外围设备包括键盘和鼠标等输入设备，以及显示器和打印等输出设备。

**1. 输入设备**

输入设备用于原始数据和程序的输入，能将人们熟悉的信息形式变换成计算机能接受并识别的二进制信息形式。

理想的计算机输入设备应该是"会看"和"会听"的，即能够把人们用文字或语言表达的问题直接送到计算机内部进行处理。目前常用的输入设备是键盘、鼠标、扫描仪等以及用于文字识别、图像识别、语音识别的设备。

**2. 输出设备**

输出设备将计算机输出的处理结果转换成人类或其他设备能够接受和识别的信息形式（如字符、文字、图形、图像和声音等）。

理想的输出设备应该是"会写"和"会讲"的。"会写"已经做到，如目前广为使用的激光打印机、绘图仪、CRT/LCD 显示器等，这些设备不仅能输出文字信号，而且能画出图形。至于"会讲"即输出语言的设备，目前已有初级的语音合成产品问世。

**3. 适配器**

外围设备有高速的，也有低速的，有机电结构的，也有全电子式的。由于种类繁多且速度各异，因而它们通常不直接与高速工作的主机相连接，而是通过适配器（adapter）部件与主机相连接。

适配器的作用相当于一个转换器，它可以保证外围设备按照计算机系统特性所要求的形式发送或接收信息。

一个典型的计算机系统具有各种类型的外围设备,因而具有各种类型的适配器。适配器使得被连接的外围设备通过总线与主机进行联系,以使主机和外围设备协调地并行工作。

## 1.4 计算机软件

计算机的软件系统

计算机软件是程序的有序集合,而程序则是指令的有序集合。在大多数计算机中,每一条指令都被分配了一个唯一的编号(称为操作码),以机器指令代码的形式存储。因为计算机存储器能够存储数字,所以它也能存储指令代码。因此,整个程序(指令序列)可以表示成一系列数字,从而可以像数据那样被计算机处理。

计算机软件是指保证计算机运行所需的各种各样的计算机程序,主要分为系统软件和应用软件两大类。

系统软件主要是各类操作系统,如 Windows、Linux、UNIX 等。操作系统的补丁程序及硬件驱动程序也是系统软件。

应用软件可以细分的种类更多,如工具软件、游戏软件、管理软件等都属于应用软件。

### 1.4.1 系统软件

系统软件是负责管理计算机系统中各种独立的硬件,使得它们可以协调工作的软件。系统软件使得计算机使用者和其他软件将计算机当作一个整体,而不需要顾及底层每个硬件是如何工作的。

一般来讲,系统软件包括操作系统和一系列基本的工具(比如编译、数据库管理、存储器格式化、文件系统管理、用户身份验证、驱动管理、网络连接等方面的工具)。

系统软件具体包括以下 5 类。

#### 1. 服务性程序

服务性程序又称为工具软件,一般包括诊断程序、排错程序、调试程序等。

#### 2. 语言处理程序

语言处理程序包括汇编程序、编译程序、解释程序等,这类程序将用汇编语言或高级语言编制的源程序翻译成计算机可以直接识别的目标程序(机器语言程序)。不同语言的源程序对应不同的语言处理程序。

#### 3. 操作系统

操作系统的作用是控制和管理计算机的各种资源,自动调度用户作业程序,处理各种中断,是用户与计算机的接口。

#### 4. 数据库管理系统

数据库是一种计算机软硬件资源组成的系统，能够动态地存储大量的结构化数据，方便多用户访问。数据库和数据库管理软件一起组成了数据库管理系统。

#### 5. 计算机网络软件

计算机网络软件是为计算机网络而配置的系统软件，负责对网络资源进行组织和管理，实现相互之间的通信。计算机网络软件包括网络操作系统和数据通信处理程序等。前者用于协调网络中各计算机的操作系统，实现网络资源的管理；后者用于网络内通信，实现网络操作。

### 1.4.2　操作系统

操作系统是随着硬件和软件不断发展而逐渐形成的一套软件系统，用来管理计算机资源（如中央处理器、存储器、外围设备和各种编译、应用程序），自动调度用户的作业程序，从而使得多个用户能有效地共用一套计算机系统。操作系统的出现，使计算机的使用效率成倍提高，并且为用户提供了方便的使用手段和令人满意的服务质量。

根据不同使用环境的要求，操作系统目前大致可分为批处理操作系统、分时操作系统、网络操作系统、实时操作系统等多种。

个人计算机中广泛使用微软公司的 Windows 操作系统。

### 1.4.3　应用软件

应用软件是为了某种特定的用途而被开发的软件。它可以是一个特定的程序，如工程设计程序、数据处理程序、自动控制程序、企业管理程序、情报检索程序、科学计算程序等；也可以是一组功能联系紧密、可以互相协作的程序的集合，比如微软公司的 Office 软件。

较常见的应用软件有文字处理软件（如 WPS、Word 等）、信息管理软件、辅助设计软件（如 AutoCAD 等）、实时控制软件、教育与娱乐软件等。

软件开发是根据用户要求建造出软件系统或者系统中的软件部分的过程。软件开发是一项包括需求捕捉、需求分析、设计、实现和测试的系统工程。

软件一般是用某种程序设计语言实现的，通常采用软件开发工具进行开发。不同的软件一般都有对应的软件许可，软件的使用者必须在同意所使用软件的许可条款的情况下才能够合法使用软件。从另一方面来讲，任何软件的许可条款都不能与法律相抵触。

### 1.4.4　程序设计语言

#### 1. 机器语言

在早期的计算机中，人们直接用机器语言（机器指令代码）编写程序。这种用机器语言编写的程序,计算机完全可以识别并执行,所以又叫作目标程序。

但是,用机器语言编写程序是一件非常烦琐的工作,需要耗费大量的人力和时间,而且容易出错,寻找错误也相当费事,这种情况大大限制了计算机的使用。

### 2. 汇编语言

尽管目前仍然有可能像早期计算机那样使用机器语言编写计算机程序,但在实际工作中,这是极其单调乏味的,尤其对于复杂程序而言。

为了编写程序方便,提高机器使用效率,人们想出了一种办法,即用一些约定的文字、符号和数字按规定的格式表示各种不同的指令,每条基本指令都被指定了一个既表示其功能又便于记忆的短的名字,称为指令助记符(如 ADD、SUB、MULT、JUMP 等),然后用这些指令助记符表示的指令编写程序,这就是汇编语言(assembly language)。

把用汇编语言编写的程序转换为计算机可以理解的、用机器语言表示的目标程序,通常由被称为汇编程序(assembler)的计算机程序完成。

通常被归为低级程序设计语言的机器语言及汇编语言,对于特定类型的计算机而言是唯一的,也就是说,一台 ARM 体系结构的计算机(如 PDA)无法理解一台 Intel Pentium 体系结构的计算机的机器语言。

### 3. 算法语言

相对于用机器语言编写程序,使用汇编语言编写程序的确是前进了一步,但汇编语言仍然是一种低级语言,和数学语言的差异很大,并且仍然面向具体的计算机。由于不同计算机的指令系统不同,所以人们使用一台计算机时必须先花很多时间熟悉这台计算机的指令系统,然后用其汇编语言编写程序,因此还是很不方便,节省的人力、时间也很有限,用汇编语言编写较长的程序仍然是困难且易于出错的。

为了进一步实现程序自动化,便于程序交流,使不熟悉具体计算机的人也能很方便地使用计算机,人们又创造了各种接近数学语言的算法语言。

所谓算法语言,是指按实际需要规定好的一套基本符号以及由这套基本符号构成程序的规则。算法语言比较接近数学语言,它直观通用,与具体计算机无关,只要稍加学习就能掌握,便于推广和使用。有影响的算法语言包括 BASIC、FORTRAN、C、C++、Java 等。

大多数复杂的程序采用抽象的算法语言编写,能够更便利地表达计算机程序员的设计思想,从而有利于减少程序错误。

用算法语言编写的程序称为源程序(source),这种源程序是不能由计算机直接识别和执行的,必须给计算机配备一个既懂算法语言又懂机器语言的"翻译",才能把源程序转换为机器语言程序。

这种转换通常采用下面两种方法:

(1) 给计算机配置一套编译程序(compiler),把用算法语言编写的源程序翻译成目标程序,然后在运行系统中执行目标程序,得出计算结果。编译程序和运行系统合称为编译系统。由于算法语言比汇编语言更为抽象,因此有可能使用不同的编译器,把相同的算法语言源程序翻译成许多不同类型计算机的机器语言目标程序。

（2）使源程序通过解释程序（interpreter）进行解释执行，即逐个解释并立即执行源程序的语句。它不是编译出目标程序后再执行，而是逐一解释语句并立即得出计算结果。

### 1.4.5　数据库

计算机在信息处理、情报检索及各种管理系统中的各类应用，要求大量处理某些数据，建立和检索大量的表格。这些数据和表格可以按一定的规律组织起来，形成数据库（Database，DB），使得处理和检索数据更为方便、迅速。

所谓数据库就是实现有组织、动态地存储大量相关数据，方便多用户访问的计算机软硬件资源所组成的系统。数据库和数据库管理软件一起组成了数据库管理系统（Database Management System，DBMS）。数据库管理系统有各种类型，目前许多计算机，包括微型计算机，都配有数据库管理。

计算机系统结构

## 1.5　计算机系统结构

现代计算机系统是由硬件、固件和软件组成的一个十分复杂的整体。为了对这个系统进行描述、分析、设计和使用，人们从不同的角度提出了观察计算机的观点和方法。其中常用的一种是 5 级语言的划分方法，就是从语言的角度出发，把计算机系统按功能划分成 5 级，每一级以一种语言为特征，每一级都能进行程序设计。计算机系统的层次结构如图 1-7 所示。

第 1 级是微程序设计级，属于硬件级，由计算机硬件直接执行微指令，是计算机系统最底层的硬件系统，这一级也可直接用组合逻辑和时序逻辑电路实现。

第 2 级是机器语言级，也属于硬件级，由微程序解释机器指令系统。这一级控制硬件系统的操作。

第 3 级是操作系统级，属于软硬件混合级，由操作系统程序实现。这一级统一管理和调度计算机系统中的软硬件资源，支撑其他系统软件和应用软件，使计算机能够自动运行，发挥高效特性。

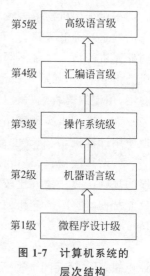

图 1-7　计算机系统的层次结构

第 4 级是汇编语言级，属于软件级，由汇编程序支持和执行。这一级面向程序设计人员。

第 5 级是高级语言级，也属于软件级，由各种高级语言编译程序支持和执行。这一级是面向用户的，为方便用户编写应用程序而设置。

第 2～5 级都得到其下各级的支持，同时也得到运行在其下各级上的程序的支持。第 1～3 级程序采用的语言基本上是二进制语言，计算机执行和解释比较容易。第 4、5

级程序采用的语言是符号语言,用英文字母和符号表示程序,因而便于大多数不了解硬件的人使用计算机。表 1-2 对计算机系统结构中各级的特点进行了总结。

表 1-2　计算机系统结构中各级的特点

| 级 | 名　称 | 实现方式 | 软硬件 | 语　言 |
|---|---|---|---|---|
| 1 | 微程序设计级 | 由计算机硬件直接执行微指令 | 硬件级 | 二进制语言 |
| 2 | 机器语言级 | 由微程序解释机器指令系统 | | |
| 3 | 操作系统级 | 由操作系统程序实现 | 混合级 | |
| 4 | 汇编语言级 | 由汇编程序支持和执行 | 软件级 | 符号语言 |
| 5 | 高级语言级 | 由各种高级语言编译程序支持和执行 | | |

各级之间关系紧密,上一级是下一级功能的扩展,下一级是上一级的基础,这是计算机系统结构的一个特点。

## 1.6　计算机的性能指标

计算机的
性能指标

**1. 机器字长**

机器字长是指计算机进行一次整数运算能处理的二进制数据的位数(整数运算即定点数运算)。机器字长也就是运算器进行定点数运算的字长,通常也是 CPU 内部数据通路的宽度。即字长越大,数的表示范围也越大,精度也越高。机器字长也会影响计算机的运算速度。倘若机器字长较短,又要运算位数较多的数据,那么就需要经过两次或多次运算才能完成,这样势必影响整机的运行速度。微型计算机的机器字长已经从 4 位、8位、16 位发展到 32 位,并已进入 64 位的时代。

机器字长与主存储器字长通常是相同的,但也可以不同。在两者不同的情况下,一般是主存储器字长小于机器字长。例如,机器字长是 32 位,主存储器字长可以是 32 位,也可以是 16 位。当然,两者都会影响 CPU 的工作效率。

机器字长对硬件的造价也有较大的影响。它将直接影响加法器(或算术逻辑单元)、数据总线以及存储字长的位数。所以机器字长不能单从精度和数的表示范围考虑。

**2. 存储容量**

存储容量是指存储器可以容纳的二进制信息量,用存储器中存储地址寄存器(Memory Address Register,MAR)的编址数与存储字位数的乘积表示。

存储容量可以以字为单位计算,也可以以字节为单位计算。在以字节为单位时,约定以 8 位二进制代码为 1 字节。存储容量变化范围是较大的,同一台计算机能配置的存储容量也有一个允许的变化范围。

存储容量的常用单位如表 1-3 所示。

表 1-3　存储容量的常用单位

| 单　　位 | 换　　算 | 位数/b |
|---|---|---|
| KB | 1KB＝1024B | $2^{10}$ |
| MB | 1MB＝1024KB | $2^{20}$ |
| GB | 1GB＝1024MB | $2^{30}$ |
| TB | 1TB＝1024GB | $2^{40}$ |

### 3. 运算速度

运算速度是衡量计算机性能的一项重要指标。微机一般采用主频描述运算速度，主频越高，运算速度就越快。主频即 CPU 的时钟频率。计算机的操作在时钟信号的控制下分步执行，每个时钟周期完成一步操作，时钟频率的高低在很大程度上反映了 CPU 速度的快慢。

主频和实际的运算速度存在一定的关系，但并不是一个简单的线性关系。主频表示在 CPU 内数字脉冲信号振荡的速度，CPU 的运算速度还要看 CPU 的流水线、总线等各方面的性能指标。也就是说，主频仅仅是 CPU 性能表现的一个方面，而不代表 CPU 的整体性能。

平均指令周期数(Cycle Per Instruction，CPI)是衡量处理器性能的重要参数，指的是平均每条计算机指令执行所需的时钟周期。CPI 通常用于衡量计算机性能，其计算公式如下：

$$CPI=\frac{执行程序需要的时钟周期数}{程序的指令条数}$$

CPI 取决于计算机组成和指令系统的结构。

【例 1-1】　某计算机指令系统中的各类指令如表 1-4 所示，求该计算机的 CPI。

表 1-4　某计算机指令系统中的各类指令

| 指 令 类 型 | 平均指令周期数 | 指令比例/% |
|---|---|---|
| 算术和逻辑运算 | 1 | 60 |
| Load/Store | 2 | 18 |
| 转移 | 4 | 12 |
| Cache 缺失访存 | 8 | 10 |

解：CPI＝1×60％＋2×18％＋4×12％＋8×10％＝2.24。

可以用更为宏观的指标评价计算机的运算速度，其单位一般为百万条指令/秒(Million Instructions Per Second，MIPS)，因此这个指标也用 MIPS 表示。其计算公式如下：

$$\text{MIPS} = \frac{\text{每秒执行指令条数}}{\text{执行时间} \times 10^6}$$

$$= \frac{\text{每秒执行指令条数}}{(\text{所有指令时钟周期数之和}/f) \times 10^6}$$

$$= \frac{f}{\text{CPI} \times 10^6}$$

其中 $f$ 为主频。

【例 1-2】　某计算机主频为 1GHz，在其上运行的目标代码包含 $2 \times 10^5$ 条指令，分 4 类，各类指令如表 1-5 所示，求目标代码的 MIPS。

表 1-5　某计算机上运行的目标代码中的各类指令

| 指 令 类 型 | 平均指令周期数 | 指令比例/% |
|---|---|---|
| 算术和逻辑运算 | 1 | 60 |
| Load/Store | 2 | 18 |
| 转移 | 4 | 12 |
| Cache 缺失访存 | 8 | 10 |

解：根据上面的公式，由题意知

$$f = 1\text{GHz} = 1 \times 10^9 \,\text{Hz}$$
$$\text{CPI} = 1 \times 60\% + 2 \times 18\% + 4 \times 12\% + 8 \times 10\% = 2.24$$
$$\text{MIPS} = f/(\text{CPI} \times 10^6) = 1 \times 10^9/(2.24 \times 10^6) \approx 446.4$$

上面两个例子用指令执行时间评价计算机的运算速度，然而计算机内各类指令的执行时间是不同的，各类指令的使用频度也各不相同。计算机的运算速度与许多因素有关，对运算速度的衡量应综合性地考察这些因素。

**知识拓展**

1946 年诞生的 ENIAC 每秒只能进行 300 次各种运算或 5000 次加法运算，是名副其实的计算用的机器。此后的 50 多年，计算机技术发生了日新月异的变化，运算速度越来越快，每秒运算次数已经跨越了亿次、万亿次级。例如，2002 年，NEC 公司为日本地球模拟中心建造的一台"地球模拟器"每秒能进行的浮点运算次数接近 36 万亿次，堪称当时的超级运算冠军。

# 1.7　用 Python 搭建"计算机"

模拟计算机
实验

## 1.7.1　模拟计算机实验介绍

本实验通过 Python 语言编程模拟一台计算机的运行。通过模拟计算机底层的逻辑，可以在更靠近硬件的视角进行思考，能够对计算机有更深入的理解。要完成该仿真实验，需要具备一定的面向对象编程能力。

本实验的编程语言采用 Python。Python 由荷兰数学和计算机科学研究学会的 Guido van Rossum 于 20 世纪 90 年代初设计，作为一种名为 ABC 的语言的替代品。Python 提供了高效的高级数据结构，还能简单、有效地实现面向对象编程。Python 的语法和动态类型以及解释型语言的本质，使它成为多数平台上编写脚本和快速开发应用的编程语言。随着版本的不断更新和语言新功能的添加，Python 逐渐被用于独立的大型项目的开发。

Python 解释器易于扩展，可以使用 C、C++（或者其他可以通过 C 语言程序调用的语言）扩展新的功能和数据类型。Python 也可用于可定制化软件中的扩展程序语言。Python 丰富的标准库提供了适用于各个主要系统平台的源码或机器码。

下面介绍本实验开发环境的搭建。

## 1.7.2　基于 Python 的仿真实验开发环境的搭建

### 1. 工具介绍

开发工具的搭建需要安装 Anaconda 工具，下载当前的最新版本即可（安装网址：https：//www.anaconda.com/download/）。

Anaconda 是一个开源的 Python 发行版本，它包含了 conda、Python 等 180 多个科学包及其依赖项。因为包含了大量的科学包，Anaconda 的下载文件比较大（约 531MB）。如果只需要某些包，或者需要节省带宽或存储空间，也可以使用 Miniconda 这个较小的发行版（仅包含 conda 和 Python）。

conda 是一个开源的包、环境管理器，可以用于在同一台计算机上安装不同版本的软件包及其依赖项，并能够在不同的环境之间切换。

Anaconda 包括 conda、Python 以及多种工具包，比如 NumPy、Pandas 等。Miniconda 只包括 conda、Python。

Anaconda 是跨平台的，有 Windows、macOS、Linux 版本。本书使用的版本是 Windows，选择安装 Python 2.7 version（64-Bit Graphical Installer）。

### 2. 工具安装过程

安装 Anaconda 的步骤如下。

（1）双击执行 Anaconda2-5.2.0-Windows-x86_64.exe 程序，弹出如图 1-8 所示的安装向导欢迎界面。

（2）单击 Next 按钮，弹出如图 1-9 所示的确认许可界面。

（3）单击 I Agree 按钮，弹出如图 1-10 所示的选择安装类型界面。

**注意**：在该界面中有两个选项：Just Me 和 All Users。这里选择 All Users。

（4）单击 Next 按钮，弹出如图 1-11 所示的选择安装路径界面。

（5）单击 Browse 按钮可以更改 Anaconda 安装路径。这里选择默认路径，单击 Next 按钮，弹出如图 1-12 所示的高级安装选项界面。

**注意**：Anaconda 占用空间约 2.6GB，请选择合适的安装路径。

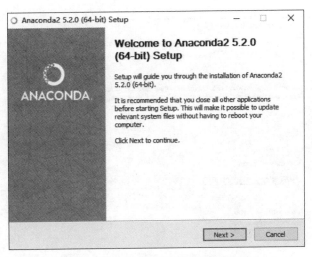

图 1-8　Anaconda 安装向导欢迎界面

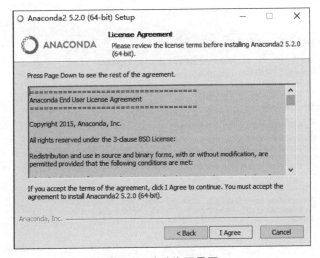

图 1-9　确认许可界面

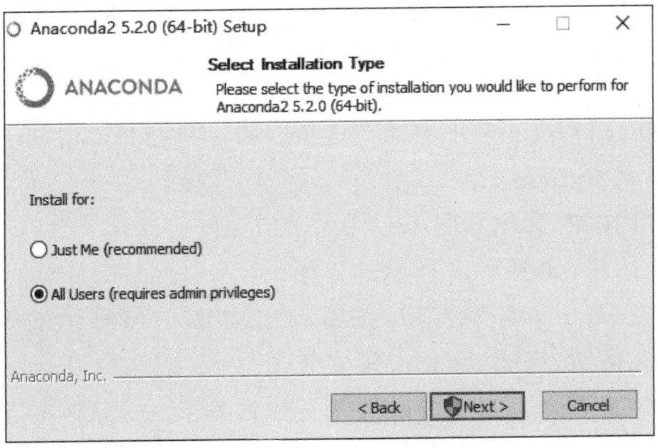

图 1-10　选择安装类型界面

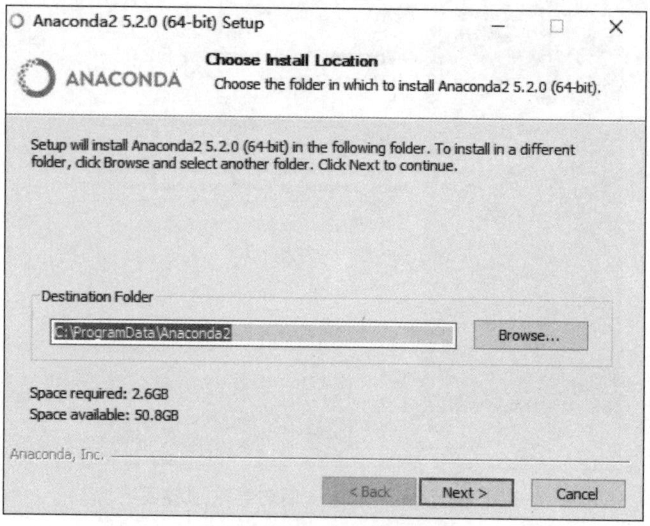

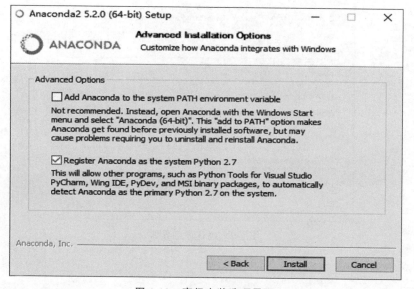

图 1-11　选择安装路径界面

图 1-12　高级安装选项界面

**注意**：在 Advanced Options 中有两个选项。前者是指将 Anaconda 添加到环境变量中，后者是指默认使用 Python 2.7。

（6）单击 Install 按钮，弹出如图 1-13 所示的界面。

（7）单击 Next 按钮，如图 1-14 所示的界面。

（8）单击 Install Microsoft VSCode 按钮，弹出如图 1-15 所示的界面。

（9）单击 Finish 按钮，完成 Anaconda 安装。

**注意**：图 1-15 中的两个复选框与安装没有任何关系。如果不想了解 Anaconda 云和 Anaconda 支持，则可以不勾选这两项。

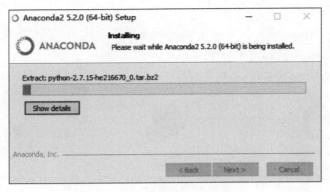

图 1-13　正在安装 Anaconda

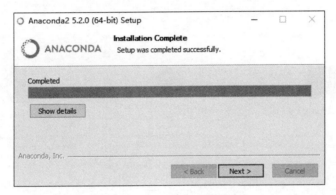

图 1-14　安装完成界面

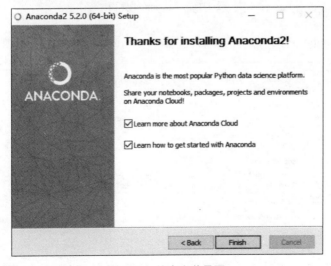

图 1-15　结束安装界面

### 1.7.3 创建第一个 Python 程序

创建第一个 Python 程序的步骤如下：

（1）打开 Anaconda，如图 1-16 所示。

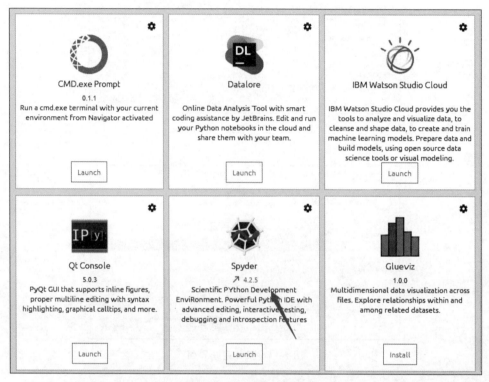

图 1-16　Anaconda 界面

（2）打开 Spyder 软件，在菜单栏选择 View→Panes→Project 命令，如图 1-17 所示。

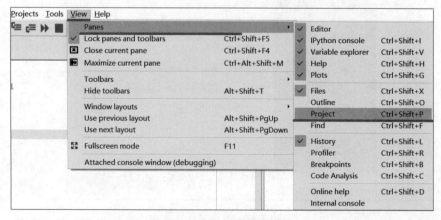

图 1-17　创建项目面板

（3）在菜单栏选择 Projects→New Project 命令，如图 1-18 所示，弹出如图 1-19 所示
的对话框。

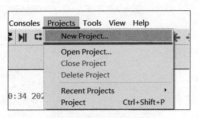

图 1-18　创建新项目

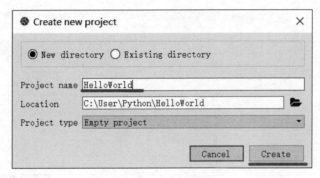

图 1-19　输入项目名

（4）在图 1-19 的 Project name 文本框中输入新创建的 Python 项目名。

（5）在项目名 HelloWorld 上右击，在快捷菜单中选择 New→File 命令，如图 1-20
所示。

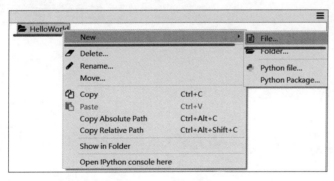

图 1-20　创建新文件

（6）将新文件命名为 test.py，如图 1-21 所示。注意加上文件后缀（.py），否则该文件
不可运行。

（7）在打开的 test.py 文件中输入 Python 语句，如图 1-22 所示。

（8）单击工具栏中的三角形图标运行程序，如图 1-23 所示。

（9）运行结果如图 1-24 所示。

图 1-21　为新文件命名

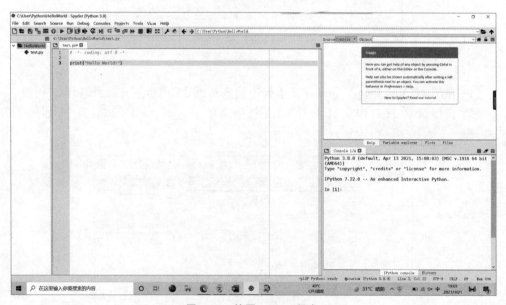

图 1-22　编写 Python 程序

图 1-23　运行程序

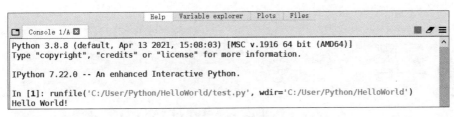

图 1-24　运行结果

# 习　题

一、基础题

1. 选择题

(1) 世界上第一台通用电子数字计算机 ENIAC 使用(　　)作为电子器件。

　　A. 晶体管　　　　　　　　　　　　B. 电子管

　　C. 大规模集成电路　　　　　　　　D. 超大规模集成电路

(2) 从 1958 年开始出现的第二代计算机使用(　　)作为电子器件。

　　A. 晶体管　　　　　　　　　　　　B. 电子管

　　C. 大规模集成电路　　　　　　　　D. 超大规模集成电路

(3) 冯·诺依曼计算机体系结构的主要特点是(　　)。

　　A. 硬连线　　　　B. 使用二进制数　　　C. 存储程序　　　　D. 存储数据

(4) 冯·诺依曼计算机的设计思想是(　　)。

　　A. 存储数据并按地址顺序执行　　　　B. 存储程序并按地址逆序执行

　　C. 存储程序并按地址顺序执行　　　　D. 存储程序并乱序执行

(5) (　　)不属于冯·诺依曼计算机的五大部件。

　　A. 输入设备　　　　B. 输出设备　　　　C. 总线　　　　D. CPU

2. 简答题

(1) 计算机如何分类? 分类的依据是什么?

(2) 冯·诺依曼计算机的主要设计思想是什么? 它包括哪些主要组成部分?

二、提高题

(1)【2009 年计算机联考真题】冯·诺依曼计算机中指令和数据均以二进制形式存放在存储器中,CPU 区分它们的依据是(　　)。

　　A. 指令操作码的译码结果　　　　　　B. 指令和数据的寻址方式

　　C. 指令周期的不同阶段　　　　　　　D. 指令和数据所在的存储单元

(2)【2010 年计算机联考真题】下列选项中,能缩短程序执行时间的措施是(　　)。

Ⅰ. 提高 CPU 的时钟频率　　Ⅱ. 优化数据通路结构　　Ⅲ. 对程序进行编译优化

　　A. 仅Ⅰ和Ⅱ　　　　B. 仅Ⅰ和Ⅲ　　　　C. 仅Ⅱ和Ⅲ　　　　D. Ⅰ、Ⅱ、Ⅲ

# 第 2 章

## 布尔代数与逻辑电路

本章进行布尔代数与逻辑电路的概述,讲述布尔代数的几种表现形式以及硬件电路如何实现逻辑运算,详细讲解逻辑函数、真值表和逻辑电路的表达形式,以及最基本的逻辑门——与门、或门和非门,并阐述逻辑电路的组成。逻辑门用电阻、电容、二极管、三极管等分立原件构成,成为分立元件门。本章还讲述逻辑电路的作用。高、低电平可以分别代表逻辑上的真和假或二进制当中的 1 和 0。通过逻辑门的组合可以实现更为复杂的逻辑运算。本章的内容可使读者对运算器的硬件组成有清晰的认识,也为后续数据表示的学习奠定基础。

本章学习目的:

(1) 了解布尔代数、逻辑门和它们之间的关系。

(2) 掌握用基本逻辑门组合成电路。

(3) 掌握用布尔表达式、真值表和逻辑框图描述逻辑电路的行为。

(4) 了解逻辑门的构造。

## 2.1 布尔代数

布尔代数、布尔
函数和真值表

乔治•布尔(图 2-1)是皮匠的儿子。由于家境贫寒,布尔不得不在协助父母养家的同时为自己能接受教育而奋斗。尽管他考虑过以牧师为业,但最终还是决定从教。1835年,他开办了自己的学校。1847 年,他出版了《逻辑的数学分析》,最终成为 19 世纪最重要的数学家之一。由于布尔在符号逻辑运算方面做出了特殊的贡献,所以很多计算机语言中将逻辑运算称为布尔运算,将运算结果称为布尔值。

20 世纪 30 年代,布尔代数在电路系统中获得应用。随着电子技术与计算机的发展,出现了各种复杂的大系统,但它们的变换依然遵循布尔所揭示的规律。逻辑运算通常用来测试真/假值。在计算机程序中最常见到的逻辑运算就是循环的处理,用来判断是离开循环还是继续执行循环内的指令。

逻辑运算符把各个运算的变量(或常量)连接起来组成逻辑表达式。逻辑运算符有 3 个:与(AND)、或(OR)、非(NOT)。

图 2-1 乔治•布尔

在 BASIC 和 Pascal 等语言中,可以在程序中直接用 AND、OR、NOT 作为逻辑运算符。C 语言不能在程序中直接用 AND、OR、NOT 作为逻辑运算符,而是用其他符号代替,即 &&(逻辑与)、||(逻辑或)、!(逻辑非)。在位运算里,还有 &(位与)、|(位或)、XOR(异或)等运算符。

## 2.1.1 与逻辑

3 种基本逻辑

决定一个事件发生的所有条件都同时具备时,这个事件就发生;否则,这个事件就不发生。这种逻辑关系称与逻辑。其逻辑运算符用 · 或 && 表示。

若逻辑变量 $A$、$B$ 进行与运算,$Y$ 表示其运算结果,则其逻辑表达式为

$$Y = A \cdot B \text{ 或 } Y = A \,\&\&\, B$$

其基本运算规则为

$$0 \cdot 0 = 0, \quad 0 \cdot 1 = 0, \quad 1 \cdot 0 = 0, \quad 1 \cdot 1 = 1$$
$$A \cdot 1 = A, \quad A \cdot 0 = 0, \quad A \cdot A = A, \quad A \cdot \overline{A} = 0$$

与逻辑相当于日常语言中的"并且",在两个条件同时成立的情况下与逻辑的运算结果才为"真"。可以用如图 2-2 所示的串联电路表示其运算规则。其中,$A$、$B$ 两个开关同时闭合时电路才接通;任何一个开关断开,电路都会断开。

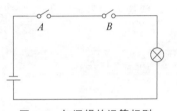

图 2-2 与逻辑的运算规则

布尔代数的
基本运算规则

真值表是表示逻辑输入与输出的可能状态的表格,通常以 1 表示真,以 0 表示假。两个数据对象($A$、$B$)的与逻辑真值表如表 2-1 所示。

表 2-1 与逻辑真值表

| A | B | $Y = A \cdot B$ |
| --- | --- | --- |
| 0 | 0 | 0 |
| 0 | 1 | 0 |
| 1 | 0 | 0 |
| 1 | 1 | 1 |

【例 2-1】 设 $A = 11001010\text{B}$,$B = 00001111\text{B}$,求 $Y = A \cdot B$。

**解:**

$Y = A \cdot B = (1 \cdot 0)(1 \cdot 0)(0 \cdot 0)(0 \cdot 0)(1 \cdot 1)(0 \cdot 1)(1 \cdot 1)(0 \cdot 1) = 00001010$

写成竖式则为

$$
\begin{array}{r}
1\,1\,0\,0\,1\,0\,1\,0 \\
\cdot)\,0\,0\,0\,0\,1\,1\,1\,1 \\
\hline
0\,0\,0\,0\,1\,0\,1\,0
\end{array}
$$

与逻辑表达式通常省略 · 运算符。

### 2.1.2　或逻辑

决定一个事件发生的条件中，只要有一个条件具备，这个事件一定发生；否则，这个事件就不发生。这种逻辑关系称或逻辑。其逻辑运算符用＋或‖表示。

若逻辑变量 $A$、$B$ 进行或运算，$Y$ 表示其运算结果，则其逻辑表达式为

$$Y=A+B \text{ 或 } Y=A\,\|\,B$$

其基本运算规则为

$$0+0=0,0+1=1,1+0=1,1+1=1$$
$$A+0=A,A+1=1,A+A=A,A+A=1$$

或逻辑相当于日常语言中的"任意一个"。两个条件中只要有一个成立，或逻辑的运算结果就为真。可以用如图 2-3 所示的并联电路表示其运算规则。其中，$A$、$B$ 两个开关中的任何一个闭合，电路都能接通。

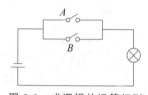

图 2-3　或逻辑的运算规则

或逻辑的真值表如表 2-2 所示。

表 2-2　或逻辑的真值表

| $A$ | $B$ | $X=A+B$ |
| --- | --- | --- |
| 0 | 0 | 0 |
| 0 | 1 | 1 |
| 1 | 0 | 1 |
| 1 | 1 | 1 |

【例 2-2】　设 $A=11001010\text{B}$，$B=00001111\text{B}$，求 $Y=A+B$。

解：

$$Y=A+B=(1+0)(1+0)(0+0)(0+0)(1+1)(0+1)(1+1)(0+1)=11001111$$

写成竖式则为

$$
\begin{array}{r}
1\,1\,0\,0\,1\,0\,1\,0 \\
+)\ 0\,0\,0\,0\,1\,1\,1\,1 \\
\hline
1\,1\,0\,0\,1\,1\,1\,1
\end{array}
$$

### 2.1.3　非逻辑

若逻辑输出与输入相反，则称这种逻辑关系为非逻辑。其逻辑运算符用加在字母上面的线或加在字母前面的！表示。

若逻辑变量 $A$ 进行非运算，$Y$ 表示其运算结果，则其逻辑表达式为

$$Y=\bar{A} \text{ 或 } Y=!A$$

其基本运算规则为

$$!0=1 \text{ 或 } !1=0$$

"非"逻辑相当于生活中说的"反向",如果原来的逻辑为"真",则运算结果为"假",如果原来的逻辑为"假",则运算结果为"真"。

非逻辑的真值表如表 2-3 所示。

表 2-3　非逻辑的真值表

| $A$ | $Y = \overline{A}$ |
|---|---|
| 0 | 1 |
| 1 | 0 |

## 2.2　逻辑函数及其化简

德摩根律和布尔代数的化简

### 2.2.1　逻辑函数

逻辑函数是返回值为逻辑值 1 或 0 的函数。逻辑函数可以用布尔代数法、真值表法、逻辑图法和卡诺图法等方式表示。

**1. 布尔代数法**

布尔代数法是按一定逻辑规律进行运算的代数。与普通代数不同,布尔代数中的变量是二元值的逻辑变量。布尔表达式的形式为

$$F(f) = (A_1, A_2, \cdots, A_n)$$

其中,$A_1, A_2, \cdots, A_n$ 为输入逻辑变量,取值是 0 或 1;$f$ 为输出逻辑变量,取值是 0 或 1;$F$ 称为 $A_1, A_2, \cdots, A_n$ 的输出逻辑函数。

**2. 真值表法**

真值表法采用真值表表示逻辑函数的运算关系。其中,输入部分列出输入逻辑变量的所有可能组合,输出部分给出相应的输出逻辑变量值。

**3. 逻辑图法**

逻辑图法采用规定的图形符号构成逻辑函数运算关系的网络图形。

**4. 卡诺图法**

卡诺图是一种几何图形,可以用来表示和简化布尔表达式。

### 2.2.2　布尔表达式化简

布尔代数的运算律(operational rule of Boolean algebra)是布尔代数的基本运算法则。布尔代数中的变量代表一种状态或概念,数值 1 或 0 并不表示变量在数值上的差别,而是代表状态与概念存在与否的符号。布尔代数的主要运算律有交换律、结合律、分

配律、德摩根律等，如表 2-4 所示。

表 2-4　布尔代数运算律

| 属　　性 | 与 | 或 |
|---|---|---|
| 交换律 | $AB=BA$ | $A+B=B+A$ |
| 结合律 | $(AB)C=A(BC)$ | $(A+B)+C=A+(B+C)$ |
| 分配律 | $A(B+C)=AB+AC$ | $A+BC=(A+B)(A+C)$ |
| 德摩根律 | $\overline{AB}=\bar{A}+\bar{B}$ | $\overline{A+B}=\bar{A}\bar{B}$ |
| 恒等律 | $A\cdot 1=A$ | $A+0=A$ |
| 重叠律 | $A\bar{A}=0$ | $A+\bar{A}=1$ |

布尔表达式的最简形式即乘积项最少，并且每个乘积项中的变量也最少的表达式，示例如图 2-4 所示。可以利用布尔代数的运算律对布尔表达式进行化简。化简的原则可简单概括为“加号最少，乘号最少”。化简的结果可能并不唯一。

$$
\begin{aligned}
Y&=ABE+AB+AC+ACE+BC+BCD\\
&=\bar{A}B+A\bar{C}+B\bar{C}\\
&=\bar{A}B+A\bar{C}
\end{aligned}
$$

图 2-4　布尔表达式的最简形式示例

布尔表达式的化简可以采用以下 5 种方法。

### 1. 并项法

并项法是利用重叠律将两项合并为一项，并消去一个变量，如图 2-5 所示。

$$
\begin{aligned}
Y_1&=ABC+\bar{A}BC+B\bar{C}=(A+\bar{A})BC+B\bar{C}\\
&=BC+B\bar{C}=B(C+\bar{C})=B
\end{aligned}
$$

(a) 运用分配律

$$
\begin{aligned}
Y_2&=ABC+A\bar{B}+A\bar{C}=ABC+A(\bar{B}+\bar{C})\\
&=\mathrm{A}BC+A\overline{BC}=A(BC+\overline{BC})=A
\end{aligned}
$$

(b) 运用德摩根律

图 2-5　并项法化简示例

### 2. 吸收法

吸收法是利用公式 $A+AB=A$ 消去多余的项，如图 2-6 所示。

$$Y_1=\bar{A}B+\bar{A}BCD(E+F)=\bar{A}B$$

$$
\begin{aligned}
Y_2&=A+\overline{\bar{B}+\overline{CD}}+\overline{\overline{AD}\,\overline{B}}=A+BCD+AD+B\\
&=(A+AD)+(B+BCD)=A+B
\end{aligned}
$$

图 2-6　吸收法化简示例

### 3. 消去法

消去法是利用公式 $A+\bar{A}B=A+B$ 消去多余的变量，如图 2-7 所示。

$$\begin{aligned}Y&=AB+\bar{A}C+\bar{B}C\\&=AB(\bar{A}+\bar{B})C\\&=AB+\overline{AB}C\\&=AB+C\end{aligned}$$

$$\begin{aligned}Y&=A\bar{B}+C+\bar{A}\bar{C}D+B\bar{C}D\\&=A\bar{B}+C+\bar{C}(\bar{A}+B)D\\&=A\bar{B}+C+(\bar{A}+B)D\\&=A\bar{B}+C+\overline{A\bar{B}}D\\&=A\bar{B}+C+D\end{aligned}$$

图 2-7 消去法化简示例

### 4. 配项法

配项法有两个具体的化简方法。

(1) 利用公式 $A=A(B+\bar{B})$ 为某一项配上其所缺的变量，以便用其他方法进行化简，如图 2-8 所示。

(2) 利用公式 $A+A=A$ 为某项配上能与其合并的项，如图 2-9 所示。

$$\begin{aligned}Y&=A\bar{B}+B\bar{C}+\bar{B}C+\bar{A}B\\&=A\bar{B}+B\bar{C}+(A+\bar{A})\bar{B}C+\bar{A}B(C+\bar{C})\\&=A\bar{B}+B\bar{C}+A\bar{B}C+\bar{A}\bar{B}C+\bar{A}BC+\bar{A}B\bar{C}\\&=A\bar{B}+(1+C)+B\bar{C}(1+\bar{A})+\bar{A}C(\bar{B}+B)\\&=A\bar{B}+B\bar{C}+\bar{A}C\end{aligned}$$

图 2-8 利用公式 $A=A(B+\bar{B})$ 配项化简示例

$$\begin{aligned}Y&=ABC+AB\bar{C}+A\bar{B}C+\bar{A}BC\\&=(ABC+AB\bar{C})+(ABC+ABC)+(ABC+\bar{A}BC)\\&=AB+AC+BC\end{aligned}$$

图 2-9 利用公式 $A+A=A$ 配项化简示例

### 5. 消去冗余项法

消去冗余项法是利用公式 $\bar{A}B+AC+BC=\bar{A}B+AC$ 将冗余项 $BC$ 消去，如图 2-10 所示。

$$\begin{aligned}Y_1&=A\bar{B}+AC+ADE+\bar{C}D\\&=A\bar{B}+(AC+\bar{C}D+ADE)\\&=A\bar{B}+AC+\bar{C}D\end{aligned}$$

$$\begin{aligned}Y_2&=AB+\bar{B}C+AC(DE+FG)\\&=AB+\bar{B}C\end{aligned}$$

图 2-10 消去冗余项法化简示例

**【例 2-3】** 已知逻辑函数表达式为 $Y=AB\bar{D}+\overline{ABD}+ABD+\overline{ABC}D+\overline{AB}CD$，把它化为最简的与或逻辑函数表达式。

解：

$$\begin{aligned}Y&=AB\bar{D}+\overline{ABD}+ABD+\overline{ABC}D+\overline{AB}CD\\&=AB(\bar{D}+D)+\overline{ABD}+\overline{AB}D(\bar{C}+C)\\&=AB+\overline{ABD}+\overline{AB}D\end{aligned}$$

$$= AB + \overline{AB}(D + \bar{D})$$
$$= AB + \overline{AB}$$

【例 2-4】 化简以下逻辑函数：

$$Y = AD + A\bar{D} + AB + \bar{A}C + BD + A\bar{B}EF + \bar{B}EF$$

解：

$$Y = A + AB + \bar{A}C + BD + A\bar{B}EF + \bar{B}EF \qquad (利用 A + \bar{A} = 1)$$

$$= A + \bar{A}C + BD + \bar{B}EF \qquad (利用 A + AB = A)$$

$$= A + C + BD + \overline{EF} \qquad (利用 A + \bar{A}B = A + B)$$

【例 2-5】 化简以下逻辑函数：

$$Y = AB + A\bar{C} + \bar{B}C + \bar{C}B + \bar{B}D + \bar{D}B + ADE(F + G)$$

解：

$$Y = A\overline{\bar{B}C} + \bar{B}C + \bar{C}B + \bar{B}D + \bar{D}B + ADE(F + G)$$

$$= A + \bar{B}C + \bar{C}B + \bar{B}D + \bar{D}B + ADE(F + G) \qquad (利用 A + \bar{A}B = A + B)$$

$$= A + \bar{B}C + \bar{C}B + \bar{B}D + \bar{D}B \qquad (利用 A + AB = A)$$

$$= A + \bar{B}C(D + \bar{D}) + \bar{C}B + \bar{B}D + \bar{D}B(C + \bar{C}) \qquad (配项法)$$

$$= A + \bar{B}CD + \bar{B}C\bar{D} + \bar{C}B + \bar{B}D + \bar{D}BC + \bar{D}B\bar{C}$$

$$= A + \bar{B}C\bar{D} + \bar{C}B + \bar{B}D + \bar{D}BC \qquad (利用 A + AB = A)$$

$$= A + C\bar{D}(\bar{B} + B) + \bar{C}B + \bar{B}D$$

$$= A + C\bar{D} + \bar{C}B + \bar{B}D \qquad (利用 A + \bar{A} = 1)$$

## 2.3 基本逻辑电路

### 2.3.1 门电路

逻辑电路是指完成逻辑运算的电路。这种电路一般有若干输入端以及一个或几个输出端，当输入信号之间满足某一特定逻辑关系时，电路就开通，有输出；否则，电路就断开，无输出。所以，这种电路又叫逻辑门电路，简称门电路。由于逻辑电路只分高、低电平，所以抗干扰力强，精度高，保密性好，广泛应用于计算机、数字控制、通信、自动化和仪表等方面。

3 种基本的门电路如图 2-11 所示。

门电路是最基本的电子元件。每个门都执行一种逻辑运算，接收一个或多个输入值，生成一个输出值。每个输入值和输出值都只能是 0（对应 0～2V 的低电压信号）或 1（对应 2～5V 的高电压信号），门的类型和输入值决定了输出值。

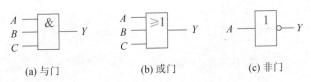

(a) 与门　　　　(b) 或门　　　　(c) 非门

图 2-11　3 种基本的门电路

简单的逻辑电路通常是由门电路构成的，也可以用三极管制作。例如，一个 NPN 三极管的集电极和另一个 NPN 三极管的发射极连接，就可以看作一个简单的与门电路。即，当两个三极管的基极都接高电平的时候，电路导通；而只要有一个不接高电平，电路就不导通。

逻辑电路分组合逻辑电路和时序逻辑电路，二者均由门电路组成。前者由最基本的与门电路、或门电路和非门电路组成，其输出值仅依赖于其输入变量的当前值，与输入变量的过去值无关，即不具有记忆和存储功能；后者也由上述基本门电路组成，但存在反馈回路，它的输出值不仅依赖于输入变量的当前值，也依赖于输入变量的过去值。

组合逻辑电路的分析方法是：根据所给的逻辑电路，写出其输入与输出之间的逻辑关系(逻辑函数表达式或真值表)，从而判定该电路的逻辑功能。一般是先对给定的逻辑电路按门电路的连接方法逐一写出相应的逻辑函数表达式，然后写出输出逻辑函数表达式，但这样写出的逻辑函数表达式可能不是最简的，所以还应该利用布尔代数运算律进行化简。最后，再根据最简的逻辑函数表达式写出它的真值表，并根据真值表分析电路的逻辑功能。

## 2.3.2　门电路的构造

### 1. 基本门电路

用门构成电路

门电路是由电子元器件及其电路连接实现的，构造门电路就是用二极管或三极管的组合来建立输入值和输出值之间的映射。二极管和三极管的工作原理如图 2-12 所示。

用二极管和三极管构造的门电路如图 2-13 所示。

1) 与门

与门的运算规则表示为：只有两个输入都为 1 时，输出才为 1；当输入中有一个不为 1 时，输出就为 0。其真值表、表达式和符号如图 2-14 所示。

2) 或门

或门的运算规则表示为：如果两个输入值都是 0，那么输出是 0；否则输出是 1。其真值表、表达式和符号如图 2-15 所示。

其他基本器件电路

3) 非门

非门如果输入值是 0，那么输出值是 1；如果输入值是 1，则输出值是 0。其真值表、表达式和符号如图 2-16 所示。

4) 与非门

与非门由与门和非门构成，让与门的结果经过一个逆变器(非门)，就得到与非门的输出。其真值表、表达式和符号如图 2-17 所示。

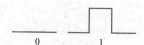

(a) 高电平表示1，低电平表示0

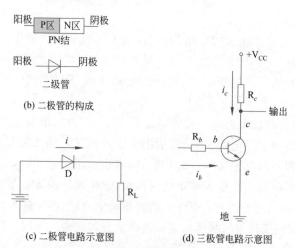

(b) 二极管的构成

(c) 二极管电路示意图　　　　(d) 三极管电路示意图

图 2-12　二极管和三极管的工作原理

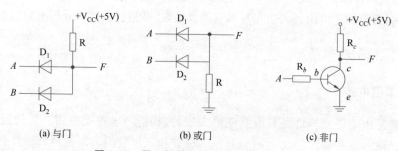

(a) 与门　　　　　　(b) 或门　　　　　　(c) 非门

图 2-13　用二极管和三极管构造的门电路

| A | B | X |
|---|---|---|
| 0 | 0 | 0 |
| 0 | 1 | 0 |
| 1 | 0 | 0 |
| 1 | 1 | 1 |

(a) 真值表

$$X = A \cdot B$$

(b) 表达式

(c) 符号

图 2-14　与门的真值表、表达式和符号

| A | B | X |
|---|---|---|
| 0 | 0 | 0 |
| 0 | 1 | 1 |
| 1 | 0 | 1 |
| 1 | 1 | 1 |

(a) 真值表

$X = A + B$

(b) 表达式　　　　　　　　　(c) 符号

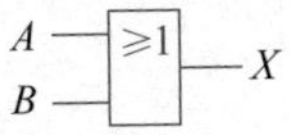

**图 2-15　或门的真值表、表达式和符号**

| A | B |
|---|---|
| 0 | 1 |
| 1 | 0 |

(a) 真值表

$X = \overline{A}$

(b) 表达式　　　　　　　　　(c) 符号

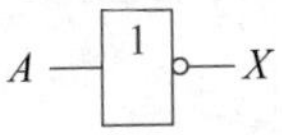

**图 2-16　非门的真值表、表达式和符号**

| A | B | X |
|---|---|---|
| 0 | 0 | 1 |
| 0 | 1 | 1 |
| 1 | 0 | 1 |
| 1 | 1 | 0 |

(a) 真值表

$X = \overline{AB}$

(b) 表达式　　　　　　　　　(c) 符号

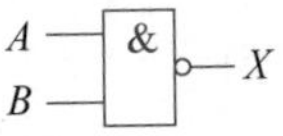

**图 2-17　与非门的真值表、表达式和符号**

5）异或门

异或门的两个输入相同时，则输出为 0；否则，输出为 1。其真值表、表达式和符号如图 2-18 所示。

| $A$ | $B$ | $X$ |
| --- | --- | --- |
| 0 | 0 | 0 |
| 0 | 1 | 1 |
| 1 | 0 | 1 |
| 1 | 1 | 0 |

(a) 真值表

$$X = A \oplus B$$

(b) 表达式          (c) 符号

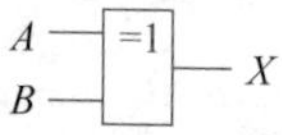

**图 2-18    异或门的真值表、表达式和符号**

6）或非门

或非门由或门和非门构成，让或门的结果经过一个逆变器（非门），就得到或非门的输出。其真值表、表达式和符号如图 2-19 所示。

| $A$ | $B$ | $X$ |
| --- | --- | --- |
| 0 | 0 | 1 |
| 0 | 1 | 0 |
| 1 | 0 | 0 |
| 1 | 1 | 0 |

(a) 真值表

$$X = \overline{A + B}$$

(b) 表达式          (c) 符号

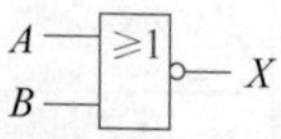

**图 2-19    或非门的真值表、表达式和符号**

**2. 具有更多输入的门**

门可以设计为接收 3 个以上输入。

　　具有 3 个输入的与门,只有当 3 个输入的值都是 1 时,才得到值为 1 的输出。具有 3 个输入的或门,只要任何一个输入的值为 1,输出的值就是 1。

　　真值表中的行数:具有 3 个输入的门,有 $2^3 = 8$ 种输入组合;具有 $n$ 个输入的门,有 $2^n$ 种输入组合。

　　图 2-20 是具有 3 个输入的与门的真值表、表达式和符号。

| $A$ | $B$ | $C$ | $X$ |
| --- | --- | --- | --- |
| 0 | 0 | 0 | 0 |
| 0 | 0 | 1 | 0 |
| 0 | 1 | 0 | 0 |
| 0 | 1 | 1 | 0 |
| 1 | 0 | 0 | 0 |
| 1 | 0 | 1 | 0 |
| 1 | 1 | 0 | 0 |
| 1 | 1 | 1 | 1 |

(a) 真值表

$X = ABC$

(b) 表达式　　　　　　(c) 符号

**图 2-20　具有 3 个输入的与门的真值表、表达式和符号**

### 3. 逻辑电路

　　把一个门的输出作为另一个门的输入,多个门组合起来就构成逻辑电路。例如,逻辑函数表达式 $X = A(B+C)$ 的逻辑电路可以由与门和或门组成;又如,逻辑函数表达式 $f = x + \bar{y}z$ 的逻辑电路可以由与门、或门和与非门组成。这两个示例如图 2-21 所示。

一位半加器

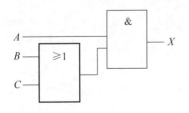

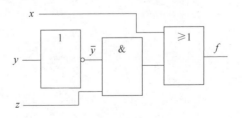

一位全加器

(a) 示例一: $X = A(B+C)$　　　　　　(b) 示例二: $f = x + \bar{y}z$

**图 2-21　用门构成逻辑电路**

# 2.4 门电路仿真实验

**1. 实验目的**

（1）熟悉编程构建门电路的基本方法。
（2）掌握通过 Python 编程实现与门、或门和异或门电路的方法。

**2. 实验要求**

（1）填补实验代码的空白处，构建异或门。
（2）实现功能：输入两个 1 位二进制数，得到它们的与、或和异或的结果。

**3. 实验原理**

程序中包含与（AND）、或（OR）、异或（XOR）3 个模块，模拟逻辑与门、或门和异或门的作用。

**4. 实验代码**

```python
def AND(A, B):
    #与
    return (int(A) and int(B))

def OR(A, B):
    #或
    return (int(A) or int(B))

def XOR(A, B):
    #异或
    if _____:
        return _____
    else:
        return _____

if __name__ == '__main__':
    A = input("input A:")
    B = input("input B:")
    out1 = AND(A, B)
    out2 = OR(A, B)
    out3 = XOR(D, C)

    print("与门输出:",out1,"或门输出:",out2,"异或门输出:",out3)
```

# 习　题

## 一、基础题

(1) 化简：

① $F=AB+AB(C+D)E$

② $F=\bar{A}B\bar{C}D+\bar{A}BCD+A\bar{B}CD+ABCD$

③ $F=AC+ADE+\bar{C}D$

(2) 证明：

① $AB+A\bar{B}=A$

② $AB+\bar{A}C+BCD=AB+\bar{A}C$

③ $AB+A\bar{B}+\bar{A}B+\overline{AB}=1$

④ $A\bar{B}+B+BC=A+B$

(3) 写出下列函数的真值表：

① $F=AB+C$

② $F=AB+\overline{AB}$

## 二、提高题

(1) 在登录电子信箱(或 QQ)的过程中，有两个条件，一个是用户名，另一个是与用户名对应的密码。要完成这个事件(登录成功)，它们体现的逻辑关系为(　　)。

    A. 与关系　　　　　　　　　　B. 或关系

    C. 非关系　　　　　　　　　　D. 不存在逻辑关系

(2) 走廊里有一盏电灯，在走廊两端各有一个开关。如果希望不论哪一个开关接通都能使电灯点亮，那么设计的电路为(　　)。

    A. 与门电路　　　　　　　　　B. 非门电路

    C. 或门电路　　　　　　　　　D. 上述答案都有可能

(3) 请根据表 2-5 所示的真值表，与之相对应的门电路是(　　)。

表 2-5　题 3 的真值表

| 输　　入 | | 输出 |
| --- | --- | --- |
| $A$ | $B$ | $Y$ |
| 0 | 0 | 1 |
| 0 | 1 | 1 |
| 1 | 0 | 1 |
| 1 | 1 | 0 |

A. 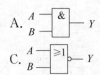　　　　　　B. $A$ $B$ $\geqslant 1$ $Y$

C. $A$ $B$ $\geqslant 1$ $Y$　　　　D. $A$ $B$ $\&$ $Y$

（4）下列布尔代数运算中，（　　）是正确的。

A. $1+1=1$　　　　　　B. $0+0=1$

C. $1+1=10$　　　　　D. 以上都不对

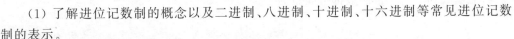

# 第 3 章

# 数 据 表 示

本章主要介绍进位记数制及不同记数制之间数值的相互转换。本章还详细讲解字符编码、汉字编码等编码方案以及计算机中的数据校验。

本章学习目的：

(1) 了解进位记数制的概念以及二进制、八进制、十进制、十六进制等常见进位记数制的表示。

(2) 理解计算机中数值数据和非数值数据的表示。

(3) 掌握二进制、八进制、十进制、十六进制等常见进位记数制之间的相互转换。

(4) 了解数据校验的原理。

## 3.1 进位记数制

在人类的生产和生活中，经常要遇到数的表示问题，人们通常采用从低位向高位进位的方式进行记数，这种表示数据的方法称为进位记数制，简称数制。讨论数制涉及两个基本概念：基数(radix)和权(weight)。

### 1. 十进制

在数制中，每个数位用到的数码符号的个数叫作基数。十进制是人们最熟悉的一种数制，每个数位允许选用 $0\sim9$ 共 10 个不同数码符号中的某一个，因此十进制的基数为 10。每个数位满 10 就向高位进位，即逢 10 进 1。

在一个数中，数码在不同的数位上表示的数值是不同的。每个数码表示的数值就等于该数码本身乘以一个与它所在数位有关的常数，这个常数叫作权。例如，对于十进制数 6543.21，数码 6 所在数位的权为 1000，这一位代表的数值为 $6\times10^3=6000$；5 所在数位的权为 100，这一位代表的数值为 $5\times10^2=500$……

所以，一个数的数值就是它的各位数码按权相加之和。例如：

$$(6543.21)_{10}=6\times10^3+5\times10^2+4\times10^1+3\times10^0+2\times10^{-1}+1\times10^{-2}$$

由此可见，任何一个十进制数都可以用一个多项式表示：

$$(N)_{10}=k_n\times10^n+k_{n-1}10^{n-1}+\cdots+k_0\times10^0+\cdots+k_{-m}\times10^{-m}=\sum_{i=n}^{-m}k_i\times10^i \text{ 其中,}$$

$k_i$ 的取值是 $0 \sim 9$ 中的一个数码，$m$ 和 $n$ 为正整数。

推而广之，一个基数为 $R$ 的 $R$ 进制数可表示为

$$(N)_R = k_n \times R^n + k_{n-1} R^{n-1} + \cdots + k_0 \times R^0 + \cdots + k_{-m} \times R^{-m} = \sum_{i=n}^{-m} k_i \times R^i$$

其中，$R^i$ 是第 $i$ 位的权，$k_i$ 的取值可以是 $0,1,\cdots,R-1$ 共 $R$ 个数码中的任意一个。$R$ 进制数的进位原则是逢 $R$ 进 $1$。

计算机为什么
采用二进制

### 2. 二进制

计算机中信息的存储、处理和传送采用的都是二进制。不论是数据还是多媒体信息（声音、图形、图像等），都必须采用二进制编码形式才能存入计算机中。

二进制是一种最简单的数制，它只有 $0$ 和 $1$ 两个不同的数码，即基数为 $2$，逢 $2$ 进 $1$。任意数位的权是 $2^i$。

因此，任何一个二进制数都可表示为

$$(N)_2 = \sum_{i=n}^{-m} k_i \times 2^i$$

### 3. 十六进制

十六进制数的基数为 $16$，逢 $16$ 进 $1$，每个数位可取 $0,1,\cdots,9,A,B,\cdots,F$ 共 $16$ 个不同的数码符号中的任意一个，其中 $A \sim F$ 分别表示十进制数 $10 \sim 15$。

任何一个十六进制数都表示为

$$(N)_{16} = \sum_{i=n}^{-m} k_i \times 16^i$$

既然有不同的数制，在给出一个数的同时，就必须指明它是哪种数制的数。例如，$(1010)_2$、$(1010)_{10}$、$(1010)_{16}$ 代表的数值完全不同，如果不用下标加以标注，就会产生歧义。除了用下标表示之外，还可以用后缀字母表示不同的数制，后缀 B 表示该数是二进制（Binary）数，后缀 H 表示该数是十六进制（Hexadecimal）数，而后缀 D 表示该数是十进制（Decimal）数。十进制数在书写时可以省略后缀 D，其他进制的数在书写时一般不能省略后缀。例如，有 3 个数分别为 375D、101B 和 AFEH，从后缀就可以知道它们分别是十进制数、二进制数和十六进制数。

大多数计算机都采用十六进制描述计算机中的指令和数据。表 3-1 给出了 3 种常用数制的数值对应关系。

表 3-1　3 种常用数制的数值对应关系

| 十进制 | 二进制 | 十六进制 | 十进制 | 二进制 | 十六进制 |
| --- | --- | --- | --- | --- | --- |
| 0 | 0000 | 0 | 3 | 0011 | 3 |
| 1 | 0001 | 1 | 4 | 0100 | 4 |
| 2 | 0010 | 2 | 5 | 0101 | 5 |

续表

| 十进制 | 二进制 | 十六进制 | 十进制 | 二进制 | 十六进制 |
|---|---|---|---|---|---|
| 6 | 0110 | 6 | 11 | 1011 | B |
| 7 | 0111 | 7 | 12 | 1100 | C |
| 8 | 1000 | 8 | 13 | 1101 | D |
| 9 | 1001 | 9 | 14 | 1110 | E |
| 10 | 1010 | A | 15 | 1111 | F |

数据的表示方法有很多种,不同的表示方法对计算机的结构和性能都会产生不同的影响。人们日常生活中一般采用十进制数进行计数和计算,但十进制数难以在计算机内直接存储与运算。为了简化计算机的设计,方便计算机对数据进行处理,在计算机系统中,通常将十进制数用于人机交互,而数据则以二进制数的形式存储和运算。计算机采用二进制的主要原因有以下几点:

(1) 易于物理实现。二进制在技术上最容易实现。这是因为具有两种稳定状态的物理器件有很多,如门电路的导通与截止、电压的高与低等,而它们恰好可以对应 1 和 0 这两个数码。假如采用十进制,那么就要制造具有 10 种稳定状态的物理电路,而这是非常困难的。

(2) 运算规则简单。数学推导已经证明,对 R 进制数进行算术求和或求积运算,其运算规则各有 $R(R+1)/2$ 种。如果采用十进制,则 $R=10$,就有 55 种求和或求积的运算规则;而如果采用二进制,则 $R=2$,仅有 3 种求和或求积的运算规则。以二进制加法为例:0+0=0,0+1=1(1+0=1),1+1=10。因而二进制可以大大简化运算器等物理器件的设计。

(3) 可靠性高。由于电压的高和低,电流的有和无等都是一种质的变化,两种物理状态稳定、分明,因此二进制码传输的抗干扰能力强,鉴别信息的可靠性高。

(4) 逻辑判断方便。采用二进制后仅有的两个符号 1 和 0 正好可以与逻辑命题的两个值真和假相对应,能够方便地使用逻辑代数这一有力工具分析和设计计算机的逻辑电路。

## 3.2　进　制　转　换

计算机中采用的是二进制,因为二进制具有运算简单、易实现且可靠、便于逻辑设计等优点。但是,用二进制表示一个数使用的位数要比用十进制表示长得多,书写和阅读都不方便,也不容易理解。为了书写和阅读的方便,人们通常使用十六进制弥补二进制的这一不足,因此常常需要在十进制数、二进制数和十六进制数之间进行转换。本节主要介绍常用的几种转换方法。

### 1. 二进制数转换为十六进制数

将一个二进制数转换为十六进制数的方法是将二进制数的整数部分和小数部分分别进行转换。即，以小数点为界，整数部分从小数点开始往左数，每 4 位分成一组，当最左边的一组数不足 4 位时，可根据需要在数的最左边添加若干个 0 以补足 4 位；对于小数部分，从小数点开始往右数，每 4 位分成一组，当最右边的一组数不足 4 位时，可根据需要在数的最右边添加若干个 0 以补足 4 位。最终使二进制数的总位数是 4 的倍数，然后用相应的十六进制数取而代之。例如：

$$(111011.1010011011)_2 = (00111011.101001101100)_2 = (3B.A6C)_H$$

### 2. 任意进制数转换为十进制数

将任意进制的数各位数码与它们的权值相乘，再把乘积相加，就得到了对应的十进制数。这种方法称为按权展开相加法。例如：

$$(11011.1)_2 = 1 \times 2^4 + 1 \times 2^3 + 0 \times 2^2 + 1 \times 2^1 + 1 \times 2^0 + 1 \times 2^{-1} = (27.5)_{10}$$

### 3. 十进制数转换为任意进制数

将十进制数转换为任意进制数，常采用基数乘除法。这种转换方法对十进制数的整数部分和小数部分分别进行处理，对于整数部分用除基取余法，对于小数部分用乘基取整法，最后将整数部分与小数部分的转换结果拼接起来。

除基取余法（整数部分的转换）：整数部分除基取余，最先取得的余数为数的最低位，最后取得的余数为数的最高位，商为 0 时结束。

乘基取整法（小数部分的转换）：小数部分乘基取整，最先取得的整数为数的最高位，最后取得的整数为数的最低位，乘积为 0（或满足精度要求）时结束。

例如，将十进制数 123.6875 转换成二进制数。

整数部分：

十进制数转换
为二进制数

```
        除基        取余
    2|123          1        最低位
     2|61          1
      2|30         0
       2|15        1
        2|7        1
         2|3       1
          2|1      1        最高位
           0
```

故整数部分$(123)_{10} = 1111011_2$。

小数部分：

乘基取整

$$0.6875$$
$$\times \qquad 2$$
$$\overline{1.3750} \qquad\qquad 1 \qquad\qquad 最高位$$
$$0.3750$$
$$\times \qquad 2$$
$$\overline{0.7500} \qquad\qquad 0$$
$$\times \qquad 2$$
$$\overline{1.5000} \qquad\qquad 1$$
$$0.5000$$
$$\times \qquad 2$$
$$\overline{1.0000} \qquad\qquad 1 \qquad\qquad 最低位$$

故小数部分$(0.6875)_{10}=0.1011_2$。

所以$(123.6875)_{10}=1111011.1011_2$。

## 3.3  十进制数据编码

二进制数的实现方案简单、可靠,因此在计算机内部采用二进制数进行工作,但如果直接使用二进制数进行输入和输出则非常不直观,难以被用户接受。因此,在计算机进行输入输出处理时,一般还是用十进制数表示,这就要求对十进制数进行编码,使计算机能够接收并处理这些数据信息。

由于十进制有 0～9 共 10 个数码,需要使用$\log_2 10$位二进制数进行编码,向上取整为 4,因此一般用 4 位二进制数表示 1 位十进制数。由于 4 位二进制数有 16 种组合,从中选出的 10 种组合表示 0～9 这 10 个数码,可以产生多种方案,如 8421BCD 码、2421 码、余 3 码等。这里介绍使用最普遍的 8421BCD 码。

BCD(Binary-Coded Decimal)码用 4 位二进制数表示 1 位十进制数的 0～9 这 10 个数码,是一种二进制的数字编码形式。在该种编码方案中,4 个二进制数位的权值从低到高分别是 1、2、4、8,使用 000,0001,…,1001 对应十进制中的 0～9。在运算时,每个数位内满足二进制规则,而数位之间满足十进制规则。

8421BCD 码的优点在于直观,而且与数字的 ASCII 码的转换非常方便,但是直接使用 8421BCD 码进行算术运算时要复杂一些,在某些情况下,需要对加法运算的结果进行修正。修正规则是:如果两个 8421BCD 码数相加之和小于或等于 1001,即十进制的 9,无须修正;如果结果为十进制的 10～15,需要主动向高位产生一个进位,本位进行加 6 修正;如果结果为十进制的 16～18,会自动向高位产生一个进位,本位仍需进行加 6 修正。十进制数、二进制数和 8421BCD 码的对应关系如表 3-2 所示。

表 3-2　十进制数、二进制数和 8421BCD 码的对应关系

| 十进制数 | 二进制数 | 8421BCD 码 | 十进制数 | 二进制数 | 8421BCD 码 |
|---|---|---|---|---|---|
| 0 | 0000 | 0000 | 8 | 1000 | 1000 |
| 1 | 0001 | 0001 | 9 | 1001 | 1001 |
| 2 | 0010 | 0010 | 10 | 1010 | 0001　0000 |
| 3 | 0011 | 0011 | 11 | 1011 | 0001　0001 |
| 4 | 0100 | 0100 | 12 | 1100 | 0001　0010 |
| 5 | 0101 | 0101 | 13 | 1101 | 0001　0011 |
| 6 | 0110 | 0110 | 14 | 1110 | 0001　0100 |
| 7 | 0111 | 0111 | 15 | 1111 | 0001　0101 |

## 3.4　ASCII 码

目前计算机中用得最广泛的是 ASCII 码。ASCII 码是由 128 个字符组成的字符集,其中包括 10 个十进制数码、26 个英文字母(区分大小写),以及其他专用符号和控制符号。使用 7 位二进制数可以给出 128 个编码,表示 128 个不同的字符。其中 95 个编码对应计算机终端能输入和显示的 95 个字符,如大小写各 26 个英文字母、0～9 这 10 个数字、通用的运算符和标点符号等(包括空格),打印机设备也能打印这 95 个字符。编码值 0～31 不对应任何一个可以显示或打印的实际字符,通常称为控制字符,被用作控制码,控制计算机某些外固设备的工作特性和某些计算机软件的运行情况。编码值为 127 的是刷除控制 DEL 码。ASCII 码规定 8 个二进制位的最高一位为 0,在实际使用中,最高位可以根据需求来存放奇偶校验的结果,称为校验位。表 3-3 列出了 7 位的 ASCII 码字符编码表。

表 3-3　ASCII 码表

| $b_3b_2b_1b_0$ | | $b_6b_5b_4$ | | | | | | | |
|---|---|---|---|---|---|---|---|---|---|
| | | 0 | 1 | 2 | 3 | 4 | 5 | 6 | 7 |
| | | 000 | 001 | 010 | 0011 | 100 | 101 | 110 | 111 |
| 0 | 0000 | NUL | DLE | SP | 0 | @ | P | ' | p |
| 1 | 0001 | SOH | DC1 | ! | 1 | A | Q | a | q |
| 2 | 0010 | STX | DC2 | " | 2 | B | R | b | r |
| 3 | 0011 | ETX | DC3 | # | 3 | C | S | c | s |
| 4 | 0100 | EOT | DC4 | $ | 4 | D | T | d | t |
| 5 | 0101 | ENQ | NAK | % | 5 | E | U | e | u |
| 6 | 0110 | ACK | SYN | &. | 6 | F | V | f | v |

续表

| $b_3b_2b_1b_0$ | | $b_6b_5b_4$ | | | | | | | |
| --- | --- | --- | --- | --- | --- | --- | --- | --- | --- |
| | | 0 | 1 | 2 | 3 | 4 | 5 | 6 | 7 |
| | | 000 | 001 | 010 | 0011 | 100 | 101 | 110 | 111 |
| 7 | 0111 | BEL | ETB | / | 7 | G | W | g | w |
| 8 | 1000 | BS | CAN | ( | 8 | H | X | h | x |
| 9 | 1001 | HT | EM | ) | 9 | I | Y | i | y |
| A | 1010 | LF | SUB | * | : | J | Z | j | z |
| B | 1011 | VT | ESC | + | ; | K | [ | k | { |
| C | 1100 | FF | FS | , | < | L | \ | l | l |
| D | 1101 | CR | GS | — | = | M | ] | m | } |
| E | 1110 | SO | RS | . | > | N | · | n | ~ |
| F | 1111 | Si | US | / | ? | O | — | o | DEL |

观察表 3-3 可以发现以下两个基本规律：

(1) 数字 0～9 的高 3 位编码均为 011,低 4 位编码为 0000～1001,正好是 0～9 的 8421BCD 码,这有利于 ASCII 码与 8421BCD 码的相互转换。

(2) 同一英文字母的大小写编码的差别仅在于第 6 位是 0 还是 1,这也方便了大小写字母的相互转换。

在 IBM 计算机中采用了另一种字符编码,即 EBCDIC 编码。它采用 8 位二进制,可以表示 256 个编码状态,但只选用了其中的一部分。0～9 这 10 个数字编码的高 4 位为 1111,低 4 位仍为 0000～1001。大小写英文字母的编码同样满足正常的排序要求,而且有简单的对应关系,易于转换和识别。

# 3.5　汉字编码

区位码、国标码和机内码

## 1. 汉字的输入编码

为了能够使用西文标准键盘将汉字提供给计算机信息处理系统,需要为汉字设计相应的输入编码方法。目前使用的汉字输入编码主要有以下 3 类：

(1) 数字编码。常用的是区位码,每个汉字对应一个唯一的数字串。其优点是无重码,且输入码与内部码的转换较方便;其缺点是编码难记。

(2) 拼音码。这是一种以汉语拼音为基础的输入方法。其优点是熟悉汉语拼音的用户可以轻松掌握,无须特殊的训练和记忆;其缺点是重码率高,需进行同音字选择,影响输入速度。

(3) 字形码。这种编码通过分析汉字的字形,将汉字的笔画用字母或数字进行编码。

其他汉字编码方式

目前最常用的字形码是五笔字形码。

### 2. 国标码

国标码是国家标准汉字编码的简称，其全称是《信息交换用汉字编码字符集：基本集》，是我国在 1980 年颁布的用于汉字信息处理使用的代码依据（GB 2312—1980）。国标码依据使用频度把汉字划分为高频字（约 100 个）、常用字（约 3000 个）、次常用字（近 4000 个）、罕见字（约 8000 个）和死字（约 45 000 个）。把高频字、常用字和次常用字归结为汉字字符集（共 6763 个）。其中，一级汉字 3755 个，以汉语拼音为序排列；二级汉字 3008 个，以偏旁部首为序排列。再加上 682 个图形符号以及西文字母、数字等，在一般情况下已足够使用。国标码规定：一个汉字用 2 字节表示，每字节只使用低 7 位，最高位未做定义。为书写方便，常用 4 位十六进制数表示一个汉字。

国标码是一种机器内部编码，用于统一不同系统的各种编码。通过将不同系统使用的不同编码统一转化成国标码，不同系统的汉字信息就可以相互交换。

### 3. 汉字机内码

汉字机内码是计算机内部对汉字进行存储、处理和传输使用的编码，简称机内码。机内码是根据 GB 2312—1980 进行编码的。在计算机中，一般采用 2 字节表示一个汉字。为区分汉字和英文字符，规定汉字机内码两字节的最高位均为 1，以避免造成混乱。

例如，汉字"文"的国标码为 4E44H（0100111001000100），每字节的最高位变为 1，得到 1100111011000100，即"文"的机内码为 CEC4H。

区位码、国标码和机内码之间存在一定的转换规则：将区位码用十六进制表示后，加上 2020H 即可得到国标码，在国标码的基础上加上 8080H 即可得到机内码。

### 4. 汉字字模码

字模码是用点阵表示的汉字字形编码，是汉字的输出形式。

字模码一般采用点阵式编码，即把一个汉字按一定的字形需要写在一定规格的点阵格纸中。根据汉字输出要求的不同，点阵的大小也不同。简易型汉字为 $16\times16$ 点阵，提高型汉字为 $24\times24$ 点阵，$32\times32$ 点阵或更高。点阵中每个点的信息用 1 位二进制码表示，用 1 表示该位置是黑色，用 0 表示该位置是白色。随着点阵规模的增加，其存储量也相应地提高。例如，$16\times16$ 点阵的汉字要占用 32 字节（256 位），$24\times24$ 点阵的汉字要占用 72 字节（576 位），$32\times32$ 点阵的汉字要占用 128 字节（1024 位）。因此字模码只能用来构成汉字库，而不能用于机内存储。汉字库中存储了每个汉字的点阵编码，当显示或打印输出时才检索汉字库，输出字模点阵，得到字形。

## 3.6　数据校检

数据校验的
基本原理

数据在存取和传送的过程中可能会产生错误，其原因可能有很多种，如设备的临界工作状态、外界高频干扰、收发设备中的间歇性故障以及电源偶然的瞬变现象等。为减少和避免错误,除了提高硬件本身的可靠性之外,还可以对数据采用专门的逻辑电路进行编码,以检测错误,甚至校正错误。

通常的方法是,在每个字上添加一些校验位,用来确定字中出现错误的位置。计算机中常用这种检错技术进行存储器读写或信息传输正确性的检验。

### 1. 奇偶校验的概念

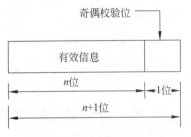

奇偶校验

奇偶校验码是一种最简单且应用最广泛的数据校验码,它的硬件成本很低,可以检测出一位或奇数位错误,但不能确定出错的位置,也不能检测出偶数位错误。事实上,一位出错的概率比多位同时出错的概率要高得多,因此,虽然奇偶校验的检错能力很低,但仍然是一种很有效的校验方法,常用于存储器读写检查或 ASCII 字符传送过程检查。

奇偶校验的实现方法是:由若干位有效信息(如 1 字节)加上 1 位奇偶校验位组成奇偶校验码,如图 3-1 所示。

图 3-1　奇偶校验码

奇偶校验位的取值(0 或 1)将使整个奇偶校验码中 1 的个数为奇数或偶数,所以有两种可供选择的校验规律:

(1) 奇校验。当有效信息位中 1 的个数为奇数时,奇校验位为 0;否则为 1。

(2) 偶校验。当有效信息位中 1 的个数为偶数时,偶校验位为 0;否则为 1。

**注意**:奇偶校验位可以放在有效信息的右面,也可以放在有效信息的左面。

### 2. 简单奇偶校验

简单奇偶校验仅能实现横向的奇偶校验。

在实际应用中,多采用奇校验,因为奇校验中不存在全 0 代码,在某些场合下更便于判别正确性。

#### 1) 奇偶校验位形成

奇偶校验码的编码和校验是由专门的逻辑电路实现的。当把一字节的代码 $d_7 \sim d_0$ 写入主存时,也同时将它们送往奇偶校验电路,该电路将产生奇形成、偶形成、奇校验出错和偶校验出错等信号。奇形成和偶形成信号是奇偶校验位,并将与 8 位代码一起作为奇偶校验码写入主存。

$$奇校验位(奇形成信号)=\overline{d_7 \oplus d_6 \oplus d_5 \oplus d_4 \oplus d_3 \oplus d_2 \oplus d_1 \oplus d_0}$$

$$偶校验位(偶形成信号)=d_7 \oplus d_6 \oplus d_5 \oplus d_4 \oplus d_3 \oplus d_2 \oplus d_1 \oplus d_0$$

若 $d_7 \sim d_0$ 中有奇数个 1,则奇校验位为 0,偶校验位为 1。

若 $d_7 \sim d_0$ 中有偶数个 1,则奇校验位为 1,偶校验位为 0。

**注意**:$\oplus$ 表示逻辑异或(或称按位加)。

#### 2) 奇偶校验检测

读出数据时,将读出的 9 位编码(8 位有效信息和 1 位奇偶校验位)同时送入奇偶校验电路进行检测。

$$奇校验出错信号 = d_7 \oplus d_6 \oplus d_5 \oplus d_4 \oplus d_3 \oplus d_2 \oplus d_1 \oplus d_0 \oplus d_奇$$

$$偶校验出错信号 = d_7 \oplus d_6 \oplus d_5 \oplus d_4 \oplus d_3 \oplus d_2 \oplus d_1 \oplus d_0 \oplus d_偶$$

若读出代码无错误,则奇校验出错/偶校验出错信号为 = 0。

若读出代码出现错误,则奇校验出错/偶校验出错信号为 1,从而指示这个 9 位编码中一定有某一位出现了错误,但具体的错误位置无法确定。

【例 3-1】 已知有如下 5 字节的数据:

请分别用奇校验和偶校验进行编码。

$$1\,0\,1\,0\,1\,0\,1\,0$$
$$0\,1\,0\,1\,0\,1\,0\,0$$
$$0\,0\,0\,0\,0\,0\,0\,0$$
$$0\,1\,1\,1\,1\,1\,1\,1$$
$$1\,1\,1\,1\,1\,1\,1\,1$$

解:假定最低一位为校验位,其余高 8 位为数据位,结果如表 3-4 所示。

表 3-4 例 3-1 的结果

| 数 据 | 1 的个数 | 偶 校 验 码 | 奇 校 验 码 |
|---|---|---|---|
| 1 0 1 0 1 0 1 0 | 4 | 1 0 1 0 1 0 1 0 0 | 1 0 1 0 1 0 1 0 1 |
| 0 1 0 1 0 1 0 0 | 3 | 0 1 0 1 0 1 0 0 1 | 0 1 0 1 0 1 0 0 0 |
| 0 0 0 0 0 0 0 0 | 0 | 0 0 0 0 0 0 0 0 0 | 0 0 0 0 0 0 0 0 1 |
| 0 1 1 1 1 1 1 1 | 7 | 0 1 1 1 1 1 1 1 1 | 0 1 1 1 1 1 1 1 0 |
| 1 1 1 1 1 1 1 1 | 8 | 1 1 1 1 1 1 1 1 0 | 1 1 1 1 1 1 1 1 1 |

从表 3-4 中可以看出,校验位的值取 0 还是取 1,是由数据位中 1 的个数决定的。

### 3. 交叉奇偶校验

计算机在进行大量字节(数据块)传送时,不仅每字节有一个奇偶校验位用于横向校验,而且全部字节的同一位也设置一个奇偶校验位用于纵向校验,这种横向、纵向同时校验的方法称为交叉奇偶校验。

例如,对于一个由 4 字节组成的信息块,纵向、横向均采用偶校验,各校验位取值如下所示:

| | $d_7$ | $d_6$ | $d_5$ | $d_4$ | $d_3$ | $d_2$ | $d_1$ | $d_0$ | 横向校验位 |
|---|---|---|---|---|---|---|---|---|---|
| 第 1 字节 | 1 | 1 | 0 | 0 | 1 | 0 | 1 | 1 | 1 |
| 第 2 字节 | 0 | 1 | 0 | 1 | 1 | 1 | 0 | 0 | 0 |
| 第 3 字节 | 1 | 0 | 0 | 1 | 1 | 0 | 1 | 0 | 0 |
| 第 4 字节 | 1 | 0 | 0 | 1 | 0 | 1 | 0 | 1 | 0 |
| 纵向校验位 | 1 | 0 | 0 | 1 | 1 | 0 | 0 | 0 | |

交叉奇偶校验可以发现两位同时出错的情况。假设第 2 字节的 $d_6$、$d_4$ 两位均出错,横向校验位无法检出错误,但是 $d_6$、$d_4$ 位所在列的纵向校验位会显示出错,这与前述的

简单奇偶校验相比要可靠得多。

# 3.7 偶校验码生成仿真实验

**1. 实验目的**

(1) 熟悉数据校验码的生成电路。
(2) 掌握偶校验位的计算方法。

**2. 实验要求**

(1) 补全实验代码,构建偶校验位生成电路。
(2) 实现功能:输入 8 个 1 位二进制数,通过异或生成偶校验位。
(3) 思考:如何生成奇校验位,需要增加何种门电路。

**3. 实验原理**

程序中包含或(OR)、异或(XOR)两个模块,模拟逻辑或门和异或门的作用。使用这两个模块构建偶校验位生成电路。

**4. 实验代码**

```
def AND(A, B):
    #与
    return (int(A) and int(B))

def OR(A, B):
    #或
    return (int(A) or int(B))

def XOR(A, B):
    #异或
    if int(A)==1 and int(B)==1:
        return 0
    else:
        return OR(A, B)

if __name__ == "__main__":
    data = []
    for i in range(8):
        s = "input data"+str(i)+":"
        data.append(input(s))
    #补全代码,实现偶校验位的生成
```

```
    '''
    print("生成的偶校验位为:",result)
```

## 习　　题

(1) 下列数中最小的数为（　　）。

A. $(101001)_2$ 　　　 B. $(52)_8$ 　　　 C. $(101001)_{BCD}$ 　　　 D. $(233)_{16}$

(2) 下列数中最大的数为（　　）。

A. $(10010101)_2$ 　　 B. $(227)_8$ 　　　 C. $(96)_{16}$ 　　　 D. $(143)_5$

(3) 某数在计算机中用 8421BCD 码表示为 11110001001，其真值为（　　）。

A. 789 　　　　　　 B. 789H 　　　　 C. 1929 　　　　 D. 01110000

(4) 在小型或微型计算机里普遍采用的字符编码是（　　）。

A. 8421BCD 码 　　 B. 十六进制 　　 C. 格雷码 　　　 D. ASCII 码

(5) $(20000)_{10}$ 转换成十六进制数是（　　）。

A. $(7CD)_{16}$ 　　　 B. $(7D0)_{16}$ 　　　 C. $(7E0)_{16}$ 　　　 D. $(7F0)_{16}$

(6) 根据国标码的规定，每个汉字在计算机内存储时占用（　　）。

A. 1 字节 　　　　 B. 2 字节 　　　 C. 3 字节 　　　 D. 4 字节

# 第4章

## chapter 4

# 运 算 器

本章重点介绍运算器的运算方法和工作原理。定点数加减法运算、定点数乘除法运算和浮点数加减法运算是计算机组成原理中的重要内容。

本章学习目的：

（1）掌握机器数与真值的区别。

（2）掌握原码、反码、补码和移码的表示方法及相互转换。

（3）掌握常见机器数的特点。

（4）掌握加减法运算的溢出判断方式和定点数、浮点数的表示格式、表示范围等知识。

（5）掌握二进制乘法、除法运算的控制流程和控制逻辑框图，了解快速乘法、除法的原理和实现方法。

（6）掌握浮点数加减法运算的基本步骤，了解乘除法运算的基本方法。

（7）掌握定点运算部件的组成，了解浮点运算部件的组成。

## 4.1  机器数与真值

机器数与真值

数据分为数值数据和非数值数据，如图 4-1 所示。其区别在于处理对象和应用不同。数值数据表示数量，由数字、小数点、正负号等组成。数值数据是不能包含文本的，必须是数值。非数值数据主要是文字、图像、声音等信息，现多用于模式识别、情报检索、人工智能、数学定理证明、语言翻译、计算机辅助教学等。

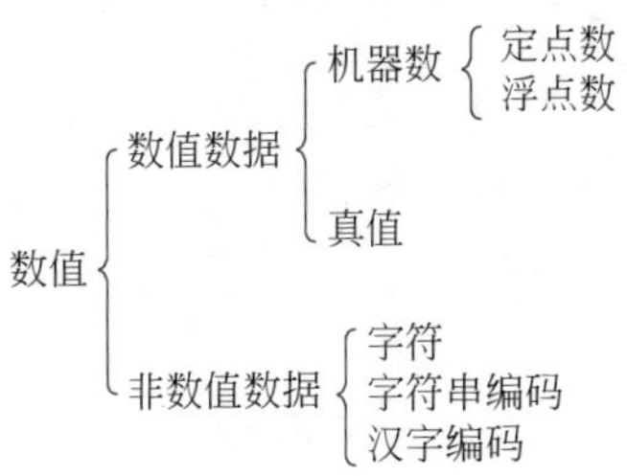

数值数据又分为无符号数和带符号数两种。无符号数是指计算机字长的所有二进制位均表示数值。带符号数是指机器数分为数符（正负号）和数值两部分，均用二进制代码表示。由于计算机只能直接识别和处理用 0、1 两种状态表示的二进制形式的数据，所以在计算机中无法按人们日常的书写习惯用正负号加绝对值表示数值，而需要用二进制代码 0、1 表示正负号。这样，在计算机中表示带符号的数值数据时，数符和数

图 4-1  数据分类

机器数的应用

据均采用 0、1 进行了代码化。这种采用二进制表示形式，连同数符一起代码化的数据，在计算机中统称为机器数或机器码。而与机器数对应的用正负号加绝对值表示的实际数值称为真值。

例如，10011001 作为无符号整数时，对应的真值是 $(10011001)_2$，即 $(153)_{10}$；10011001 作为带符号整数时，其最高位的数码 1 代表负号，所以对应的真值是 $-(0011001)_2$，即 $-(25)_{10}$。

综上所述，机器数的特点如下：

(1) 数符采用二进制代码化，0 代表正号，1 代表负号。通常将数符的代码放在数据的最高位。

机器数的特点

(2) 小数点本身是隐含的，不占用存储空间。

(3) 每个机器数所占的二进制位数受计算机硬件规模的限制，与机器字长有关。超过机器字长的数值要舍去。例如，若将 $x = +0.101100111$ 在字长为 8 位的计算机中表示为一个单字长的数，则只能表示为 01011001，最低两位的两个 1 无法在计算机中表示。

(4) 因为机器数的长度是由计算机硬件规模规定的，所以机器数表示的数值是不连续的。例如，8 位的二进制无符号数可以表示 256 个整数，即 00000000～11111111 可表示 0～255；8 位二进制带符号数中，00000000～01111111 可表示正整数 0～127，11111111～10000000 可表示负整数 -127～-0，共 256 个数。其中，00000000 表示 +0，10000000 表示 -0。

## 4.2　机器数编码

进行算术运算时，需要指出数据中小数点的位置。根据小数点的位置是否固定，在计算机中有定点数和浮点数两种表示方式。

### 4.2.1　定点数编码

定点数的表示

**1. 定点小数**

定点小数把小数点固定在数值部分的左边、符号位的右边，记作 $X_0.X_1X_2\cdots X_n$。这个数是纯小数，其中小数点位置是隐含的，并不需要真正地占据一个二进制位，如图 4-2 所示。

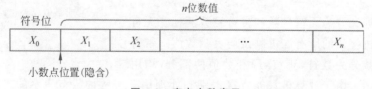

图 4-2　定点小数表示

设机器字长为 $n+1$ 位，则：

- 原码定点小数表示范围为 $-(1-2^{-n})\sim(1-2^{-n})$。
- 补码定点小数表示范围为 $-1\sim(1-2^{-n})$。

**2. 定点整数**

定点整数是把小数点固定在数值部分的右边,记作 $X_0X_1X_2\cdots X_n$。这个数是纯整数,如图 4-3 所示。

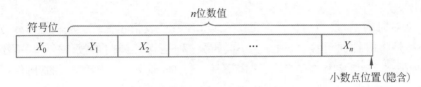

图 4-3　定点整数表示

设机器字长为 $n+1$ 位,则:
- 原码定点整数的表示范围为 $-(2^n-1)\sim(2^n-1)$。
- 补码定点整数的表示范围为 $-2^n\sim(2^n-1)$。

**3. 定点数编码**

原码和反码

在计算机中,为便于带符号数的运算和处理,对带符号数的机器数有各种定义和表示方法。下面介绍带符号数的原码、补码、反码和移码表示。

1) 原码

原码的表示方案非常简单,符号位为 0 时表示正数,符号位为 1 时表示负数,数值位就是真值的绝对值,因此原码表示又称为带符号的绝对值表示。

设机器字长为 $n+1$ 位,其中最高位为符号位,当 $X$ 为整数时,其原码定义为

$$[X]_{\text{原}}=\begin{cases}X, & 0\leqslant X<2^n \\ 2^n-X=2^{n+|x|}, & -2^n<X\leqslant 0\end{cases}$$

当 $X$ 为小数时,其原码定义为

$$[X]_{\text{原}}=\begin{cases}X, & 0\leqslant X<1 \\ 1-X=1+|x|, & -1<X\leqslant 0\end{cases}$$

根据定义,已知真值可求出原码;反之,已知原码也可求出真值,只要保留数值部分,并根据最高位决定添加正号或负号即可。

当 $X=0$ 时,不妨设 $n$ 为 4,则有

$$[+0]_{\text{原}}=00000,[-0]_{\text{原}}=10000$$

可见$[+0]_{\text{原}}\neq[-0]_{\text{原}}$,即 0 在原码中有两种表示形式。

原码是机器数中最简单的一种编码方案,易于和真值进行相互转换,且在进行乘除法运算时的规则比较简单。但原码用于加减法运算时却非常麻烦,需要在加减法时比较两数的符号,决定最终对数值部分进行加法还是减法。例如,当两数相加时,如果同号则相加,如果异号则要进行减法。当执行减法时,要比较两数绝对值的大小,用大数减去小数,用绝对值大的数的符号作为最后结果的符号。由于原码的加减法规则非常复杂,因

此计算机中主要采用补码进行加减运算。

原码的特点可以总结为以下几点：

（1）在原码表示中，最高位是符号位，用 0 代表正数，用 1 代表负数，剩余部分是数的绝对值。

（2）在原码表示中，0 有两种表示形式。

（3）原码表示简单，转换方便，适合做乘除运算，但加减运算规则复杂。

2）补码

补码

以钟表对时为例，设当前标准时间为 4 点，有一只表指示 9 点，可采用两种方法进行校准：一种是将时钟向后拨 $9-4=5$ 小时；另一种是将时钟向前拨 $12-5=7$ 小时。可见，在这种情况下，加 7 和减 5 对表的作用是一样的，即 7 是 $-5$ 对 12 的补。在该例中，称 12 为模，记作 mod 12，称 $+7$ 是 $-5$ 对 12 的补数，用数学公式表示为

$$-5 = +7 \bmod 12$$

之所以 $9-5$ 和 $(9+7)\bmod 12$ 相等，是因为当指针超过 12 之后，将 12 丢弃，重新开始计数，得到 $9+7-12=4$。与此类似，可知：

$$-4 = +8 \bmod 12$$
$$-3 = +9 \bmod 12$$

若以 24 为模，则有

$$-5 = +19 \bmod 24$$
$$-7 = +17 \bmod 24$$

引入模和补数的意义在于，只要确定了模，就可以找到一个与负数等价的正数（该负数的补数）。用这个正数代替对应的负数，就可以用加法运算实现减法运算的功能，使得计算机中可以用加法器统一实现加减法运算，无须设置专门的减法器。

设机器字长为 $n+1$ 位，其中最高位为符号位，当 $X$ 为整数时，其补码定义为

$$[X]_{\text{补}} = \begin{cases} X, & 0 \leqslant X < 2^n \\ 2^{n+1}+X = 2^{n+1}-|X|, & -2^n \leqslant X < 0 \end{cases} \quad (\bmod 2^{n+1})$$

当 $X$ 为小数时，其补码定义为

$$[X]_{\text{补}} = \begin{cases} X, & 0 \leqslant X < 1 \\ 2+X = 2-|X|, & -1 \leqslant X < 0 \end{cases} \quad (\bmod 2)$$

当 $X=0$ 时，不妨设 $n$ 为 4，则有

$$[+0]_{\text{补}} = 00000, [-0]_{\text{补}} = 100000 - 0 = 100000 = 00000 \bmod 2^5$$

可见 $[+0] = [0]$ 补，即 0 在补码中的表示形式是唯一的。

值得注意的是，在 $X$ 为小数时的补码定义中，其定义域为 $[-1, +1)$。当 $X = -1$ 时，根据小数的补码定义，有 $[X]_{\text{补}} = 2 + (-1.0000) = 10 - 1.0000 = 1.0000$。可见，虽然 $-1$ 不属于小数范围，但 $[-1]_{\text{补}}$ 是存在的，原因在于补码中的 0 只有一种表示形式，因此它比原码能多表示一个数：$-1$。

根据补码的定义，已知真值可求出补码；反之，已知补码也可以求出真值。

引入补码的目的是将减法运算统一到加法运算中，但是在求负数补码的过程中又出现了减法。其解决方案是：求负数的补码，即在其原码的基础上，符号位保持不变，数值

按位取反,末位加 1。

在计算机内部实现时,还可以采用一种通过负数的原码求其补码的简化方法,即从负数原码的最低位开始,由低向高,在遇到第一个 1 之前,保持各位的 0 不变,第一个 1 也不变,以后的各位按位取反,符号位保持不变,即可得到负数的补码。该方法适合在计算机中使用串行电路予以实现。

补码的特点可以总结为以下几点(以小数为例):

(1) 在补码表示中,最高位是符号位,用 0 代表正数,用 1 代表负数。

(2) 在补码表示中,0 有唯一的表示形式。

(3) 使用补码进行加减法时,符号位可以和数值等同处理,只要结果未超出机器所能表示的数值范围,将其对 2 取模后,所得的结果就是本次加减法运算的结果,即

$$[X \pm Y]_{\text{补}} = [X]_{\text{补}} \pm [Y]_{\text{补}} \quad (\bmod 2)$$

3) 反码

正数的反码表示与原码相同,负数的反码表示为将原码除符号位外的各数值位按位取反,即 1 变为 0、0 变为 1。

设机器字长为 $n+1$ 位,其中最高位为符号位,当 $X$ 为整数时,其反码定义如下:

$$[X]_{\text{补}} = \begin{cases} X, & 0 \leqslant X < 2^n \\ (2^{n+1}-1)+X = (2^{n+1}-1)-|X|, & -2^n \leqslant X < 0 \end{cases} \quad (\bmod(2^{n+1}-1))$$

当为小数时,其反码定义如下:

$$[X]_{\text{反}} = \begin{cases} X, & 0 \leqslant X < 1 \\ (2-2^{-n})+X = (2-2^{-n})-|X|, & -1 \leqslant X < 0 \end{cases} \quad (\bmod(2-2^{-n}))$$

当 $X=0$ 时,不妨设 $n$ 为 4,则有

$$[+0]_{\text{反}} = 00000, [-0]_{\text{反}} = 2^5 - 1 + 0 = 11111$$

可见 $[+0]_{\text{反}} \neq [-0]_{\text{反}}$ 即 0 在反码中有两种表示形式。

对比负整数的反码与补码的公式:

$$[X]_{\text{反}} = 2n + 1 - 1 + X$$

$$[X]_{\text{补}} = 2^{n+1} + X$$

可得到以下结论:

$$[X]_{\text{补}} = [X]_{\text{反}} + 1$$

同理,可得负小数的反码与补码的关系:

$$[X]_{\text{补}} = [X]_{\text{反}} + 2^{-n}$$

以上两个结果同时说明了前面得到的结论:求负数的补码,即在原码的基础上,符号位不变,数值位按位取反,末位加 1(对整数而言,是加 1;对小数而言,是加 $2^{-n}$)。与补码不同,用反码进行两数相加时,所得的结果并不一定是和的反码。在运算过程中,若最高位产生了进位,则需要将该进位加到结果的最低位,所得结果才正确,这种操作方式称为循环进位。

反码的特点可以总结为以下几点:

(1) 在反码表示中,最高位是符号位,用 0 代表正数,用 1 代表负数。

(2) 在反码表示中,0 有两种表示形式。

（3）在反码的运算中需要考虑循环进位。

**4）移码**

除了以上 3 种机器数的编码方式之外，在浮点数的机内表示中，其阶码部分经常采用移码表示。这里只要求读者对移码的定义、形式和运算规则有基本认识。另一点需要注意的是，移码只用于整数的编码，小数没有移码表示法。

设机器字长为 $n+1$ 位，其中最高位为符号位，其移码定义为

$$[X]_{移} = 2^n + X \quad -2^n \leqslant X < 2^n$$

将移码和整数补码的定义相比较，可以得到补码和移码之间的对应关系

$$[X]_{移} = 2^n + X = \begin{cases} 2^n + [X]_{补}, & 0 \leqslant X < 2^n \\ (2^{n+1} + X) - 2^n, & -2^n \leqslant X < 0 \end{cases}$$

将 $[X]_{补}$ 的符号位取反，即可得到 $[X]_{移}$。

从移码的定义可以看出，移码其实就是在真值上加一个常数 $2^n$。在数轴上，移码所表示的范围恰好对应于真值在数轴上的范围向轴的正方向移动 $2^n$ 个单元。

由移码的定义还可以看出，移码所能表示的最小真值为 $-2^n = -10\cdots0$（$n$ 个 0），此时 $[X]_{移} = 2^n - 2^n = 00\cdots0$（$n+1$ 个 0），即最小真值所对应的移码为全 0。利用移码的这一特点，当浮点数的阶码用移码表示时，能够简化计算机中的判零电路。

当 $X = 0$ 时，不妨设 $n$ 为 4，则有

$$[+0]_{移} = 10000, [-0]_{移} = 10000$$

可见 $[+0]_{移} = [-0]_{移}$，即 0 在移码中的表示形式是唯一的。

在计算机中，移码只用来进行加减法运算，并且需要对运算结果进行修正，修正量为 $2^n$，即将结果的符号位取反。

移码的特点可以总结为以下几点：

（1）在移码表示中，最高位是符号位，用 1 代表正数，用 0 代表负数。

（2）在移码表示中，0 有唯一的表示形式，且最小真值所对应的移码为全 0。

（3）移码只用于表示整数。

（4）移码只进行加减法运算，且需要对运算结果进行修正，修正方法为符号位取反。

在上面介绍的 4 种表示法中，移码表示法主要用于表示浮点数的阶码。由于补码表示对加减运算十分方便，因此目前计算机中广泛采用补码表示法。在这类计算机中，数用补码表示、存储和运算；也有些计算机，数用原码进行存储和传送，运算时改用补码；还有些计算机在做加减法时用补码运算，在做乘除法时用原码运算。

设机器字长为 $n+1$，其中最高位为符号位，其余位为数值，则小数的表示如表 4-1 所示，整数的表示如表 4-2 所示。

表 4-1　小数的表示

| 二 进 制 数 | 原 码 | 补 码 | 反 码 |
| --- | --- | --- | --- |
| $0.00\cdots00$ | $+0$ | $+0/-0$ | $+0$ |
| $0.00\cdots01$ | $+2^{-n}$ | $+2^{-n}$ | $+2^{-n}$ |

续表

| 二 进 制 数 | 原 码 | 补 码 | 反 码 |
|---|---|---|---|
| 0.00…10 | $+2^{-(n-1)}$ | $+2^{-(n-1)}$ | $+2^{-(n-1)}$ |
| ⋮ | ⋮ | ⋮ | ⋮ |
| 0.11…11 | $+(1-2^{-n})$ | $+(1-2^{-n})$ | $+(1-2^{-n})$ |
| 1.00…00 | $-0$ | $-1$ | $-(1-2^{-n})$ |
| 1.00…01 | $-2^{-n}$ | $-(1-2^{-n})$ | $-(1-2^{-(n-1)})$ |
| ⋮ | ⋮ | ⋮ | ⋮ |
| 1.11…11 | $-(1-2^{-n})$ | $-2^{-n}$ | $-0$ |

表 4-2　整数的表示

| 二 进 制 数 | 原 码 | 补 码 | 移 码 | 反 码 |
|---|---|---|---|---|
| 000…00 | 0 | $+0$ | $-2^n$ | $+0$ |
| 000…01 | 1 | $+1$ | $-(2^n-1)$ | $+1$ |
| 000…10 | 2 | $+2$ | $-(2^n-2)$ | $+2$ |
| ⋮ | ⋮ | ⋮ | ⋮ | ⋮ |
| 011…11 | $2^n-1$ | $+(2^n-1)$ | $-1$ | $+(2^n-1)$ |
| 100…00 | $2^n$ | $-0$ | $+0/-0$ | $-(2^n-1)$ |
| 100…01 | $2^n+1$ | $-1$ | $+1$ | $-(2^n-2)$ |
| ⋮ | ⋮ | ⋮ | ⋮ | ⋮ |
| 111…11 | $2^{(n+1)}-1$ | $-(2^n-1)$ | $-(2^n-1)$ | $-0$ |

## 4.2.2　浮点数编码

定点数规定,机器中所有数的小数点位置都是固定的。定点数表示方法直观、简单,在硬件上容易实现。但定点数表示数的范围小,使用很不方便。

### 1. 浮点数表示

为了扩大数的表示范围,方便用户使用,在大中型计算机中通常都采用浮点数表法。表示一个浮点数需要两部分:一部分表示数的有效值,称为尾数,用 M(mantissa)表示;另一部分表示该数小数点的位置,称为阶码,用 E(exponent)表示。

浮点数的一般
表示方法

一般计算机中规定阶码为定点整数,尾数为定点小数。阶码在浮点运算中只作加减运算,通常采用补码或移码表示;尾数要作加减运算和乘除运算,通常采用补码或原码表示。

浮点数中阶码和尾数的关系用下式表示:

$$x = M_x R^{E_x}$$

其中，$x$ 是一个浮点数；$M_x$ 是其尾数，用定点二进制小数表示；$E_x$ 是其阶码，用定点二进制整数表示；$R$ 是阶的底，可以取 2、8 或 16，通常取 2，阶的底与尾数 $M_x$ 的进位制的基数相同。若阶的底 $R=2$，则 $M_x$ 为二进制数。一台计算机中所有浮点数阶的底都是一样的，因此 $R$ 就不再表示出来。浮点数的格式如图 4-4 所示。

| $M_s$ | $E$ | $M$ |
|---|---|---|
| 尾数符号 | 阶码 | 尾数 |

图 4-4　浮点数的格式

其中，$M_s$ 为尾数符号位，放在最高位，$M$ 为尾数的值，是定点小数。例如，把十进制数 $(21.25)_{10}$ 表示成浮点数时，必须先把阶码和尾数化成二进制数，然后指定阶码和尾数的位数、采用的码制以及阶的底。通常阶的底 $R$ 取为 2，在浮点数中不再表示出来。把尾数化成小数，并相应地调整其阶码，以保证该数大小不变。

$$(21.25)_{10} = (10101.01)_2 = (0.1010101)_2 \times 2^5 = 0.1010101 \times 2^{0101}$$

若浮点数的阶码为 4 位，尾数为 8 位，均采用原码，则这个机器数可表示为

0 0101 1010101

规格化浮点数

## 2. 规格化数

在浮点数表示方法中，同一个数可以有多种表示形式。例如，$x = (0.1)_2$ 可以写成 $(0.1) \times 2^0$、$(0.01) \times 2^1$、$(0.001) \times 2^2$ 等。为了使尾数表示具有较多的有效位，同时也为了使浮点数具有唯一的表示形式，人们提出了规格化的概念。规定尾数最高数据位不为 0，为有效数据。这样要求 $|M_x| \geqslant R^{-1}$，当 $R=2$ 时，$|M_x| \geqslant 0.5$。对于用原码表示的尾数，要求尾数最高位为 1；对于用补码表示的尾数，要求数据最高位与尾数符号不同，即 $M_x = 0.1x\cdots x$，或 $M_x = 1.0x\cdots x$，这是因为，当 $M_x = 1.0x\cdots x$ 时，$M_x$ 的真值应为 $-0.1x$ $\cdots x$。要注意此时已经去掉了 $M_x = -0.10$ 的值，因为 $[-0.10]_补 = 1.10$，不满足规格化的判断方法要求，为了简化判断规格化数的方法，做此小小牺牲。

## 3. 机器零

当一个浮点数的尾数 $M_x = 0$ 时，不管阶码取何值，或者当阶码小于其阶码的最小负值时不管尾数取何值，都把该浮点数当 0 看待，叫作机器零。此时要求把浮点数的阶码和尾数都清零，保证 0 这个数的表示形式的唯一性。

## 4. 浮点数溢出

当一个数的大小超出浮点数的表示范围而无法表示这个数时，称为溢出。显然，此时尾数用规格化的形式表示，判断浮点数溢出主要看阶码是否超出了阶数的表示范围。

当一个数的阶码大于机器数的最大阶码时，称为上溢；当一个数的阶码小于机器数的最小阶码时，称为下溢。显然，上溢时，计算机不能继续运算，转溢出处理；下溢时，把

浮点数各位强制清零,当 0 处理。

### 5. IEEE 浮点数格式

IEEE 754 标准

对于浮点数的编码格式,当前广泛采用 IEEE 制定的国际标准,称为 IEEE 754 标准。

IEEE 754 标准规定浮点数的字长有 3 种:32 位的短实数、64 位的长实数和 80 位的临时实数。因为尾数已经采用规格化方法表示,其最高位一定是有效数据位,因此可节省一位,这样表示的尾数有效位数可再增加一位。规格化尾数最高数据位称隐藏位。显然,此时规定阶码的底数 $R=2$。IEEE 754 浮点数格式如表 4-3 所示。

表 4-3　IEEE 754 浮点数格式

| 浮　点　数 | 临时实数 | 阶码位数 | 尾数位数 | 总位数 |
|---|---|---|---|---|
| 短实数 | 1 | 8 | 23 | 32 |
| 长实数 | 1 | 11 | 52 | 64 |
| 临时实数 | 1 | 15 | 64 | 80 |

IEEE 754 标准规定:32 位单精度浮点数尾数符号 1 位,尾数数值 23 位,再加 1 位隐藏位,实际上是 24 位,用原码表示;阶码 8 位,包含 1 位阶符,用移码表示。64 位双精度浮点数尾数符号 1 位,尾数数值 52 位,再加 1 位隐藏位,实际上有 53 位,用原码表示;阶码包括符号共 11 位,用移码表示。临时实数尾数不采用隐藏位表示方法。

**【例 4-1】**　已知某计算机的浮点数包括 1 位符号位、$n$ 位阶码、$m$ 位尾数,尾数用原码表示,阶码用移码表示,阶的底数 $R=2$。求这种浮点数的数值表示范围。

**解**:这种浮点数有关数据如下。

最大阶码:$2^{n-1}-1$。

最小阶码:$-2^{n-1}$。

最大正规格化尾数:$1-2^{-m}$(不采用隐藏位)。

最小正规格化尾数:$2^{-1}$。

最大正浮点数:$(1-2^{-m})\times 2^{(2^{n-1}-1)}$。

最小正浮点数:$2^{-1}\times 2^{-(2^{n-1})}$(规格化数)。

最大负浮点数:$-2^{-1}\times 2^{-(2^{n-1})}$(规格化数)。

最小负浮点数:$-(1-2^{-m})\times 2^{(2^{n-1}-1)}$。

**【例 4-2】**　已知某计算机的浮点数的阶码用补码表示,且 $n=4$,尾数用原码表示,且 $m=5$。其中尾数符号占 1 位,求这种浮点数的表示范围。

**解**:这种浮点数有关数据如下。

最大阶码:$2^3-1=8-1=7$。

最小阶码:$-2^3=-8$。

最大正规格化尾数:$1-2^{-4}=0.1111$。

最小正规格化尾数:$2^{-1}=0.1000$。

最大正浮点数:$0.1111\times 2^7$。

最小正浮点数：$0.1000 \times 2^{-8}$（规格化数）。

最大负浮点数：$-0.1000 \times 2^{-8}$（规格化数）。

最小负浮点数：$-0.1111 \times 2^{7}$。

浮点数有以下特点：

（1）其表示数的范围比定点数宽，在科学计算及工程设计中多采用浮点数。

（2）运算精度高，结果用规格化数表示，可保留较多有效数字。

（3）运算过程复杂，需要分别对阶码和尾数进行运算。

（4）计算机结构复杂，运算器中要专门设置阶码运算器和尾数运算器，控制器也较复杂，造价较高。

# 4.3 定点数加减法

定点数的
加法运算

计算机中的基本运算有两大类：算术运算和逻辑运算。算术运算主要是指加、减、乘、除四则运算，参加运算的数据一般要考虑符号和编码格式（原码、反码还是补码）。由于数据有定点数和浮点数两大类，因此也可以分为定点数四则运算和浮点数四则运算。逻辑运算包括逻辑与、或、非、异或等运算，针对不带符号的二进制数。

定点数加减法运算属于算术运算，要考虑参加运算的数的符号和编码格式。在计算机中，定点数主要有原码、反码、补码3种编码形式。在定点数加减法运算时，这3种编码形式从理论上来说都是可以实现的，但难度不同。

定点数的
减法运算

首先，原码是最直接、最方便的编码方案，但是它的符号位不能直接参加加减法运算，必须单独处理。在原码加减法运算时，一方面，要根据参加运算的两个数的符号位以及指令的操作码综合决定到底是做加法运算还是减法运算；另一方面，运算结果的符号位也要根据运算结果单独决定，实现起来很麻烦。

其次，反码的符号位可以和数值位一起参加运算，而不用单独处理。但是反码的运算存在一个问题，就是符号位一旦有进位，结果就会发生偏差，因此要采用循环进位法进行修正，即符号位的进位要加到最低位上，这也会带来运算的不便。

最后，两个数进行补码运算时，可以把符号位与数值位一起处理。只要最终的运算结果不超出机器数允许的表示范围，运算结果一定是正确的。这样一来，补码运算就显得很简单。它不需要事先判断参加运算的数的符号位。同时，运算结果的符号位如果有进位，也只要将进位舍弃即可，不需要做任何特殊处理。

因此，现代计算机的运算器一般都采用补码形式进行加减法运算。

## 4.3.1 补码的加减运算及溢出判断

使用补码进行加法运算，当结果不超过机器数的表示范围时，有以下重要结论：

（1）用补码表示的两数进行加法运算，其结果仍为补码。

（2）$[X \pm Y]_{\text{补}} = [X]_{\text{补}} \pm [Y]_{\text{补}}$ （mod 2）。

（3）符号位与数值位一样参与运算。

【**例 4-3**】　设数值位为 4 位。

（1）$X=+13,Y=-14$，则 $[X]_补=01101,[Y]_补=10010,[X+Y]_补=01101+10010=11111$，因此 $X+Y=-1$。

（2）$X=+0.1001,Y=-0.0011$，则 $[X]_补=0.1001,[Y]_补=1.1101,[X+Y]_补=0.1001+1.1101=0.0110$，因此 $X+Y=0.0110$。

但当运算结果超出机器数的表示范围时，以上结论不再成立。

【**例 4-4**】　设数值位为 4 位。

（1）$X=+13,Y=+4$，则 $[X]_补=01101,[Y]_补=00100,[X+Y]_补=0.1001+0.1001=1.0010$，从符号位来看是一个负数，显然错误。

（2）$X=+0.1001,Y=+0.1001$，则 $[X]=0.1001,[Y]=0.1001,[X+Y]_补=0.1001+0.1001=1.0010$，从符号位来看是一个负数，显然错误。

在例 4-3 中，4 位有符号数能够表示的最大值是 15，而 13+4 的结果为 17，超出了这个最大值，导致计算机无法正确表示，产生错误结果。在例 4-4 中，两数相加的结果超出了定点小数的表示范围，也导致了错误结果。上述现象称为溢出，即两个定点数经过加减法运算后，结果超出了机器数能表示的范围，此时的结果无效。因此，在定点加减法运算过程中，必须对结果是否溢出进行判断。

### 4.3.2　溢出判断

溢出及其
判断方法

显然，两个异号数相加或两个同号数相减，其结果是不会溢出的，仅当两个同号数相加或者两个异号数相减时，才有可能发生溢出的情况。一旦溢出，运算结果就不正确了，因此必须将溢出的情况检查出来。由于减法运算可通过加法实现，因此只讨论两个数（补码表示）相加时的溢出情况。两个正数相加，结果为负，称为正溢；两个负数相加，结果为正，称为负溢。常用的判别溢出方法有以下 3 种。

#### 1. 符号比较法

当符号相同的两数相加时，如果结果的符号与加数（或被加数）不同，产生溢出，即溢出条件为 $\overline{f_A}\,\overline{f_B}f_s+f_Af_B\,\overline{f_s}=1$，这里 $f_A$、$f_B$ 表示两个操作数 $A$、$B$ 的符号位，$f_s$ 为结果的符号位，符号位 $f_A$、$f_B$ 直接参与运算。

对应的判溢出电路（电路图由软件画成这样）如图 4-5 所示。

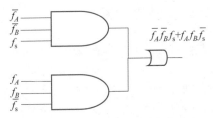

图 4-5　符号比较法判溢出电路

**2. 双进位法**

当任意符号的两数相加时，如果 $C = C_f$，运算结果正确，其中，$C$ 为数值最高位的进位，$C_f$ 为符号位的进位。如果 $C \neq C_f$，则为溢出，所以溢出条件为 $C\overline{C_f} + \overline{C}C_f$，且 $C_f = 0$、$C = 1$ 时表示正溢，$C_f = 1$、$C = 0$ 时表示负溢。其判溢出电路如图 4-6 所示。

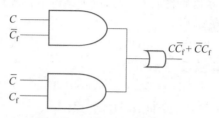

图 4-6 双进位法判溢出电路

**3. 双符号位法**

双符号位法也称变形补码法，正数的双符号位为 0，负数的双符号位为 1，称为变形补码。其加法规则是 $[X+Y]_{变形补} = [X]_{变形补} + [Y]_{变形补}$ （mod 4）。使用变形补码时，两个符号位均参与运算。当结果的两个符号位 $f_{s1}$、$f_{s2}$ 不相同时，产生溢出，所以溢出条件 $f_{s1}\overline{f}_{s2} + \overline{f}_{s1}f_{s2} = 1$，且不论溢出与否，其永远代表结果正确的符号位。其判溢出电路如图 4-7 所示。

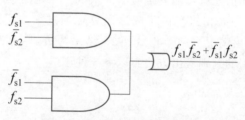

图 4-7 双符号位法判溢出电路

在采用双符号位法的方案中，当在寄存器和存储器中存储数据时，只需保留一位符号位，因为两个符号位是一致的，双符号位仅在运算时使用。

### 4.3.3 移码的加减法运算及溢出判断

当阶码由移码表示时，需要讨论移码的加减法运算规则及判定其溢出的方法。由移码的定义知：

$$[X]_移 + [Y]_移 = 2^n + X + 2^n + Y = 2^n + (2^n + (X+Y)) = 2^n + [X+Y]_移$$

直接使用两个数的移码进行加法运算时，所得结果的最高位多加了两个 1，需要对结果的符号位取反；而对同一个数，移码和补码的数值位完全相同，符号位正好相反。因此移码相加也可用如下方式完成：

$$[X]_{移}+[Y]_{移}=2^n+X+2^{n+1}+Y=2^{n+1}+(2^n+(X+Y))=[X+Y]_{移} \quad (\bmod\ 2^{n+1})$$

同理有

$$[X]_{移}+[-Y]_{移}=[X-Y]_{移}$$

以上结论表明,执行移码加减法运算时,可取加数或减数符号位的反码进行运算,即将加数或减数由移码变为补码。

如果运算的结果溢出,则上述结论不成立。此时,使用双符号位的加法器,并规定移码的第二个符号位(即最高符号位)恒用 0 参加加减法运算,溢出条件是结果的高位符号位为 1,此时,低位符号位为 0 表明结果上溢,低位符号位为 1 表明结果下溢。当高位符号位为 0 时,表明没有溢出,此时,低位符号位为 1 表明结果为正,低位符号位为 0 表明结果为负。

## 4.4　全加器与加法装置

本节讨论以下运算。已知两个二进制数:

$$x=x_0x_1x_2\cdots x_n$$
$$y=y_0y_1y_2\cdots y_n$$

求两数之和。

两个二进制数相加,可归结为从低位开始,并逐位向高位产生进位,最后得到加法运算结果。

### 4.4.1　一位半加器

不考虑进位的加法器叫半加器(half adder),其和叫半和。半和 $S_i$ 与相加的两个数 $x_i$、$y_i$ 应满足以下关系:

$$0+0=0$$
$$0+1=1+0=1$$
$$1+1=0$$

一位半加器的两个输入端 $x_i$ 及 $y_i$ 与输出端 $S_i$ 的关系可用如表 4-4 所示的真值表表示。

表 4-4　一位半加器的真值表

| $x_i$ | $y_i$ | $S_i$ | $x_i$ | $y_i$ | $S_i$ |
|---|---|---|---|---|---|
| 0 | 0 | 0 | 1 | 0 | 1 |
| 0 | 1 | 1 | 1 | 1 | 0 |

半和 $S_i=\bar{x}_iy_i+x_i\bar{y}_i$,这个关系就是异或关系,或称不进位加,记作 $S_i=x_i\oplus y_i$。半和可用异或门实现。其逻辑符号如图 4-8 所示。

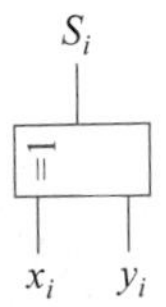

### 4.4.2　一位全加器

全加器(full adder)是两个二进制数相加同时考虑低位进位的求

图 4-8　一位半加器
的逻辑符号

和电路。显然，全加器是实现 3 个数相加的逻辑器件，输出的和称全和，有时还要向高位产生进位。

假设本位相加两数是 $x_i$、$y_i$，低位向本位的进位是 $C_{i+1}$，输出全和 $Z_i$，本位向高位产生的进位是 $C_i$。每个自变量有两个状态，3 个自变量有 $2^3 = 8$ 种组合。一位全加器的真值表如表 4-5 所示。

表 4-5　一位全加器的真值表

| $x_i$ | $y_i$ | $C_{i+1}$ | $Z_i$ | $C_i$ |
| --- | --- | --- | --- | --- |
| 0 | 0 | 0 | 0 | 0 |
| 0 | 0 | 1 | 1 | 0 |
| 0 | 1 | 0 | 1 | 0 |
| 0 | 1 | 1 | 0 | 1 |
| 1 | 0 | 0 | 1 | 0 |
| 1 | 0 | 1 | 0 | 1 |
| 1 | 1 | 0 | 0 | 1 |
| 1 | 1 | 1 | 1 | 1 |

一位全加器的逻辑表达式如下：

$$Z_i = \bar{x}_i \bar{y}_i C_{i+1} + \bar{x}_i y_i \overline{C_{i+1}} + x_i \bar{y}_i \overline{C_{i+1}} + x_i y_i C_{i+1}$$

$$C_i = \bar{x}_i y_i C_{i+1} + x_i \bar{y}_i C_{i+1} + x_i y_i \overline{C_{i+1}} + x_i y_i C_{i+1}$$

化简得到

$$Z_i = (\bar{x}_i y_i + x_i \bar{y}_i) \overline{C_{i+1}} + (\bar{x}_i \bar{y}_i + x_i y_i) C_{i+1}$$

$$= (x_i \oplus y_i) \overline{C_{i+1}} + (\overline{x_i \oplus y_i}) C_{i+1}$$

$$= S_i \overline{C_{i+1}} + \bar{S}_i C_{i+1}$$

$$= S_i \oplus C_{i+1}$$

$$= x_i \oplus y_i \oplus C_{i+1}$$

结论：全和等于本位相加两数的半和与低位进位再求半和而得到的数值。因此，全加器可用二级半加器实现。

本位产生的进位为

$$C_i = (x_i \bar{y}_i + \bar{x}_i y_i) C_{i+1} + x_i y_i (C_{i+1} + \overline{C_{i+1}})$$

$$= (x_i \oplus y_i) C_{i+1} + x_i y_i$$

$$= S_i C_{i+1} + x_i y_i$$

一位全加器的逻辑电路和逻辑符号如图 4-9 所示。

### 4.4.3　加法装置

进行加法（或减法）运算时，最少要有两个数据寄存器，存放被加数（或被减数）和加

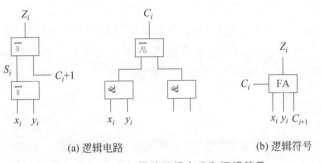

(a) 逻辑电路          (b) 逻辑符号

图 4-9 一位全加器的逻辑电路和逻辑符号

数（或减数）。还要设置一个实现加法运算的全加器。运算结果通常放在存放被加数（或被减数）的寄存器中，所以该寄存器又叫累加寄存器。

定点补码加法装置的逻辑电路如图 4-10 所示。其中，A 为累加寄存器，用于存放被加数（或被减数）以及运算结果；B 为接收数据寄存器，用于接收由主存读出的数据，存放加数（或减数）；Q 为加法器，实现加法运算，加法器的数据输入端有两个，分别接收 A 和 B 的数据。加法过程中相邻各位间的进位关系在内部已逐位连好，但在图 4-10 中未表示出来。加法器最低位的进位 $C_{n+1}$ 单独引出，以便在进行变形补运算时实现末位加 1。

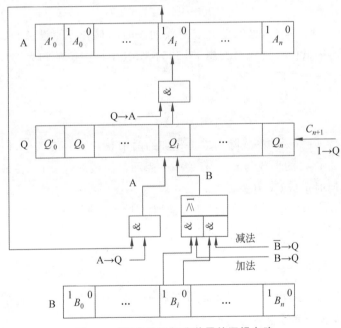

图 4-10 定点补码加法装置的逻辑电路

加法器的 B 端用于在加法运算时送入 B 的值，由 B 的触发器 Q 端输出。

在做减法运算时，实际上送入加法器的数据是 B 的反码，加法器末位再加 1，即实现送入 B 的反码补码的要求，B 的反码由 B 触发器的反向端 0 端引出。加法器的 B 端实际上是两路输入，由二选一的与或门实现。

在做加法运算时，加法装置需要 3 个控制信号，Q 有两个输入端：A 端需要控制器送来 A→Q 的信号，把 A 的内容送入 Q；B 端需要控制器送来 B→Q 的信号，把 B 的内容送入 Q。加法结果存入 A 时还需要控制器送来 Q→A 的信号，才能完成加法运算。当然，这里假定 A 已经放入被加数，B 已经放入加数。

### 4.4.4 进位系统

加法运算中的进位时间是影响加法运算速度的重要因素，在提高加法速度的各种方案中受到特别重视。

#### 1. 串行进位链

假设有两个 $n$ 位二进制数相加，在并行运算器设计中，应设有 $n$ 位全加器，要求 $n$ 位数同时相加。全加器实现本位两个数与低位进位相加，才能得到正确结果，而进位是由最低位开始形成并一级一级向上传送的。这样，何时形成最终结果取决于最高位加法何时完成，因为它依赖于低位进位何时到来。极端情况下，二数相加，例如：

$$
\begin{array}{r}
111\cdots11 \quad A \\
+\ \ 000\cdots01 \quad B \\
\hline
1\ 000\cdots00 \quad A+B
\end{array}
$$

形成最高位的进位时间最长，也就是完成一次加法时间最长。假设 $A$、$B$ 两个数的最高位分别为 $A_0$、$B_0$，最低位分别为 $A_n$、$B_n$，其和为 $Z$，其中任一位的和为 $Z_i$，产生的进位为 $C_i$，则

$$Z_i = A_i \oplus B_i \oplus C_{i+1}$$
$$C_i = A_i B_i + (A_i \oplus B_i) C_{i+1}$$

每位的全和 $Z_i$ 与进位 $C_i$ 的形成除与本位相加的两个数 $A_i$、$B_i$ 有关外，还取决于低位送来的进位 $C_{i+1}$，而 $C_{i+1}$ 的形成与 $C_{i+2}$ 有关……因而最高位的进位 $C_0$ 在最坏情况下与最低位的进位 $C_n$ 何时形成 $C_1$ 有关。

对于进位而言，形成了一条串行的进位通路，其数据位数越多，进位时间越长，加法速度越慢。这种进位系统叫串行进位链。

#### 2. 并行进位系统

已知最低位的进位为 $C_n$，$C_n$ 的形成除与相加的两个数 $A_n$、$B_n$ 有关外，还与末位加 1 信号 1→Q 有关，这个信号也可写为 $C_{n+l}$。

$$C_n = A_n B_n + (1\to Q)(A_n \oplus B_n)$$
$$C_{n-1} = A_{n-1} B_{n-1} + C_n (A_{n-1} \oplus B_{n-1})$$
$$\vdots$$
$$C_i = A_i B_i + C_{i+1}(A_i \oplus B_i)$$

$C_i$ 的形成与 $A_i B_i$ 有关。当本位的两个数均为 1 时，则本位产生进位，$A_i B_i$ 称为本

地进位。

$C_i$ 的形成还与低位进位有关,当本位的两个数的半和为 1 时,低位送来进位信号 $C_{i+1}$,本位也要向高位产生进位,这种进位称为传送进位,$(A_i \oplus B_i)$ 称为跳过条件。

## 4.5　定点数乘法

### 4.5.1　原码一位乘法

在定点计算机中,两个原码表示的数相乘的运算规则是:乘积的符号位由两数的符号位通过异或运算得到,而乘积的数值部分则是两个正数的乘积。设 $n$ 位被乘数和乘数用定点小数表示(定点整数也同样适用)如下:

$$被乘数 \quad [X]_原 = X_f.X_0 X_1 \cdots X_n$$
$$乘数 \quad [Y]_原 = Y_f.Y_0 Y_1 \cdots Y_n$$

则

$$乘积 \quad [Z]_原 = (X_f \oplus Y_f).(0.X_0 X_1 \cdots X_n)(0.Y_0 Y_1 \cdots Y_n)$$

式中,$X_f$ 为被乘数的符号位,$Y_f$ 为乘数的符号位。

乘积符号的运算法则是:同号相乘为正,异号相乘为负。由于被乘数和乘数和符号位组合只有 00、01、10 和 11,因此乘积的符号位可按异或(按位加)运算得到。数值部分的运算方法与普通的十进制小数乘法相似,不过对于用二进制表达的数来说,其更为简单一些:从乘数的最低位开始,若这一位为 1,则将被乘数 $X$ 写下;若这一位为 0,写下 0。然后再对乘数 $Y$ 的高一位进行乘法运算,其规则同上,不过这一位乘数的权与最低位不一样,因此被乘数 $X$ 要左移一位。依此类推,直到乘数各位乘完为止。最后将它们统统加起来,得到最后的乘积 $Z$。

设 $X = 0.1011$,$Y = 0.1101$,先用数学方法求其乘积,其过程如下:

$$
\begin{array}{r}
0.1101 \quad Y \\
\times \quad 0.1011 \quad X \\
\hline
1101 \\
1101 \\
0000 \\
+ \quad 1101 \\
\hline
0.10001111 \quad Z
\end{array}
$$

如果被乘数和乘数用定点整数表示,也会得到同样的结果。但是,人工计算方法不完全适用,原因有两个:其一,计算机通常只有 $n$ 位长,两个 $n$ 位数相乘,乘积可能为 $2n$ 位;其二,两个操作数相加的加法器难以胜任将 $n$ 个位积一次相加的运算。为了简化结构,计算机通常只有两个操作数相加的加法器。为此,必须修改上述乘法的实现方法,将 $X \cdot Y$ 改写成适应定点计算机的形式。

一般而言，设被乘数 $X$、乘数 $Y$ 都是小于 1 的 $n$ 位定点正数，即

$$X = 0.X_1 X_2 \cdots X_n, \quad Y = 0.Y_1 Y_2 \cdots Y_n$$

其乘积为

$$
\begin{aligned}
X \cdot Y &= X \cdot (0.Y_1 Y_2 \cdots Y_n) \\
&= X \cdot (Y_1 \cdot 2^{-1} + Y_2 \cdot 2^{-2} + \cdots Y_n \cdot 2^{-n}) \\
&= 2^{-1}(Y_1 X + 2^{-1}(Y_2 X + 2^{-1}(\cdots + 2^{-1}(Y_{n-1} X + 2^{-1}(Y_n X + 0)) \cdots)))
\end{aligned}
$$

令 $Z_i$ 表示第 $i$ 次部分积，则上式可写成如下递推公式：

$$
\begin{aligned}
&Z_0 = 0 \\
&Z_1 = 2^{-1}(Y_n X + Z_0) \\
&\quad\vdots \\
&Z_i = 2^{-1}(Y_{n-i+1} X + Z_{i-1}) \\
&\quad\vdots \\
&Z_n = X \cdot Y = 2^{-1}(Y_1 X + Z_{n-1})
\end{aligned}
$$

显然，要求 $X \cdot Y$，则需设置一个保存部分积的累加器。乘法开始时，令部分积的初值 $Z_0 = 0$，然后加上 $Y_n X$，右移 1 位得第 1 个部分积，再加上 $Y_{n-1} X$，再右移 1 位得第 2 个部分积。依此类推，直到求得 $Y_1 X$，再加上 $Z_{n-1}$ 并右移 1 位，得到最后的部分积，即得 $X \cdot Y$。显然，两个 $n$ 位数相乘需重复进行 $n$ 次加及右移操作，才能得到最后的乘积。这就是实现原码一位乘法的规则。图 4-11 为原码一位乘法的硬件框图。

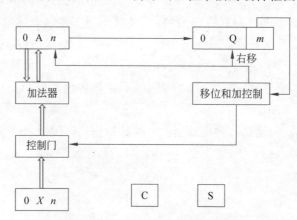

图 4-11　原码一位乘法的硬件框图

$A$、$X$、$Q$ 均是 $n+1$ 位，移位和加控制受末位乘数控制，$S$ 寄存器用于保存结果（记为 $S$）。寄存器 A、B 均设置双符号位，第一个符号位始终是部分积符号位，每次在右移时第一个符号位要补 0。操作步数由乘数的尾数位数决定，用计数器 C 计数。即作 $n$ 次累加和移位，最后加上符号位，根据 $SX \oplus SY$ 决定。

【例 4-5】 已知 $X = 0.111, Y = 0.101$，求 $[X \cdot Y]_{原}$ 的值。

解：数值部分的运算如下。

| 部分积 | 乘数 | 说明 |
|---|---|---|
| 0.0000 | 1101 | 部分积,初态 $Z_0 = 0$ |
| 0.1110 | | |
| 0.1110 | | |
| 0.0111 | 0110 | →1,得 $Z_1$ |
| 0.0000 | | |
| 0.0111 | 0 | →1,得 $Z_2$ |
| 0.0011 | 1011 | |
| 0.1110 | | |
| 1.0001 | 10 | →1,得 $Z_3$ |
| 0.1000 | 1101 | |
| 0.1110 | | |
| 1.0110 | 110 | →1,得 $Z_4$ |
| 0.1011 | 0110 | |

结果如下:

乘积的符号位: $X_0 \oplus Y_0 = 1 \oplus 0 = 1$。

数值部分按绝对值相乘: $X \cdot Y = 0.10110110$。

则 $[X \cdot Y]_\text{原} = 1.10110110$。

原码一位乘法的特点是:绝对值运算;用移位的次数判断乘法的次数,以判断乘法运算是否结束;逻辑移位。

## 4.5.2　原码两位乘法

为了提高乘法的执行速度,可以考虑每次对乘数的两位进行判断,以确定相应的操作,这就是原码两位乘法。

原码两位乘法的运算规则如下:

(1) 符号位不参加运算,最后的符号 $P_f = X_f \oplus Y_f$。

(2) 部分积与被乘数均采用 3 位符号,乘数末位增加一位 $C$,其初值为 0。

(3) 按表 4-6 所示的运算规则操作。

表 4-6　原码两位乘法的运算规则

| $Y_{n-1}$ | $Y_n$ | $C$ | 操　作 |
|---|---|---|---|
| 0 | 0 | 0 | 加 0,右移两位,0→$C$ |
| 0 | 0 | 1 | 加 $X$,右移两位,0→$C$ |
| 0 | 1 | 0 | 加 $X$,右移两位,0→$C$ |
| 0 | 1 | 1 | 加 2$X$,右移两位,0→$C$ |
| 1 | 0 | 0 | 加 2$X$,右移两位,0→$C$ |

续表

| $Y_{n-1}$ | $Y_n$ | $C$ | 操　作 |
|---|---|---|---|
| 1 | 0 | 1 | 加 $X$，右移两位，$0 \rightarrow C$ |
| 1 | 1 | 0 | 加 $X$，右移两位，$0 \rightarrow C$ |
| 1 | 1 | 1 | 加 0，右移两位，$1 \rightarrow C$ |

（4）若尾数 $n$ 为偶数，则乘数用双符号位，最后一步不移位；若尾数 $n$ 为奇数，则乘数用单符号位，最后一步移一位。

# 4.6　全加器仿真实验

**1. 实验目的**

（1）熟悉编程构建仿真电路的基本方法。
（2）掌握用门电路构建一位全加器的方法。

**2. 实验要求**

（1）补全实验代码的空白部分，构建一位全加器。
（2）实现功能：输入 3 个 1 位二进制数，得到它们的和以及向前的进位。

**3. 实验原理**

程序中包含与（AND）、或（OR）、异或（XOR）3 个模块，模拟逻辑与门、或门和异或门的作用。使用这 3 个模块，可以构建一位全加器。

**4. 实验代码**

```python
def AND(A, B):
    #与
    return (int(A) and int(B))

def OR(A, B):
    #或
    return (int(A) or int(B))

def XOR(A, B):
    #异或
    if int(A)==1 and int(B)==1:
        return 0
    else:
        return OR(A, B)
```

```
if __name__ == '__main__':
    a = input("input A:")
    b = input("input B:")
    c = input("input C:") #前一位的进位
    d  = XOR(a, b)
    e1 = AND(a, b)
    dd = XOR(d, c)
    e2 = _____
    e  = _____(e1, e2)
print("当前位的和:",dd,"向前进位:",e)
```

# 习　　题

## 一、基础题

(1) 补码加减法中_____作为数的一部分参加运算,_____要丢掉。

(2) 为判断溢出,可采用双符号位补码,此时正数的符号用_____表示,负数的符号用_____表示。

(3) 采用双符号位的方法进行溢出检测时,若运算结果中两个符号位_____,则表明发生了溢出。结果的符号位若为_____,表示发生正溢出;若为_____,表示发生负溢出。

(4) 采用单符号位进行溢出检测时,若加数与被加数符号相同,而运算结果的符号与操作数的符号_____,则表示溢出;若加数与被加数符号不同,则运算的结果_____。

(5) 利用数据的数值位最高位进位 $C$ 和符号位进位 $C_f$ 的状况判断溢出,则其表达式为_____。

(6) 在减法运算中,正数减_____可能产生溢出,此时的溢出为_____溢出;负数减_____可能产生溢出,此时的溢出为_____溢出。

## 二、提高题

(1)【2009 年计算机联考真题】一个 C 语言程序在一台 32 位计算机上运行。程序中定义了 3 个变量 x、y、z,其中 x 和 z 为 int 型,y 为 short 型。当 x=127、y=−9 时,执行赋值语句 z=x+y 后,x、y、z 的值分别是(　　)。

　　A. x=0000007FH,y=FFF9H,z=00000076H

　　B. x=0000007FH,y=FFF9H,z=FFFF0076H

　　C. x=0000007FH,y=FFF7H,z=FFFF0076H

　　D. x=0000007FH,y=FFF7H,z=00000076H

（2）【2010 年计算机联考真题】假定有 4 个整数，用 8 位补码分别表示为 $r_1 =$ FEH、$r_2 =$ F2H、$r_3 =$ 90H、$r_4 =$ F8H，若将运算结果存放在一个 8 位寄存器中，下列运算会发生溢出的是（　　）。

    A. $r_1 \times r_2$　　　　　　　B. $r_2 \times r_3$　　　　　　　C. $r_1 \times r_4$　　　　　　　D. $r_2 \times r_4$

（3）【2009 年计算机联考真题】浮点数加减法运算过程一般包括对阶、尾数运算、规格化、舍入和判断溢出等步骤。设浮点数的阶码和尾数均采用补码表示，且位数分别为 5 位和 7 位（均含 2 位符号位）。若有两个数：$X = 2^7 \times 29/32$，$Y = 2^5 \times 5/8$，则用浮点加法计算 $X + Y$ 的最终结果是（　　）。

    A. 001111100010　　B. 001110100010　　C. 01000001000　　D. 发生溢出

（4）【2010 年计算机联考真题】假定变量 i、f 和 d 的数据类型分别为 int、float、double（int 用补码表示，float 和 double 分别用 IEEE 754 单精度和双精度浮点数格式表示），已知 i = 785、f = 1.5678E3、d = 1.3E100，若在 32 位计算机中执行下列关系表达式，结果为真的是（　　）。

Ⅰ. i = (int)(float)i

Ⅱ. f = (float)(int)f

Ⅲ. f = (float)(double)f

Ⅳ. (d + f) − d = f

    A. 仅Ⅰ和Ⅱ　　　　　　B. 仅Ⅰ和Ⅲ　　　　　　C. 仅Ⅱ和Ⅲ　　　　　　D. 仅Ⅲ和Ⅳ

（5）【2011 年计算机联考真题】float 型数据通常用 IEEE 754 单精度浮点数格式表示。若编译器将 float 型变量 x 分配在 32 位浮点寄存器 FR1 中，且 x = −8.25，则 FR1 的内容是（　　）。

    A. C1040000H　　　B. C2420000H　　　C. C1840000H　　　D. C1C20000H

# 第 5 章

chapter 5

# 存 储 系 统

本章讲解存储器的分类,详细描述存储器的层次结构,包括存储器的3个重要特性的关系,对主存储器、高速缓冲存储器、虚拟存储器和辅助存储器进行重点讲解,阐述程序的局部性原理以及地址转换的方法。

存储系统概述

本章学习目的:

(1) 了解主存储器的中心地位、主存储器的分类、主存储器的主要技术指标、主存储器的基本操作。

(2) 掌握存储器的组成和读写过程的时序。

(3) 掌握半导体存储器的组成与控制。

(4) 掌握存储系统的层次结构,分析层次结构的目的和实现方式。

(5) 掌握高速缓冲存储器的原理、基本结构和组织。

(6) 掌握虚拟存储器的信息传送单位和存储管理以及虚拟存储器工作的全过程。

## 5.1 存 储 器

存储器是计算机系统的记忆部件,是计算机系统中最重要的部件之一。存储系统由存放程序和数据的各种存储设备、控制部件、管理信息调度的设备(硬件)和算法(软件)组成,执行程序时,计算机需要的指令和数据都来自存储器,程序的执行结果、各种文档、影像资料都保存在存储器中。在计算机开始工作以后,存储器还为其他部件提供信息,同时保存中间结果和最终结果。传统的冯·诺依曼计算机是以运算器为核心的,这也导致运算器成为计算机系统的性能瓶颈。随着计算机的发展,存储器在计算机系统中的地位越来越重要,由于超大规模集成电路的发展制作技术的发展,使 CPU 的速率高得惊人,而存储器的存取速度与之很难适配,这使计算机系统的运行速度在很大程度上受到存储器速度的制约。

### 5.1.1 存储器分类

构成存储器的存储介质目前主要是半导体器件和磁性材料。一个双稳态半导体电路、一个 CMOS 晶体管或磁性材料的存储元件均可以存储一位二进制码。二进制位是存

存储器分类

储器中最小的存储单位,称为存储位元。由若干存储位元组成一个存储单元,然后再由许多存储单元组成一个存储器。

根据存储材料的性能及使用方法不同,存储器有多种分类方法。

(1) 按存储介质分类。作为存储介质的基本要求,必须有两个明显区别的物理状态,分别用来表示二进制的 0 和 1。另外,存储器的存取速度又取决于这种物理状态的改变速度。目前使用的存储介质主要是半导体器件、磁性材料和光存储介质。用半导体器件组成的存储器称为半导体存储器。用磁性材料做成的存储器称为磁表面存储器,如磁盘存储器和磁带存储器。光存储器是指只读光盘或者读写光盘。磁盘和光盘的共同特点是存储容量大,存储的信息不易丢失。

(2) 按存取方式分类。如果存储器中任何存储单元的内容都能被随机存取,且存取时间和存储单元的物理位置无关,就称为随机存取存储器。如果存储器只能按某种顺序存取,也就是说存取时间和存储单元的物理位置有关,就称为顺序存取存储器。例如,磁带存储器就是顺序存取存储器,它的存取周期较长。磁盘存储器则是半顺序(直接)存取存储器,沿磁道方向顺序存取,沿垂直于半径的方向随机存取。

(3) 按读写功能分类。有些半导体存储器在工作过程中只能读出其中存储的内容而不能向其中写入内容,这种半导体存储器称为只读存储器(Read-Only Memory,ROM)。在存储器工作过程中既能读出又能写入的半导体存储器称为读写存储器或随机存取存储器(Random Access Memory,RAM)。RAM 用来存储当前运行的程序和数据,并可以在程序运行过程中反复更改其内容。而 ROM 常用来存储不变或基本不变的程序和数据(如监控程序、引导加载程序及常数表格等)。RAM 可以根据信息存储方法分为静态RAM(SRAM)和动态 RAM(DRAM)。SRAM 是用半导体管的导通或截止记忆信息的,只要不掉电,SRAM 中存储的信息就不会丢失。而 DRAM 的信息是用电荷存储在电容上的,随着时间的推移,电荷会逐渐漏失,存储信息也会丢失,因此要周期性地对其刷新。根据工艺和特性的不同,ROM 又分为掩膜 ROM、一次可编程 ROM(PROM)和可擦除PROM(EPROM),后者又分为紫外线擦除 EPROM(UV-EPROM)、电擦除 EPROM(EEPROM 或 $E^2$PROM)和闪速只读存储器(Flash)。

(4) 按信息易失性分类。断电后信息消失的存储器称为易失性存储器。断电后仍能保存信息的存储器称为非易失性存储器。在半导体存储器中,RAM 是易失性存储器,一旦掉电,其中存储信息全部丢失;而 ROM 是非易失性存储器。磁性材料做成的存储器是非易失性存储器。

(5) 按与 CPU 的耦合程度分类。根据存储器在计算机系统中所处的位置,可分为内部存储器和外部存储器。内存又可分为主存和高速缓冲存储器。

## 5.1.2　存储器的编址和端模式

存放一个机器字的存储单元通常称为字存储单元,相应的地址称为字地址;而存放一字节的存储单元,称为字节存储单元,相应的地址称为字节地址。编址方式是存储器地址的组织方式,一般在设计处理器时就已经确定了。如果计算机中编址的最小单位是字存储单元,则该计算机称为按字编址的计算机;如果计算机中编址的最小单位是字节,则该计算机称为按字节编址的计算机。一个机器字可以包含数字节,所以一个存储单元也可占用数个能够单独编址的字节地址。例如,一个 16 位二进制的字存储单元包含两字节,当采用字节编址方式时,该字占两字节地址。

当一个存储字的字长超过 8 位时,就存在一个存储字内部的多字节排列顺序问题,其排列方式称为端模式。大端(big-endian)模式将一个字的高有效字节放在内存的低地址端,低有效字节放在内存的高地址端;而小端(little-endian)模式则将一个字的低有效字节放在内存的低地址端,高有效字节放在内存的高地址端。如图 5-1 所示,如果一个 32 位数 $(0A0B0C0D)_{16}$ 按照大端模式存放在内存中,则最低地址存放最高有效字节 $(0A)_{16}$,最高地址存放最低有效字节 $(0D)_{16}$;而按照小端模式存放时,字节顺序刚好相反。

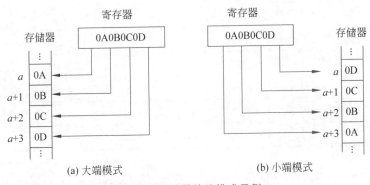

图 5-1 存储器的端模式示例

## 5.2 存储系统概述

存储系统的
层次结构

### 5.2.1 存储系统的层次结构

在冯·诺依曼体系结构中,存储器是计算机系统的五大组成部件之一。早期的计算机系统只有单一的存储器,用于存放为数不多的数据和指令。但是,随着软件复杂度的提高以及多媒体技术和网络技术的普及,对存储器容量的要求也不断提高。而微电子技术的发展又为大幅度提升存储器的存储密度提供了可能性,这反过来又促使存储器的容量进一步提升。

表 5-1 所示为 1980—2010 年 CPU 和存储器的主要性能参数。表中几种存储器的特点是:SRAM 容量最小,速度最快,价格最高;磁盘容量最大,速度最慢,价格最低;而 DRAM 在 1980 年时能够跟上 CPU 的速度,随着时间的推移,DRAM 的读写速度虽然在提高,但是已逐渐跟不上 CPU 的速度。

在通常情况下,存储器考虑的只是存储容量,但如果存储器的读写速度跟不上 CPU 的速度,计算机的运行效率就会大大降低。图 5-2 展示了有无 Cache 对指令执行时间的影响。

表 5-1　CPU 和存储器的主要性能参数

| CPU/存储器 | 性能参数 | 1980 年 | 1990 年 | 2000 年 | 2010 年 |
|---|---|---|---|---|---|
| CPU | 名称 | 8080 | 80386 | Pentium II | Core i7 |
| | 时钟频率/MHz | 1 | 20 | 600 | 2500 |
| | 时钟周期/ns | 1000 | 50 | 1.6 | 0.4 |
| | 核数 | 1 | 1 | 1 | 4 |
| | 有效时钟周期/ns | 1000 | 50 | 1.6 | 0.1 |
| SRAM | 每兆字节价格/美元 | 19 200 | 320 | 100 | 60 |
| | 存取时间/ns | 300 | 35 | 3 | 1.5 |
| DRAM | 每兆字节价格/美元 | 8000 | 100 | 1 | 0.06 |
| | 存取时间/ns | 375 | 100 | 60 | 40 |
| | 典型大小 | 64KB | 4MB | 64MB | 8000MB |
| 磁盘 | 每兆字节价格/美元 | 500 | 8 | 0.01 | 0.0003 |
| | 存取时间/ns | 87 | 28 | 8 | 3 |
| | 典型大小 | 1MB | 160MB | 20B | 1TB |

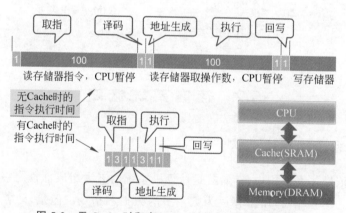

图 5-2　无 Cache 时和有 Cache 时的指令执行时间对比

　　图 5-1 中的数字表示占用的时间，单位为一个时钟周期。可以看出，当无 Cache 时，因为 DRAM 的读写速度跟不上 CPU 的速度，所以指令的执行时间很长；相反，当存在 Cache 时，因为 Cache 的读写速度远超 DRAM 的读写速度，所以指令的执行时间大为缩短。然而 Cache 高昂的价格导致其存储容量有限，无法满足现代计算机的需求。

　　由于存储器的价格相对较高，而且在整机成本中占有较大的比例，因而从性能价格比的角度不能通过简单配置更大容量的存储器来满足用户的需求。为此，必须使用某种策略解决成本和性能之间的矛盾。这一策略就是存储器分层，即利用不同容量、成本、功耗和速度的多种存储器构成有机结合的多级存储系统。

　　存储系统是指把两种或者两种以上不同存储容量、不同存取速度、不同价格的存储器组成层次结构,并通过管理软件和辅助硬件将不同性能的存储器组合成有机的整体,又称为计算机的存储层次或存储体系。现代计算机采用的典型存储结构有 Cache—主存和主存—辅存两种。

### 1. Cache—主存存储结构

Cache—主存存储结构如图 5-3 所示。其主要目的是解决 CPU 和主存速度不匹配的问题。虽然 Cache 价格昂贵,导致一般情况下无法使用 Cache 构成大容量的存储空间,但 Cache 的速度比主存的速度高,只要将 CPU 近期要用的信息调入 Cache,CPU 便可以直接从 Cache 中获取信息,从而提高访存速度。但由于 Cache 的容量小,因此需要不断地将主存的内容调入 Cache,使 Cache 中原来的信息被替换。主存和 Cache 之间的数据调动是由硬件自动完成的,对程序员是透明的。

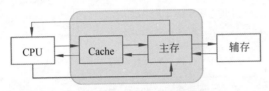

图 5-3　Cache—主存存储结构

### 2. 主存—辅存存储结构

主存—辅存存储结构如图 5-4 所示。其主要目的是解决存储系统的容量问题。虽然辅存的速度比主存的低,而且不能和 CPU 直接交换信息,但它的容量比主存大得多,所以大量暂时未用到的信息可以保存到辅存中。而当 CPU 需要这些信息时,再将辅存中的内容调入主存,供 CPU 直接访问。主存和辅存之间的数据调动是由硬件和操作系统共同完成的。

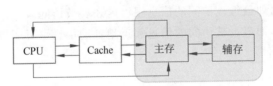

图 5-4　主存—辅存存储结构

从 CPU 角度来看,Cache—主存这一层次的速度接近 Cache,高于主存,其容量和位价却接近主存。这就从速度和成本的矛盾中获得了理想的解决办法;主存—辅存这一层次,从整体分析,其速度接近主存,容量接近辅存,平均位价也接近低速、廉价的辅存,这又解决了速度、容量、成本这三者的矛盾。现代计算机的存储系统几乎都具有这两个存储层次,构成了 Cache、主存、辅存三级存储系统,并且还有很多细分类型,可以用图 5-5展示。

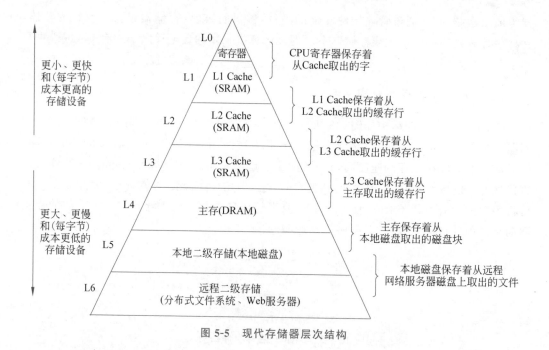

图 5-5　现代存储器层次结构

## 5.2.2　程序的局部性原理

存储系统的建立依托于程序的局部性原理。统计表明，无论是访问指令还是存取数据，在一个较短的时间间隔内，程序所访问的存储器地址在很大比例上集中在存储器地址空间的很小范围内。这种在某一段时间内频繁访问某一局部的存储器地址空间，而对此范围以外的地址空间则很少访问的现象称为程序的局部性原理。

程序的局部性可以从两个角度分析：

（1）时间局部性，即最近被访问的信息很可能还要被访问。

（2）空间局部性，即最近被访问的信息邻近地址的信息也可能被访问。

以下面的程序为例：

```
for (i=0; i<1000; i++)
    for (j=0; j<200; j++)
        sum += a[i][j];
```

变量 sum 在 for 循环中会不停被修改，即意味着存储 sum 这个变量的存储单元会在短时间内被反复访问，这体现了程序的时间局部性；而数组 a 在 for 循环中会以数组的首地址为基础顺序访问后面的地址，这体现了程序的空间局部性。

根据程序的时间局部性，存储系统将近期频繁被访问的主存单元的数据放入 Cache 中，使得 CPU 频繁访问的数据都能在 Cache 中找到；根据程序的空间局部性，存储系统从主存中取回待访问数据时，会同时取回与其位置相邻的主存单元的数据放入 Cache 中，使得 CPU 访问连续的数据时能够在 Cache 中找到后续的数据。

静态随机
存取存储器

## 5.3 静态随机存取存储器

### 5.3.1 SRAM 的概念

随机存取存储器(RAM)是一种可读写存储器,其特点是存储器的任何一个存储单元的内容都可以随机存取,而且存取时间与存储单元的物理位置无关。计算机系统中的主存都采用随机存储器。基于存储信息原理的不同,随机存取存储器又分为静态随机存取存储器和动态随机存取存储器。

静态随机存储器(Static RAM,SRAM)利用双稳态触发器的两个稳定状态保存信息,只要不断电,SRAM 中的信息就不会丢失,因为其不需要进行动态刷新。图 5-6 为基本的静态存储元阵列。SRAM 用锁存器(触发器)作为存储位元。只要直流供电电源一直加在这个记忆电路上,它就无限期地保持记忆的 1 状态或 0 状态;如果电源断电,则存储的数据(1 或 O)就会丢失。

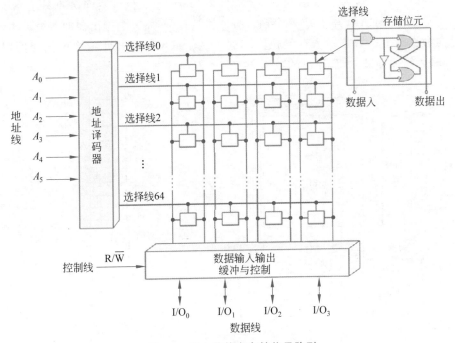

图 5-6 基本的静态存储位元阵列

任何一个 SRAM 都有 3 组信号线与外部打交道:

(1) 地址线。在图 5-6 中有 6 条,即 $A_0 \sim A_5$,它指定了存储器的容量是 $2^6 = 64$ 个存储单元。

(2) 数据线。在图 5-6 中有 4 条,即 $I/O_0 \sim I/O_3$,说明存储器的字长是 4 位,因此存储位位元的总数是 $64 \times 4 = 256$ 个。

（3）控制线。在图 5-6 中是 R/$\overline{\text{W}}$ 控制线，它指定了对存储器进行读操作（R/$\overline{\text{W}}$ 高电平）还是进行写操作（R/$\overline{\text{W}}$ 低电平）。注意，读写操作不会同时发生。

地址译码器的输出有 64 条选择线，称为行线，其作用是打开每个存储位元的输入与非门。当外部输入数据为 1 时，锁存器便记忆了 1；当外部输入数据为 0 时，锁存器便记忆了 0。

### 5.3.2　基本的 SRAM 逻辑结构

目前的 SRAM 芯片采用双译码方式，以便组织更大的存储容量。这种译码方式的实质是采用了二级译码：将地址分成 $x$ 方向、$y$ 方向两部分，第一级进行 $x$ 方向（行译码）和 $y$ 方向（列译码）的独立译码，然后在存储位元阵列中完成第二级的交叉译码。而数据宽度为 1 位、4 位、8 位，甚至有更多的字节。

图 5-7(a) 表示存储容量为 32K×8 位 SRAM 的结构图。它的地址线共 15 条。其中，$x$ 方向 8 条（$A_0 \sim A_7$），经行译码输出 256 行；$y$ 方向 7 条（$A_8 \sim A_{14}$），经列译码输出 128 列。存储位元阵列为三维结构，即 256 行×128 列×8 位。双向数据线有 8 条，即 $I/O_0 \sim I/O_7$。向 SRAM 写入时，8 个输入缓冲器被打开，而 8 个输出缓冲器被关闭，因而 8 条双向数据线上的数据写入存储位元阵列中；从 SRAM 读出时，8 个输出缓冲器被打开，8 个输入缓冲器被关闭，读出的数据送到 8 条双向数据线上。

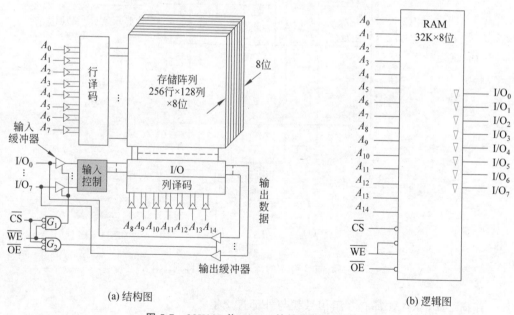

(a) 结构图　　　　　　　　　　(b) 逻辑图

图 5-7　32K×8 位 SRAM 的结构图和逻辑图

控制信号包括$\overline{\text{CS}}$、$\overline{\text{OE}}$ 和 $\overline{\text{WE}}$。$\overline{\text{CS}}$ 是片选信号，$\overline{\text{CS}}$ 有效（低电平）时，门 $G_1$、$G_2$ 均被打开。$\overline{\text{OE}}$ 为读出使能信号，$\overline{\text{OE}}$ 有效（低电平）时，门 $G_2$ 开启。当写命令信号 $\overline{\text{WE}}=1$（高电平）时，门 $G_1$ 关闭，存储器进行读操作；写操作时，$\overline{\text{WE}}=0$，门 $G_1$ 开启，门 $G_2$ 关闭。注

意,门 $G_1$ 和 $G_2$ 是互锁的,一个开启时另一个必定关闭,这样就保证了读时不写、写时不读。图 5-7(b)为 32K×8 位 SRAM 的逻辑图。

### 5.3.3 SRAM 读写时序

如图 5-8 所示,SRAM 读写时序精确地反映了 SRAM 工作的时间关系。把握住地址线、控制线、数据线 3 组信号线何时有效,就能很容易看懂这个时序。

在读周期中,地址线先有效,以便进行地址译码,选中存储单元。为了读出数据,片选信号$\overline{CS}$和读出使能信号$\overline{OE}$也必须有效(由高电平变为低电平)。从地址有效开始经 $t_{AQ}$(读出)时间,数据总线上出现了有效的读出数据。此后$\overline{CS}$,$\overline{OE}$信号恢复高电平,经 $t_{RC}$ 以后才允许地址总线发生改变。$t_{RC}$ 时间即为读周期时间。

在写周期中,也是地址线先有效,接着片选信号$\overline{CS}$有效,写命令$\overline{WE}$有效(低电平),此时数据总线上必须置写入数据,在 $t_{WD}$ 时间段将数据写入存储器。然后撤销写命令$\overline{WE}$和$\overline{CS}$。为了写入可靠,数据总线的写入数据要有维持时间 $t_{HD}$,$\overline{CS}$的维持时间也比读周期长。$t_{WC}$ 时间称为写周期时间。为了控制方便,一般取 $t_{RC}=t_{WC}$,通常称为存取周期。

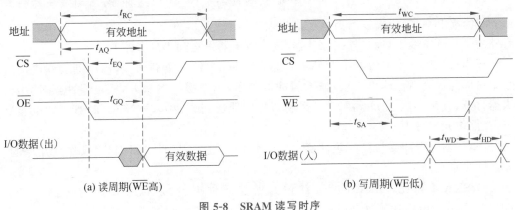

(a) 读周期($\overline{WE}$高)　　　　　　　　(b) 写周期($\overline{WE}$低)

**图 5-8　SRAM 读写时序**

## 5.4　动态随机存取存储器

### 5.4.1　DRAM 的概念

动态随机存取存储器(Dynamic RAM,DRAM)简化了每个存储位元的结构,因而 DRAM 的存储密度很高,通常用作计算机的主存储器。

图 5-9 为由一个 MOS 晶体管和电容器组成的单管 DRAM 存储位元。其中 MOS 管作为开关使用,而存储的信息 1 或 0 则是由电容器上的电荷量体现的——当电容器充满电荷时,代表存储了 1;当电容器放电(没有电荷)时,代表存储了 0。

写 1 到存储位元时,输出缓冲器关闭,刷新缓冲器关闭,输入缓冲器打开(R/$\overline{W}$ 为低电平),输入数据 $D_{IN}=1$ 送到存储元位线上,行选线为高电平,打开 MOS 管,于是位线上

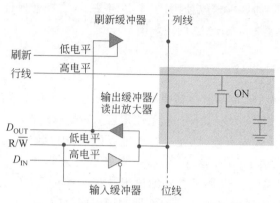

图 5-9　单管 DRAM 存储位元的工作原理

的高电平给电容器充电,表示存储了 1。写 0 到存储位元时,输出缓冲器和刷新缓冲器关闭,输入缓冲器打开,输入数据 $D_{IN}=0$ 送到存储元位线上,行选线为高电平,打开 MOS 管,于是电容器上的电荷通过 MOS 管和位线放电,表示存储了 0。

从存储位元读出时,输入缓冲器和刷新缓冲器关闭,输出缓冲器/读出放大器打开($R/\overline{W}$ 为高电平)。行选线为高电平,打开 MOS 管,若当前存储的信息为 1,则电容器上存储的 1 送到位线上,通过输出缓冲器/读出放大器发送到 $D_{OUT}$,即 $D_{OUT}=1$。

读出过程破坏了电容器上存储的信息,所以要把信息重新写入,即刷新。读出的过程中可以完成刷新。读出 1 后,输入缓冲器关闭,刷新缓冲器打开,输出缓冲器/读出放大器打开,读出的数据 $D_{OUT}=1$ 又经刷新缓冲器送到位线上,再经 MOS 管写到电容器上,存储位元重写 1。

注意,输入缓冲器与输出缓冲器总是互锁的。这是因为读操作和写操作是互斥的,不会同时发生。

与 SRAM 相比,DRAM 的存储位元所需元件更少,所以存储密度更高。但是DRAM 的附属电路比较复杂,访问时需要额外的电路和操作支持。

### 5.4.2　DRAM 芯片的逻辑结构

图 5-10(a)给出了 $1M\times 4$ 位 DRAM 芯片的外部引脚。图 5-10(b)是该芯片的结构图。

与 SRAM 不同的是,图 5-10 中增加了行地址锁存器和列地址锁存器。由于 DRAM容量很大,地址线的数目相当多,为减少芯片引脚的数量,将地址分为行、列两部分分时传送。存储容量为 $2^{10}$ 字,共需 20 位地址线。此芯片地址引脚的数量为 10 位。先传送行地址码 $A_0\sim A_9$,由行选通信号$\overline{RAS}$打入行地址锁存器;然后传送列地址码 $A_{10}\sim A_{19}$,由列选通信号$\overline{CAS}$打入列地址锁存器。片选信号的功能也由增加的$\overline{RAS}$和$\overline{CAS}$信号实现。

### 5.4.3　DRAM 读写时序

图 5-11(a)为 DRAM 的读周期。当地址线上行地址有效后,用行选通信号$\overline{RAS}$打入

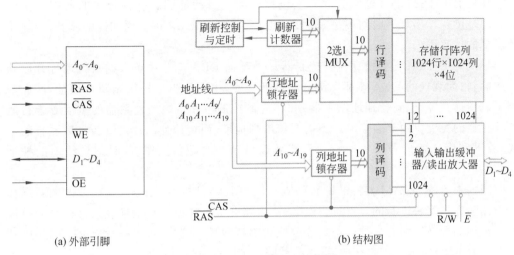

(a) 外部引脚　　　　　　　　　　　　(b) 结构图

图 5-10　1M×4 位 DRAM 芯片

行地址锁存器;接着在地址线上传送列地址,并用列选通信号 $\overline{CAS}$ 打入列地址锁存器。此时经行、列地址译码,读写信号 R/$\overline{W}$=1(高电平表示读),数据线上便有输出数据。

图 5-11(b)为 DRAM 的写周期。此时读写信号 R/$\overline{W}$=O(低电平表示写),在此期间,数据线上必须送入要写入的数据 $D_{IN}$(1 或 0)。

从图 5-11 中可以看出,每个读周期或写周期是从行选通信号 $\overline{RAS}$ 的下降沿开始,到下一个 $\overline{RAS}$ 信号的下降沿为止的时间,也就是连续两个读写周期的时间间隔。通常为方便控制,读周期和写周期时间相等。

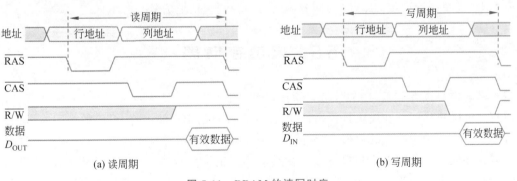

(a) 读周期　　　　　　　　　　　　(b) 写周期

图 5-11　DRAM 的读写时序

### 5.4.4　DRAM 的刷新操作

DRAM 存储位元是基于电容器上的电荷量存储信息的。DRAM 的读操作是破坏性的,会使电容器上的电荷流失,因而读出后必须刷新。而未读写的存储元也要定期刷新,因为电荷量会逐渐泄漏而减少。从外部看,刷新操作与读操作类似,只是刷新时无须送出数据,并且可以将一行的所有存储位元同时刷新。

现代的 DRAM 芯片通常会在一次读操作之后自动地刷新选中行中的所有存储位元。但是读操作出现的时间不是固定的，因此必须对 DRAM 进行周期性的刷新，以保持其记忆的信息不丢失。

早期的 DRAM 需要由存储器控制器从外部向 DRAM 芯片送入刷新行地址并启动一次刷新；而现代的 DRAM 都支持自动刷新功能，由芯片内部提供刷新行地址，因此增加了刷新计数器（刷新行地址发生器）和相应的控制电路。刷新计数器的宽度等于行地址锁存器的宽度。由于自动刷新不需要给出列地址，而行地址由片内刷新计数器自动生成，故可利用 $\overline{CAS}$ 信号先于 $\overline{RAS}$ 信号有效以启动一次刷新操作，此时地址线上的地址无效。

当前主流的 DRAM 器件的刷新间隔时间（刷新周期）为 64ms。周期性的刷新操作是与读写操作交替进行的，所以通过二选一多路开关选择刷新行地址或正常读写的行地址。常用的刷新策略有集中式刷新和分散式刷新两种。例如，对于一片有 8192 行、刷新周期为 64ms 的 DRAM 内存来说，这两种刷新策略的具体过程如下。

在集中式刷新策略中，每一个刷新周期中集中一段时间对 DRAM 的所有行进行刷新。64ms 的刷新周期时间可以分为两部分：前一段时间进行正常的读写操作；后一段时间作为集中刷新操作时间，连续刷新 8192 行。由于刷新操作的优先级高，刷新操作时正常的读写操作被暂停，数据线输出被封锁。等所有行刷新结束后，又开始正常的读写周期。由于在刷新的过程中不允许读写操作，集中式刷新策略存在"死时间"。

在分散式刷新策略中，每一行的刷新操作被均匀地分配到刷新周期时间内。由于 64ms 除以 8192 约等于 7.8$\mu$s，所以 DRAM 每隔 7.8$\mu$s 刷新一行。

由于 CPU 送出的访存地址要分行地址和列地址两次送入 DRAM 芯片，并且 DRAM 还要实现定时刷新，因而使用 DRAM 作为系统主存的系统通常要通过存储器控制器或者 DRAM 控制器产生 DRAM 访问和刷新时序控制与地址信号。

## 5.5 只读存储器

半导体只读存储器（ROM）最大的特点是其非易失性，其访问速度比 RAM 稍低，可以按地址随机访问并在线执行程序，因而在计算机中用于存储固件、引导加载程序、监控程序及不变或很少改变的数据。"只读"的意思是在其工作时只能读出，不能写入。早期的只读存储器中存储的原始数据必须在其工作以前离线存入芯片中。现代的许多只读存储器都能够在线更新其存储的内容，但更新操作与 RAM 的写操作完全不同，不仅控制复杂，而且耗时长，更新所需的时间比 ROM 的读操作时间长很多，可以重复更新的次数也较少。因此，这种更新 ROM 存储内容的操作实际上不是"写入"，而是编程。

狭义的 ROM 仅指掩模 ROM（mask ROM）。掩模 ROM 实际上是一个存储内容固定的 ROM，由半导体生产厂家根据用户提供的信息代码在生产过程中将信息存入芯片内。一旦 ROM 芯片做成，就不能改变其中的存储内容。掩模 ROM 一般用于存储广泛使用的具有标准功能的程序或数据，或用户定制的具有特殊功能的程序或数据，当然这些程序或数据均被转换成二进制码。由于成本很低，在没有更新需求的大批量的应用中适宜使用掩模 ROM。

为了让用户能更新 ROM 中存储的内容,可以使用可编程 ROM(Programmable ROM,PROM)。一次性编程 ROM、紫外线擦除 PROM、电可擦 PROM 和闪速存储器均可由用户编程。

狭义的 PROM 指一次性编程 ROM(One Time Programmable ROM,OTP ROM),只能编程一次。紫外线擦除 PROM(UltraViolet Erasable PROM,UV-EPROM)通常简称 EPROM,该器件的上方有一个石英窗口,通常将其从电路板上的插座上拔下后,在专用的擦除器中使用一定波长的紫外线照射数分钟至十余分钟即可擦除其上存储的信息,且可在通用编程器或电路板上实现多次编程和验证。

电可擦 PROM($E^2$PROM)采用电擦除,因而不需要离线擦除,且擦除速度快,可以单字节编程和擦除(或者擦除块尺寸很小),使用更方便。$E^2$PROM 通常容量比较小,单位成本高,但可重复擦除的次数多,一般在一百万次左右,通常用于存储偶尔需要更新的系统配置信息、系统参数、加密保护数据或历史信息等。许多单片机或者简单电子模块往往会内置 $E^2$PROM 芯片。常规并行总线 $E^2$PROM 访问速度快,接口简单,但引脚数量多,封装尺寸较大,故近年来更多地被串行 $E^2$PROM(Serial EEPROM,SEEPROM)或闪存取代。常见的串行 $E^2$PROM 支持 SPI、$I^2$C、Microwire 或 1-Wire 等 1~4 线的串行总线,芯片封装只需 8 个或者更少的引脚。

闪速存储器(简称闪存)也属于电可擦、可在线编程的非易失性只读存储器。Flash 意为擦除速度高,其擦除速度远高于传统的 UV-EPROM 和 $E^2$PROM。闪存存储密度高,工作速度快,擦除块尺寸较大(通常在 512B 以上),可擦除的次数较少(NOR 闪存为一万到十万次)。闪存自 20 世纪 80 年代末出现以来,应用已经极为普遍,在很多情况下取代了传统的其他 ROM。

根据存储位元工作原理和制造工艺的不同,闪存可以分为 NOR 技术、DINOR 技术、AND 技术和 NAND 技术等不同类别。其中应用最普遍的是 NOR 技术和 NAND 技术。

NOR 闪存通常被称为线性闪存,最早由英特尔和 AMD 等公司生产。相对于其他技术的闪存,NOR 闪存的特点是:可以像 SRAM 和传统 ROM 那样随机读出任意地址的内容,读出速度快;存储在其中的指令代码可以直接在线执行;可以对单字节或单字进行编程(在重新编程之前需要先进行擦除操作);以区块(sector)或芯片为单位执行擦除操作;拥有独立的数据线和地址线,因而接口方式与 SRAM 相似;信息存储的可靠性高。因此,NOR 闪存更适用于擦除和编程操作较少而直接执行代码的场合,尤其是纯代码存储应用。由于擦除和编程速度较慢,且区块尺寸较大,NOR 闪存不太适合纯数据存储和文件存储等应用场景。NOR 闪存可在线写入数据,又具有 ROM 的非易失性,因而可以取代全部的 UV-EPROM 和大部分的 $E^2$PROM,用于存储监控程序、引导加载程序等不经常改变的程序代码,或者存储在掉电时需要保持的系统配置等不常改变的数据。

NAND 闪存通常被称为非线性闪存,最早由三星和东芝等公司生产。相对于其他技术的闪存,NAND 闪存的特点是:每次读出以页(page)为单位,因而属于非随机访问的存储器;存储在其中的指令代码不能够直接在线执行;以页为单位进行编程操作;以数十页组成的块(block)为单位进行擦除操作;快速编程和快速擦除;数据线、地址线和控制线复用在同一组总线信号上，故其接口方式与传统 ROM 不同；位成本低，位密度高；由于工艺的限制，存在较高的比特错误率，通常需要软件处理坏块。NAND 闪存不能够随机读出，所以一般不能直接用于存储在线执行的代码；但是由于其存储密度高，价格低，通常容量较大，增加 NAND 闪存控制器后也可用于程序代码存储。由于 NAND 闪存有 10 倍于 NOR 闪存的可擦除次数，故适用于大容量存储设备，如存储卡、优盘（USB 闪存盘）、固态盘等应用。由于 NAND 闪存的数据存取无机械运动，可靠性高，存取速度快，体积小巧，因而已经部分取代了磁介质辅存。

表 5-2 比较了常见存储器的主要特性。

表 5-2　常见存储器的主要特性比较

| 存储器类型 | 非易失性 | 高密度 | 低功耗 | 可在线更新 | 快速读出 |
| --- | --- | --- | --- | --- | --- |
| 闪存 | √ | √ | √ | √ | √ |
| SRAM |  |  |  | √ | √ |
| DRAM |  | √ |  | √ | √ |
| $E^2$ PROM | √ |  |  | √ | √ |
| OTP ROM | √ | √ |  |  | √ |
| UV-EPROM | √ | √ | √ |  | √ |
| 掩模 ROM | √ | √ | √ |  | √ |
| 硬盘 | √ | √ |  | √ |  |
| 光盘 | √ | √ |  |  |  |

位扩展

# 5.6　半导体存储器的容量扩展

## 5.6.1　位扩展法

CPU 的数据线数与存储芯片的数据位数不一定相等，此时必须对存储芯片扩位（即进行位扩展，用多个存储器件对字长进行扩充，增加存储字长），使其数据位数与 CPU 的数据线数相等。

位扩展是指只在位数上进行扩展，用多个芯片连接后，使得每个存储单元的字长增加，但存储单元的数量保持不变。位扩展后，存储系统中的地址线数不变，存储系统的数据线数是每个芯片数据线数的总和。位扩展的连接方式是将各芯片的内部地址线、片选信号以及读写控制线相应并联，发送相同的内容，再将各芯片的数据线分别引出后进行合并。

例如，使用两片 1K×4b 的芯片通过位扩展构成 1K×8b 的存储器，如图 5-12 所示。

例如，使用 8K×1b 的 RAM 存储芯片，那么，组成 8K×8b 的存储器可采用如图 5-13 所示的位扩展法。此时只加大字长，而存储器的字数与存储器芯片字数一致即可。图 5-13

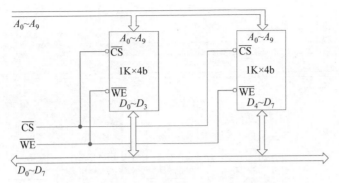

图 5-12　用位扩展法组成 1K×8b 的存储器

中每一片 RAM 是 8192K×1b，所以地址线为 13 条（$A_{12}$～$A_0$），可满足整个存储体容量的要求。每一片对应于数据的 1 位（只有一条数据线），故只需将它们分别接到数据总线上的相应位即可。在位扩展法中，对芯片没有选片要求，也就是说，芯片按已经被选中来考虑。如果芯片有选片输入端（$\overline{CS}$），则可将它们直接接地（有效）。在这个例子中，每一条地址总线接有 8 个负载，每一条数据线接一个负载。

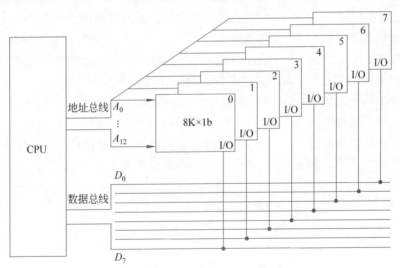

图 5-13　用位扩展法组成 8K×8b 的存储器

## 5.6.2　字扩展法

字扩展指的是在字向上进行扩展，即增加存储单元的数量，但每个存储单元的位数不变。字扩展后，存储单元数量增加，地址线数量也要随之增加，即除了存在芯片内部的地址线之外，还存在部分芯片外部的地址线。此时，将各芯片的数据线、内部地址线、读写控制线相应并联，由片选信号区分各片地址。

例如，使用 4 片 1K×4b 的芯片通过字扩展法构成 4K×4b 的存储器，连接方法如图 5-14 所示。

字扩展

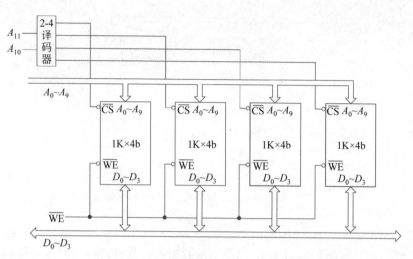

图 5-14　用字扩展法组成 4K×4b 的存储器

　　例如，用 16K×8b 的芯片采用字扩展法组成 64K×8b 的存储器，可按图 5-15 所示的字扩展法连接。图 5-15 中，4 个芯片的数据端与数据总线 $D_7 \sim D_0$ 相连，地址总线的低位地址 $A_{13} \sim A_0$ 与各芯片的 14 位地址端需要相连，而两位高位地址 $A_{14}$、$A_{15}$ 经译码器与 4 个片选端相连，将 $A_{15}A_{14}$ 用作片选信号。当 $A_{15}A_{14} = 00$ 时，译码器输出端 0 有效，选中最左边的 1 号芯片；当 $A_{15}A_{14} = 01$ 时，译码器输出端 1 有效，选中 2 号芯片……在同一时间内只能有一个芯片被选中。各芯片的地址分配如下：

　　第 1 片的最低地址为 0000000000000000，最高地址为 0011111111111111（16 位）。

　　第 2 片的最低地址为 0100000000000000，最高地址为 0111111111111111。

　　第 3 片的最低地址为 1000000000000000，最高地址为 1011111111111111。

　　第 4 片的最低地址为 1100000000000000，最高地址为 1111111111111111。

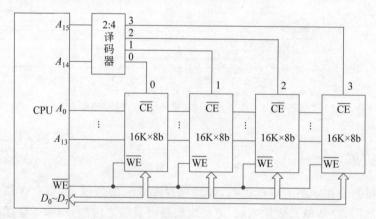

图 5-15　用字扩展法组成 64K×8b 的存储器

### 5.6.3 字位扩展法

实际上,存储器往往需要字和位同时扩展。在字方向和位方向上同时进行扩展,称为字位扩展。字位扩展法是前两种方法的综合。扩展时,首先用 $N/V$ 个芯片进行位扩展,得到容量为 $U \times N$ 的一个组;再用 $M/U$ 个组进行字扩展,得到容量为 $M \times N$ 的存储器。

例如,使用 $1K \times 4b$ 的芯片构成 $4K \times 8b$ 的存储器,且从 0 开始连续编址,则总共需要 8 个芯片,如图 5-16 所示。

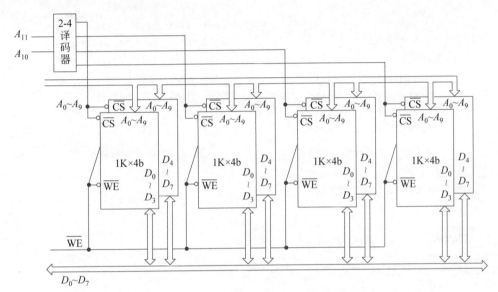

**图 5-16 用字位扩展法组成 $4K \times 8b$ 的存储器**

例如,用 8 片 $16K \times 4b$ 的 RAM 芯片组成 $64K \times 8b$ 的存储器。如图 5-17 所示,每两片构成一组 $16K \times 8b$ 的存储器(位扩展),4 组便构成 $64K \times 8b$ 的存储器(字扩展)。地址线 $A_{15}A_{14}$ 经译码器得到 4 个片选信号。当 $A_{15}A_{14}=00$ 时,译码器输出 0111,因为芯片片选为 0(有效),因此选中第一组芯片;当 $A_{15}A_{14}=01$ 时,译码器输出 1011,选中第二组芯片;依此类推。

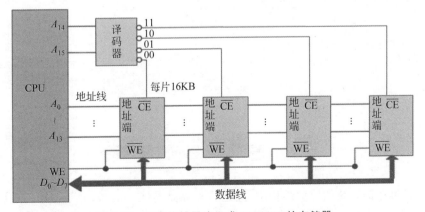

**图 5-17 用字位扩展法组成 $64K \times 8b$ 的存储器**

【例 5-1】 设存储器的地址分布如图 5-18 所示，按字节编址，现有芯片包括 $4K \times 8b$ 的 ROM 和 $8K \times 4b$ 的 RAM，设计存储系统，并将其与 CPU 连接。

解：因为是按字节编址，所以每个存储单元为 8 位。

根据分布可以计算出，在这 4 个区域中，每个区域的容量均为 $8K \times 8b$。

根据所给的芯片，RAM1 部分选用两片 $8K \times 4b$ 的 RAM，RAM2 部分也选用两片 $8K \times 4b$ 的 RAM，ROM 部分选用两片 $4K \times 8b$ 的 ROM。

地址范围分析如图 5-19 所示。

| | | | | |
|---|---|---|---|---|
| 0000 | 0000 | 0000 | 0000 | } RAM1 |
| 0001 | 1111 | 1111 | 1111 | |
| 0010 | 0000 | 0000 | 0000 | } RAM2 |
| 0011 | 1111 | 1111 | 1111 | |
| 0100 | 0000 | 0000 | 0000 | } 空 |
| 0101 | 1111 | 1111 | 1111 | |
| 0110 | 0000 | 0000 | 0000 | } ROM |
| 0111 | 1111 | 1111 | 1111 | |

| 0000H~1FFFH | RAM1 |
|---|---|
| 2000H~3FFFH | RAM2 |
| 4000H~5FFFH | 空 |
| 6000H~7FFFH | ROM |

图 5-18 存储器的地址分布 　　　　　图 5-19 地址范围分析

扩展芯片连接如图 5-20 所示。

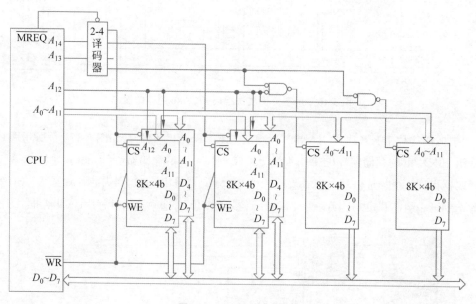

图 5-20 扩展芯片连接

# 5.7 高速缓冲存储器

在计算机存储系统的层次结构中，高速缓冲存储器（Cache）是介于 CPU 和主存之间的高速、小容量存储器。它和主存一起构成一级缓存。Cache 和主存之间信息的调度和传送是由硬件自动进行的。某些计算机甚至有二级和三级缓存,每一级缓存都比前一级缓存速度慢且容量大。Cache 最重要的技术指标是命中率。

Cache 作为存在于主存与 CPU 之间的一级缓存,是由 SRAM 组成的,容量比较小,但速度比主存高得多,接近 CPU 的速度。Cache 主要由 3 部分组成。

高速缓冲
存储器 2

(1) Cache 存储体:存放由主存调入的指令与数据块。

(2) 地址转换部件:建立目录表,以实现主存地址到缓存地址的转换。

(3) 替换部件:在缓存已满时按一定策略进行数据块替换。

## 5.7.1 Cache 的基本原理

### 1. Cache 的功能

Cache 是为了解决 CPU 和主存之间速度不匹配的问题而采用的一项重要技术。其原理基于程序运行时的空间局部性和时间局部性特征。

如图 5-21 所示,Cache 是介于 CPU 和主存之间的小容量存储器,它的存取速度比主存快,容量远小于主存。Cache 能高速地向 CPU 提供指令和数据,从而加快了程序的执行速度。从功能上看,它是主存的缓冲存储器,由高速的 SRAM 组成。为追求高速,Cache 包括管理在内的全部功能由硬件实现,因而对程序员是透明的。

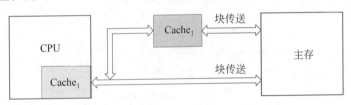

图 5-21 CPU 与主存和 Cache 的关系

当前,随着半导体器件集成度的进一步提高,可以将小容量的 Cache 与 CPU 集成到同一芯片中,其工作速度接近 CPU 的速度,从而组成两级以上的 Cache 系统。

### 2. Cache 的基本原理

Cache 除包含 SRAM 外,还要有控制逻辑。若 Cache 在 CPU 芯片外,它的控制逻辑一般与主存控制逻辑合在一起,称为主存 Chace 控制器;若 Cache 在 CPU 芯片内,则由 CPU 提供 Cache 的控制逻辑。

CPU 与 Cache 之间的数据交换以字为单位,而 Cache 与主存之间的数据交换以块为单位。一个块由若干字组成,是定长的。当 CPU 读取内存中的一个字时,便发出此字的内存地址到 Cache 和主存。此时 Cache 的控制逻辑依地址判断此字当前是否在 Cache 中。若是,则 Cache 命中(hit),将此字立即传送给 CPU;否则 Cache 缺失(miss,即未命中),则利用主存读周期把此字从主存读出,送到 CPU,与此同时,把含有此字的整个数据块从主存读出,送到 Cache 中。

图 5-22 给出了 Cache 的原理。假设 Cache 读出时间为 50ns,主存读出时间为

250ns。存储系统是模块化的，主存中每个 8KB 模块和容量为 16 字的 Cache 相联系。Cache 分为 4 行，每行 4 个字。分配给 Cache 的地址存放在一个相联存储器（associative memory）中，它是按内容寻址的存储器。当 CPU 执行访存指令时，就把要访问的字的地址送到相联存储器中；如果此字不在 cache 中，则将此字从主存传送到 CPU。与此同时，把包含此字的由前后相继的 4 个字组成的一行数据送入 Cache，替换 Cache 中原有的一行数据。在这里，由始终管理 Cache 使用情况的硬件逻辑电路实现替换算法。

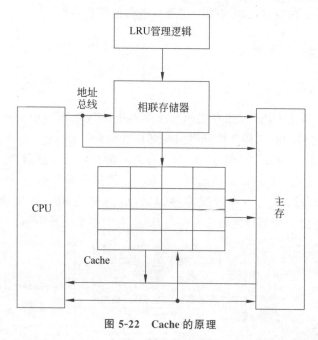

图 5-22　Cache 的原理

### 3. Cache 的命中率

从 CPU 的角度看，增加 Cache 的目的就是在性能上使主存的平均读出时间尽可能接近 Cache 的读出时间。为了达到这个目的，在所有的存储器访问中由 Cache 向 CPU 提供的部分应占很高的比例，即 Cache 的命中率应接近 1。由于程序访问的局部性，实现这个目标是可能的。

在一个程序执行期间，设 $N_c$ 表示 Cache 完成存取的总次数，$N_m$ 表示主存完成存取的总次数，$h$ 表示命中率，则有

$$h = \frac{N_c}{N_c + N_m}$$

若 $t_c$ 表示命中时的 Cache 访问时间，$t_m$ 表示未命中时的主存访问时间，$1-h$ 表示未命中率（缺失率），则 Cache/主存系统的平均访问时间 $t_a$ 为

$$t_a = ht_c + (1-h)t_m$$

我们追求的目标是以较小的硬件代价使 Cache/主存系统的平均访问时间 $t_a$ 尽可能接近 $t_c$。设 $r = t_m/t_c$ 表示主存与 Cache 的访问时间之比，$e$ 表示访问效率，则有

$$e = \frac{t_c}{t_a} = \frac{t_c}{ht_c + (1-h)t_m} = \frac{1}{h + (1-h)r} = \frac{1}{r + (1-r)h}$$

由上式可以看出,为提高访问效率,命中率 $h$ 越接近 1 越好。$r$ 值以 5~10 为宜,不宜太大。

命中率 $h$ 与程序的行为、Cache 的容量、组织方式、块的大小有关。

【**例 5-2**】 CPU 执行一段程序时,Cache 完成存取的次数为 1900 次,主存完成存取的次数为 100 次,已知 Cache 的存取周期为 50ns,主存的存取周期为 250ns,求 Cache/主存系统的访问效率和平均访问时间。

**解:**

$$h = \frac{N_c}{N_c + N_m} = \frac{1900}{1900 + 100} = 0.95$$

$$r = \frac{t_m}{t_c} = \frac{250\text{ns}}{50\text{ns}} = 5$$

$$e = \frac{1}{r + (1-r)h} = h = \frac{1}{5 + (1-5) \times 0.95} \approx 0.833$$

$$t_a = \frac{t_c}{t_e} = \frac{50\text{ns}}{0.833} \approx 60\text{ns}$$

影响 Cache 命中率的因素有很多,例如 Cache 的容量、块的大小、映射方式、替换策略以及程序执行中地址流的分布情况等。一般,Cache 容量越大,则命中率越高,当容量达到一定程度后,命中率的改善并不大,如图 5-23 所示。Cache 块容量加大,命中率也明显增加,但增加到一定值之后反而出现命中率下降的现象,如图 5-24 所示。直接映射方式的命中率比较低;全相联映射方式的命中率比较高;在组相联映射方式中,组数分得过多,则命中率也会下降。

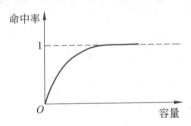

图 5-23 **Cache 命中率与容量的关系**

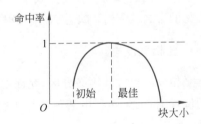

图 5-24 **Cache 命中率与块大小的关系**

**思考:** 你能说出 Cache 发明的科学意义和工程意义吗?

### 4. Cache 结构设计必须解决的问题

从 Cache 的基本工作原理可以看出,Cache 的设计需要遵循两个原则:一是希望 Cache 的命中率尽可能高,实际上应接近 1;二是希望 Cache 对 CPU 而言是透明的,即不论是否有 Cache,CPU 访存的方法都是一样的,软件无须增加任何指令就可以访问 Cache。解决了命中率和透明性问题,从 CPU 访存的角度而言,内存将具有主存的容量和接近 Cache 的速度。为此,必须增加一定的硬件电路完成控制功能,即 Cache 控制器。

在设计 Cache 的结构时，必须解决以下 4 个问题：

（1）主存的内容调入 Cache 时如何存放？

（2）访存时如何找到 Cache 中的信息？

（3）当 Cache 空间不足时如何替换 Cache 中已有的内容？

（4）需要进行写操作时如何改写 Cache 的内容？

在上面的 4 个问题中，前两个问题是相互关联的，即如何将主存信息定位在 Cache 中，如何将主存地址转换为 Cache 地址。与主存容量相比，Cache 的容量很小，它保存的内容只是主存内容的一个子集，且 Cache 与主存的数据交换是以块为单位的。为了把主存块放到 Cache 中，必须应用某种方法把主存地址定位到 Cache 中，称为地址映射。"映射"一词的物理含义是确定位置的对应关系，并用硬件实现。这样，当 CPU 访存时，它给出的一个字的内存地址会自动转换成 Cache 的地址，即 Cache 地址转换。

Cache 替换问题主要是选择和执行替换算法，以便在 Cache 不命中时替换 Cache 中的内容。

最后一个问题涉及 Cache 的写操作策略，重点是在更新时保持主存与 Cache 的一致性。

## 5.7.2　Cache 的地址映射

在 Cache 中，地址映射是指把主存地址空间映射到 Cache 地址空间。具体而言，就是把存放在主存中的程序按照某种规则装入 Cache 中，并建立主存地址与 Cache 地址之间的对应关系。

根据不同的映射和转换方式，有多种不同类型的 Cache 地址划分方式。下面介绍 3 种常见的方式：全相联映射、直接映射、组相联映射。

### 1. 全相联映射

全相联映射方式不必分区，允许主存中的任意一个字块映射到 Cache 的任意一个字块的位置上，也允许利用某种替换策略从已被占满的 Cache 中选择任意一个字块进行替换。

全相联映射方式的地址映射规则是主存中的任意一块可以映射到 Cache 中的任意一块。

（1）主存与缓存分成相同大小的数据块。

（2）主存的某一数据块可以装入 Cache 的任意一块空间中。

全相联映射方式如图 5-25 所示。如果 Cache 的块数为 $C$，主存的块数为 $M$，则映射关系共有 $C \times M$ 种。

全相联映射方式的优点是命中率比较高，Cache 存储空间利用率高。其缺点是：访问相关存储器时，每次都要与全部内容比较，速度低，成本高，因而全相联映射方式应用较少。

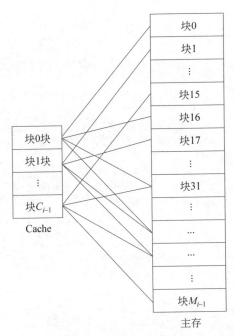

图 5-25　全相联映射方式

### 2. 直接映射

直接映射方式是一种多对一的映射关系。该方式的地址映射规则为主存中的一块只能映射到 Cache 中的一个特定的块。

主存与 Cache 分成相同大小的数据块。

主存容量应是 Cache 容量的整数倍，将主存空间按缓存的容量分成区，主存中每一区的块数与 Cache 的总块数相等。

主存中某区的一块存入 Cache 时只能存入 Cache 中块号相同的位置。

直接映射方式如图 5-26 所示。可见，主存中各区内相同块号的数据块都可以分别调入 Cache 中块号相同的块中，但同时只能有一个区的块存入 Cache。由于主存和 Cache 块号相同，因此，在目录表中登记时，只记录调入块的区号即可。

直接映射方式的优点是地址映射方式简单，访问数据时只需检查区号是否相等即可，因而可以得到比较快的访问速度，硬件设备简单。其缺点是替换操作频繁，命中率比较低。

主存和 Cache 地址格式、目录表的格式及地址转换规则如图 5-27 所示。主存和 Cache 块号及块内地址两个字段完全相同。目录表存放在高速、小容量的 Cache 中，其中包括两部分：数据块在主存的区号和有效位。目录表的容量与 Cache 的块数相同。

地址变换过程是：用主存地址中的块号访问目录表，把读出的区号与主存地址中的区号进行比较。如果比较结果相等，则 Cache 命中，可以直接用块号及块内地址组成的缓冲地址到 Cache 中取数；如果比较结果不相等，当有效位为 1 时可以进行替换，当有效

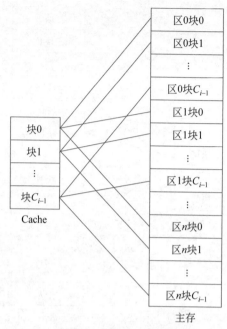

图 5-26　直接映射方式

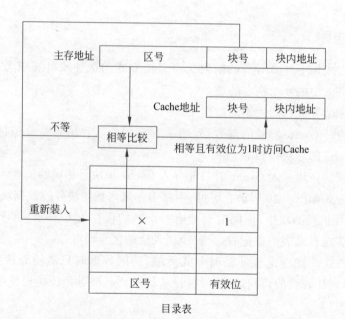

图 5-27　主存和 Cache 地址格式、目录表的格式及地址转换规则

位为 0 时可以直接调入所需的块。

### 3. 组相联映射

组相联映射方式是直接映射方式和全相联映射方式的折中方案，如图 5-28 所示。组

相联映射方式的地址映射规则如下：

（1）Cache 分为 $C \times D$ 块，每 $D$ 块为一组。

（2）主存容量是 Cache 容量的整数倍，将主存划分为 $N$ 个区，每区有 $C$ 个组，每组为一块。

（3）当主存的数据调入 Cache 时，主存与 Cache 的组号应相同，但组内各块可以任意存放。即从主存的组到 Cache 的组之间采用直接映射方式，在两个对应的组内部采用全相联映射方式。

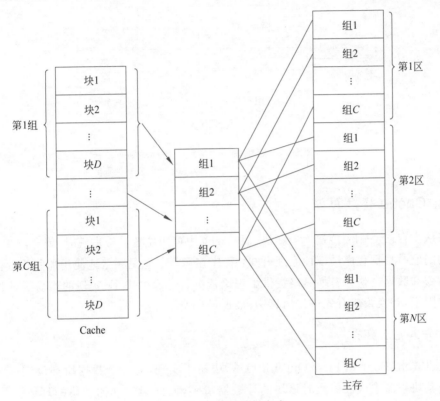

图 5-28　组相联映射方式

组相联映射的地址转换规则如图 5-29 所示。相关存储器中每个单元包含主存地址中的区号与组内块号，两者结合在一起，其对应的字段是 Cache 块地址。相关存储器的容量应与 Cache 的块数相同。当进行数据访问时，先根据组号在目录表中找到该组包含的各块的目录项，然后将被访数据的主存区号和组内块号与本组内各块的目录项同时进行比较。如果比较结果相等，而且有效位为 1，则命中，可将其对应的 Cache 块地址送到 Cache 地址寄存器的块地址字段，与组号及块内地址组装，即形成 Cache 地址；如果比较结果不相等，则未命中，要访问的数据块尚未进入 Cache，则进行组内替换；如果有效位为 0，则说明 Cache 的该块尚未利用，或原来的数据已作废，可调入新块。

组相联映射方式的优点是块的冲突概率比较低，块的利用率大幅度提高，块失效率明显降低。其缺点是实现难度和造价要比直接映射方式高。

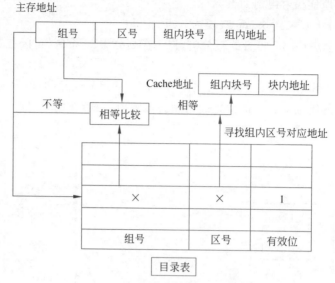

主存地址

图 5-29　组相联映射的地址转换规则

### 5.7.3　Cache 替换算法

当从主存向 Cache 传送一个新块,而 Cache 中可用位置已被占满时,就会产生 Cache 替换的问题。根据程序局部性原理可知:程序在运行中总是频繁地使用那些最近被使用过的指令和数据。这为替换策略提供了理论依据。综合命中率、实现的难易及速度的快慢各种因素,替换策略有先进先出算法、最近最少使用算法等。

**1. 先入先出算法**

先进先出(First In First Out,FIFO)算法易于实现,对每个数据块都设定一个计数器。当某块被命中或被替换时该块的计数器清零,而同组的其他各块的计数器均加 1。当需要替换时,就选择计数值最大的块替换。该算法选择最早调入的块作为被替换的块;但最先调入后仍被多次命中的块很可能也会优先被替换,这不符合程序局部性规律。

图 5-30 为 FIFO 算法的替换过程(Cache 采用全相联映射方式)。第一行为已知的 CPU 需要调入的数据块号序列,Cache 的块容量为 4 块。用 FIFO 算法进行替换,算法的命中率为 $(6/20) \times 100\% = 30\%$。

| | 2 | 1 | 0 | 2 | 3 | 4 | 2 | 3 | 4 | 5 | 1 | 2 | 3 | 4 | 2 | 3 | 4 | 5 | 1 | 3 |
|---|---|---|---|---|---|---|---|---|---|---|---|---|---|---|---|---|---|---|---|---|
| 0 | 2 | 2 | 2 | 2 | 2 | 4 | 4 | 4 | 4 | 4 | 4 | 4 | 3 | 3 | 3 | 3 | 3 | 3 | 1 | 1 |
| 1 | | 1 | 1 | 1 | 1 | 1 | 2 | 2 | 2 | 2 | 2 | 2 | 2 | 4 | 4 | 4 | 4 | 4 | 4 | 3 |
| 2 | | | 0 | 0 | 0 | 0 | 0 | 0 | 0 | 5 | 5 | 5 | 5 | 5 | 2 | 2 | 2 | 2 | 2 | 2 |
| 3 | | | | | 3 | 3 | 3 | 3 | 3 | 3 | 1 | 1 | 1 | 1 | 1 | 1 | 1 | 5 | 5 | 5 |
| | 装入 | 装入 | 装入 | 命中 | 装入 | 替换 | 替换 | 命中 | 命中 | 替换 | 替换 | 命中 | 替换 | 替换 | 替换 | 命中 | 命中 | 替换 | 替换 | 替换 |

图 5-30　FIFO 算法的替换过程

**2. 最近最少使用算法**

最近最少使用(Least Recently Used,LRU)算法依据各块的使用情况,总是选择最近最少使用的块进行替换。这种方法比较好地反映了程序局部性原理。LRU 算法为缓存的每一块都设置一个计数器,计数器的操作规则如下:

(1) 被调入或者被替换的块,其计数器清零;而其他的计数器则加 1。

(2) 当访问命中时,所有块的计数值与命中块的计数值要进行比较。计数值小于命中块的块,其计数值加 1;计数值大于命中块的块,其计数值不变。最后将命中块的计数器清零。

(3) 需要替换时,则选择计数值最大的块进行替换。

图 5-31 为 LRU 算法的替换过程(Cache 采用全相联映射方式)。第一行为已知的 CPU 需要调入的数据块号序列,Cache 的块容量为 4 块,数值下标为计数值。用 LRU 算法进行替换,算法的命中率为$(9/20) \times 100\% = 45\%$。

图 5-31　LRU 算法的替换过程

## 5.7.4　Cache 的写操作策略

由于 Cache 的内容只是主存部分内容的副本,应当与主存内容保持一致。而 CPU 对 Cache 的写入更改了 Cache 的内容。为了使 Cache 的内容与主存内容保持一致,可选用如下 3 种写操作策略。

**1. 写回法**

写回(write back)法要求:当 CPU 写 Cache 命中时,只修改 Cache 的内容,而不立即写入主存;而只有当此行被换出时才写回主存。这种方法使 Cache 真正在 CPU 和主存之间读写两方面都起到高速缓存的作用。对一个 Cache 行的多次写命中都在 Cache 中快速完成,只在需要替换时才写回速度较慢的主存,减少了访问主存的次数。实现这种方法时,每个 Cache 行必须配置一个修改位,以反映此行是否被 CPU 修改过。当某行被换出时,根据此行修改位是 1 还是 0,决定将该行内容写回主存还是简单丢弃。

如果 CPU 写 Cache 未命中,为包含要写的字的主存块在 Cache 分配一行,将此块整个复制到 Cache 后对其进行修改。主存的写修改操作统一留到换出时再进行。显然,这种写 Cache 与写主存异步进行的方式可显著减少写主存次数,但是存在 Cache 和主存内容不一致的隐患。

**2. 写直达法**

写直达（write through）法要求：写 Cache 命中时，Cache 与主存同时发生写修改，这样就较好地维护了 Cache 与主存的内容的一致性。当写 Cache 未命中时，只能直接向主存进行写入。但此时是否将修改过的主存块取到 Cache 中，有两种选择方法：一种称为 WTWA（Write-Through-with-Write-Allocate，带写分配的写直达）法，取主存块到 Cache 中并为它分配一个行位置；另一种称为 WTNWA（Write-Through-with-No-Write-Allocate，不带写分配的写直达）法，不取主存块到 Cache 中。

写直达法是写 Cache 与写主存同步进行的方法，其优点是无须为 Cache 中的每一行设置一个修改位以及相应的判断逻辑。其缺点是 Cache 对 CPU 向主存的写操作无缓冲功能，降低了 Cache 的性能。

**3. 写一次法**

写一次（write once）法是基于写回法并结合了写直达法的写策略。该策略写命中与写未命中的处理方法和写回法基本相同，只是第一次写命中时要同时写入主存。这是因为第一次写 Cache 命中时，CPU 要在总线上启动一个存储写周期，其他 Cache 监听到此主存块地址及写信号后，即可复制该块或及时将其作废，以便维护系统全部 Cache 的一致性。奔腾 CPU 的片内数据 Cache 就采用了写一次法。

## 5.8　虚拟存储器

虚拟存储器是计算机系统内存管理的一种技术，它将计算机的 RAM 和硬盘上的临时空间组合起来。当 RAM 运行速率缓慢时，它便将数据从 RAM 移动到称为分页文件的空间中。将数据移入分页文件可释放 RAM，以便完成工作。一般而言，计算机的 RAM 容量越大，程序运行得越快。若计算机的速度由于 RAM 可用空间匮乏而减缓，则可尝试通过增加虚拟存储器进行补偿。但是，计算机从 RAM 读取数据的速率要比从硬盘读取数据的速率快，因而扩增 RAM 容量（可增加内存条）才是最佳选择。

### 5.8.1　虚拟存储器的基本概念

在早期的单用户单任务操作系统（如 DOS）中，每台计算机只有一个用户，每次运行一个程序，且程序不是很大，单个程序完全可以存放在实际内存（简称实存）中。这时虚拟存储器（简称虚存）并没有太大的用处。

然而，随着程序占用内存容量的增长和多用户多任务系统的出现，在程序设计时，程序所需的内存容量与计算机系统实际配备的主存容量之间往往存在着矛盾。例如，在某些低档的计算机中，主存的容量较小，而某些程序却需要很大的内存才能运行；而在多用户多任务系统中，多个用户或多个任务共享全部主存，要求同时执行多道程序。这些同时运行的程序到底占用实存中的哪一部分，在编制程序时是无法确定的，必须等到程序运行时才动态分配。

为此,希望在编制程序时独立编址,既不考虑程序是否能在物理内存中存放得下(因为这与程序运行时的系统配置和当时其他程序的运行情况有关,在编程时一般无法确定),也不考虑程序应该存放在内存中的什么物理位置。而在程序运行时,则分配给每个程序一定的运行空间,由地址转换部件(硬件或软件)将编程时的地址转换成实存的物理地址。如果分配的内存不够,则只调入当前正在运行的或将要运行的程序块(或数据块),其余部分暂时驻留在辅存中。

这样,用户编制程序时使用的地址称为虚地址或逻辑地址,其对应的存储空间称为虚存空间或逻辑地址空间;而计算机物理内存的访问地址则称为实地址或物理地址,其对应的存储空间称为实存空间或主存空间。程序进行虚地址到实地址转换的过程称为程序的再定位。

## 5.8.2 虚拟存储器的访问过程

虚存空间的用户程序按照虚地址编程并存放在辅存中。程序运行时,由地址转换机构依据当时分配给该程序的实存空间把程序的一部分调入实存。

每次访存时,首先判断该虚地址所对应的部分是否在实存中。如果是,则进行地址转换并用实地址访问主存;否则按照某种算法将辅存中的部分程序调入内存,再按同样的方法访问主存。

由此可见,每个程序的虚存空间可以远大于实存空间,也可以远小于实存空间。前一种情况以提高存储容量为目的,后一种情况则以地址转换为目的。后者通常出现在多用户或多任务系统中。在这种情况下,实存空间较大,而单个任务并不需要很大的地址空间,较小的虚存空间则可以缩短指令中地址字段的长度。

有了虚存机制后,应用程序就可以透明地使用整个虚存空间。对应用程序而言,如果主存的命中率很高,虚存的访问时间就接近主存访问时间,而虚存的大小仅仅依赖于辅存的大小。

这样,每个程序就可以拥有一个虚拟存储器,它具有辅存的容量和接近主存的访问速度。但这个虚存是由主存和辅存以及辅存管理部件构成的概念模型,不是实际的物理存储器。

虚存是在主存和辅存之外附加一些硬件和软件实现的。由于软件的介入,虚存对设计存储管理软件的系统程序员而言是不透明的,但对应用程序员而言仍然是透明的。

## 5.8.3 Cache 与虚拟存储器的异同

从虚存的概念可以看出,主存-辅存的访问机制与 Cache-主存的访问机制是类似的。这是由 Cache、主存和辅存构成的 3 级存储体系中的两个层次。

Cache 和主存之间以及主存和辅存之间分别有辅助硬件和辅助软硬件,负责地址转换与管理,以便各级存储器能够组成有机的 3 级存储体系。Cache 和主存构成了系统的内存,而主存和辅存依靠辅助软硬件的支持支撑虚存的工作。

在 3 级存储体系中，Cache-主存和主存-辅存这两个存储层次有许多相同点：

（1）出发点相同。二者都是为了提高存储系统的性能价格比而构造的分层存储体系，都力图使存储系统的性能接近高速存储器，而价格和容量接近低速存储器。

（2）原理相同。二者都利用了程序运行时的局部性原理把最近常用的信息块从相对低速而大容量的存储器调入相对高速而小容量的存储器。

但 Cache-主存和主存-辅存这两个存储层次也有许多不同之处：

（1）侧重点不同。Cache 主要解决主存与 CPU 的速度差异问题；而就性能价格比的提高而言，虚存主要解决存储容量问题，另外还包括存储管理、主存分配和存储保护等方面。

（2）数据通路不同。CPU 与 Cache 和主存之间均可以有直接访问通路，Cache 不命中时可直接访问主存；而虚存所依赖的辅存与 CPU 之间不存在直接的数据通路，当主存不命中时只能通过调页解决，CPU 最终还是要访问主存。

（3）透明性不同。Cache 的管理完全由硬件完成，对系统程序员和应用程序员均透明；而虚存管理由软件（操作系统）和硬件共同完成，由于软件的介入，虚存对实现存储管理的系统程序员不透明，而只对应用程序员透明（段式和段页式管理对应用程序员"半透明"）。

（4）未命中时系统性能的损失不同。由于主存的存取时间是 Cache 的存取时间的 5～10 倍，而主存的存取速度通常比辅存的存取速度快上千倍，故主存未命中时系统性能的损失要远大于 Cache 未命中时。

### 5.8.4　虚拟存储机制要解决的关键问题

虚拟存储机制要解决以下关键问题：

（1）调度问题。决定哪些程序和数据应被调入主存。

（2）地址映射问题。在访问主存时把虚地址变为主存物理地址（这一过程称为内地址变换）；在访问辅存时把虚地址变成辅存的物理地址（这一过程称为外地址转换），以便换页。此外还要解决主存分配、存储保护与程序再定位等问题。

（3）替换问题。决定哪些程序和数据应被调出主存。

（4）更新问题。确保主存与辅存的一致性。

在操作系统的控制下，硬件和系统软件为用户解决了上述问题，从而使应用程序的编写大大简化。

## 5.9　辅助存储器

### 5.9.1　辅助存储器的种类

辅助存储器主要有磁表面存储器和光存储器两类。

**1. 磁表面存储器**

磁表面存储器的优点为：存储容量大，单位价格低，记录介质可以重复使用，记录信息可以长期保存而不丢失，甚至可以脱机存档、非破坏性读出，读出时不需要再生信息。当然，磁表面存储器也有缺点，主要是存取速度较慢，机械结构复杂，对工作环境要求较高。磁表面存储器由于存储容量大，单位成本低，多在计算机系统中作为辅助性的大容量存储器使用，用以存放系统软件、大型文件、数据库等大规模的程序与数据。

1）磁表面存储器存储信息的原理

磁表面存储器的记录介质是磁层。

磁表面存储器的基本原理是电磁转换。它利用磁性材料在不同方向的磁场作用下形成的两种稳定的剩磁状态记录信息。

磁表面存储器的读写元件是磁头。磁头是由高导磁率的材料制成的电磁铁。磁头上绕有读写线圈，可以通过不同方向的电流。

2）磁记录方式

磁记录方式有以下两种。

（1）归零制（Return-to-Zero，RZ）。若写入 1，则加正向写入脉冲；若写入 0，则加负向写入脉冲。每写完一位信息，电流归零。归零制如图 5-32 所示。

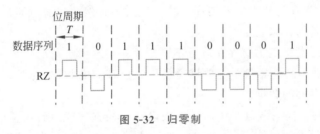

图 5-32　归零制

（2）不归零制（Non-Return-to-Zero，NRZ）。若写入 1，则加正向写入脉冲；若写入 0，则加负向写入脉冲。写完一位信息后，电流不归零。不归零制如图 5-33 所示。

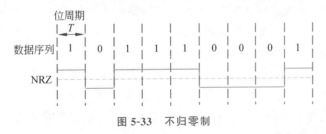

图 5-33　不归零制

3）磁表面存储器的分类

磁表面存储器可分为磁带存储器和磁盘存储器两大类。其中，磁带存储器是一种顺序存取的设备，存取时间较长，但存储容量大，便于携带，价格低，是一种主要的辅助存储器。磁带的内容由磁带机进行读写。磁带存储器按磁带机的读写方式分为启停式和数据流式两种。

### 2. 光存储器

#### 1）光存储技术

光存储技术是一种通过光学的方法读写数据的存储技术。其基本物理原理是：改变一个存储单元的某种性质，使其性质的变化反映被存储的数据。识别这种存储单元性质的变化，就可以读出存储的数据。由于高能量的激光束可以聚焦成约 $1\mu m$ 的光斑，因此光存储技术比其他存储技术有更高的存储容量。

对多媒体计算机的硬件而言，说光盘和光盘驱动器为其核心设备并不为过。因为对于声频和视频信息的采集与处理及大规模的文字信息来说，都需要大量的存储空间，从而首先要解决存储装置问题。目前较好的光存储器是紧凑型只读光盘（CD-ROM）。此外，各种多媒体应用也都是通过 CD-ROM 读取程序和数据的。

光盘系统由光盘驱动器和光盘盘片组成。驱动器的读写头是用半导体激光器和光路系统组成的光头，光盘为表面具有磁光性质的玻璃或塑料等圆形盘片。光盘系统较早应用于小型音响系统中，它使得音响系统具有优异的音响效果。20 世纪 80 年代初，光盘系统开始逐步进入计算机应用领域，特别是在多媒体技术中扮演了极为重要的角色。

多媒体应用存储的信息包括文本、图形、图像、声音、视频等，由于这些媒体的信息量相当大，数字化后要占用巨大的存储空间，传统的存储设备（如磁盘、磁带等）已无法满足这一要求。这样，光存储技术的发展和商品化就成为必然的趋势。光盘系统目前已成为多媒体计算机必备的存储设备。

光盘系统与磁盘系统主要存在以下不同。

（1）表达原理不同。磁盘系统单靠磁场更改已存储的数据，光盘系统则利用磁场和激光光束更改已存储的数据。

（2）数据读写不同。磁盘系统通过磁头以感应的方式读写磁盘上的数据，磁头与高速旋转的磁盘之间必须保持一定的间隙，这种方式容易造成磁头碰撞盘片而损坏数据；光盘系统以激光光束进行数据读写，光头一般不会与盘片发生碰撞，安全性能好。

（3）传输率不同。磁盘系统的传输率一般是恒定的。而光盘系统的传输率则与激光输出功率息息相关。激光输出功率为 $20\sim30mW$ 时，光盘系统的传输率为 $2\sim6MB/s$；激光输出功率升至 $40mW$ 时，光盘系统的传输率可达 $10MB/s$。也就是说，激光输出功率越高，光盘系统的数据传输率就越高。

（4）存储容量不同。磁盘系统的容量为磁盘的格式所限定。光盘系统的容量则视激光波长而定，激光波长越短，存储容量越大。光盘系统的主要优点是：盘片不易损坏，使用寿命长；存储容量大且拆卸方便；性能价格比高。其不足之处是速度没有硬盘快。

#### 2）光盘系统的特性

一般以下面几个指标衡量光盘系统的特性。

（1）存储容量。光盘驱动器的容量指它能读写的光盘盘片的容量。光盘盘片的容量又分为格式化容量和用户容量。格式化容量指按某种标准对盘片进行格式化后的容量，采用不同的格式就会有不同的容量。用户容量一般比格式化容量小。

（2）平均存取时间。在光盘上找到数据的位置所需的时间是指从计算机向光盘驱动器发出命令到光盘驱动器可以接收读写命令的时间。一般取光头沿半径移动 1/3 所需的时间为平均寻道时间,盘片旋转半周所需的时间为平均等待时间,二者加上光头稳定时间即为平均存取时间。

（3）数据传输率。有多种传输率的定义。一种是指从光盘驱动器送出的数据率,它可以定义为单位时间内从光盘的光道上传送的数据位数;另一种是指控制器与主机间的传输率。一般指的是第一种定义。

## 5.9.2　磁盘存储器的技术指标

磁盘存储器
的技术指标

磁盘存储器的技术指标主要包括存储密度、存储容量、平均存取时间及数据传输率。

### 1. 存储密度

磁盘存储器的存储密度分道密度、位密度和面密度。道密度是沿磁盘半径方向单位长度上的磁道数,单位为道/英寸(1 英寸≈2.54 厘米)。位密度是磁道单位长度上能记录的二进制代码位数,单位为位/英寸。面密度是位密度和道密度的乘积,单位为位/平方英寸。

### 2. 存储容量

磁盘存储器能存储的字节总数称为存储容量。存储容量有格式化容量和非格式化容量之分。格式化容量是指按照某种特定的记录格式能存储的信息总量,也就是用户可以真正使用的容量。非格式化容量是磁记录表面可以利用的磁化单元总数。要将磁盘存储器用于某计算机系统中,必须首先进行格式化操作,然后才能供用户记录信息。格式化容量一般是非格式化容量的 60%～70%。3.5 英寸的硬盘机容量可达 5.29GB。

### 3. 平均存取时间

存取时间是指从发出读写命令后,磁头从某一起始位置移动至新的记录位置,并开始从盘片表面读出信息或向磁盘表面写入信息所需要的时间。存取时间由两个数值决定:一个是将磁头定位至要读写的磁道上所需的时间,称为定位时间或寻道时间;另一个是寻道完成后磁道上要访问的信息到达磁头下的时间,称为等待时间。这两个时间都是随机变化的,因此存取时间往往使用平均值表示。平均存取时间等于平均寻道时间与平均等待时间之和。平均寻道时间是最大寻道时间与最小寻道时间的平均值,为 10～20ms,平均等待时间和磁盘转速有关,它用磁盘旋转一周所需时间的一半表示,固定头盘转速高达 6000r/min,故平均等待时间为 5ms。

### 4. 数据传输率

磁盘存储器在单位时间内向主机传送数据的字节数叫数据传输率。数据传输率不仅与存储设备的物理性能有关,而且与主机接口逻辑有关。从主机接口逻辑的角度考虑,应有足够快的传送速度与设备之间接收发送信息。从存储设备的角度考虑,假设磁盘转速为 $n$ 转每秒,每条磁道容量为 $N$ 字节,则数据传输率为 $nN$(单位为 B/s);也可以写成 $Dv$(单位为 B/s),其中 $D$ 为位密度,$v$ 为磁盘旋转的线速度。磁盘存储器的数据传输率可达几十兆字节/秒。

# 5.10　Cache 替换仿真实验

**1. 实验目的**

（1）掌握 Cache 的工作原理。
（2）掌握 Cache 的 LRU 替换算法。

**2. 实验要求**

（1）补全实验代码的空白部分，实现 LRU 替换算法。
（2）实现功能：对指定的序列进行读取，根据 LRU 算法的方法实现替换。
（3）求出命中率。

**3. 实验原理**

（1）Cache 对空间局部性的利用：从主存中取回待访问数据时，会同时取回与该数据位置相邻的主存单元的数据，以数据块为单位和主存进行数据交换。
（2）Cache 对时间局部性的利用：保存近期频繁被访问的主存单元的数据。

**4. 实验代码**

```
addr = [1,2,3,2,6,1,1,7,2,2,1,1,5,6,1,3,2,2,3,4,1,2,7,5,1,2,2,4,5,6,2,5]
                                    #CPU 所需数据地址


cache_addr = [0,0,0,0]                    #Cache 中存放的数据的地址
cache_id = [9,9,9,9]                      #Cache 中存放的数据的标记


def cache_LRU(d):
    t = False
    for i, c in enumerate(cache_addr):    #在 Cache 中寻找所需的数据
        if d == c:
            for k in range(4):
                cache_id[k] += 1          #将所有标记都加 1
            cache_id[i] = 0          #需要的数据在 Cache 中，将对应的数据标记清零
            t = True
            break

    if t == False:                        #Cache 中没有需要的数据，需要进行替换
        id = cache_id.index(max(cache_id)) #求出标记中最大值的下标
        _____               #进行替换
        _____               #标记清零
```

```
    return t

if __name__ == '__main__':
    s = 0
    #CPU 读取存储器
    for d in addr:                    #CPU 给出需要的数据的地址
        t = cache_LRU( d )
        if t == True:
            s += 1                    #命中
        print(cache_addr)
        print(cache_id)
    c = _____
    print('命中率为:', c)
```

# 习 题

## 一、基础题

### 1. 填空题

(1) 只读存储器有_____、_____和_____等类型。

(2) 主存储器的主要技术指标有_____、_____、_____、_____等。

(3) SRAM 芯片 6116(2K×8b)有_____个地址引脚、_____个数据引脚。

(4) 半导体静态存储器靠_____存储信息,半导体动态存储器靠_____存储信息。

(5) 对存储器进行读写时,地址线被分为_____和_____两部分,它们分别用于选择_____和_____。

### 2. 选择题

(1) DRAM 2164(64K×1b)外部引脚有(    )。

    A. 6 条地址线、2 条数据线　　　　　　B. 8 条地址线、1 条数据线

    C. 16 条地址线、1 条数据线　　　　　　D. 8 条地址线、2 条数据线

(2) 8086 有 20 条地址总线,其寻址的最大范围为(    )。

    A. 64KB　　　　　B. 512KB　　　　　C. 1MB　　　　　D. 16KB

(3) 若用 1K×4b 的芯片组成 2K×8b 的 RAM,需要(    )。

    A. 2 片　　　　　B. 16 片　　　　　C. 4 片　　　　　D. 16KB

(4) 某计算机的字长是 32 位,它的存储容量是 64KB,若按字编址,它的寻址范围是(    )。

    A. 16K　　　　　B. 16KB　　　　　C. 32K　　　　　D. 8 片

（5）采用虚拟存储器的目的是（　　）。

    A. 提高主存的速度            B. 扩大外存的存储空间

    C. 扩大外存的寻址空间        D. 提高外存的速度

（6）RAM 中的信息是（　　）。

    A. 可以读写的              B. 不会变动的

    C. 可永久保留的          D. 便于携带的

（7）某 SRAM 芯片的存储容量是 $64K \times 16b$，则该芯片的地址线和数据线数目为（　　）。

    A. 64 和 16     B. 16 和 64     C. 64 和 8     D. 16 和 16

（8）下列存储器中需要定时刷新的是（　　）。

    A. SRAM     B. DRAM     C. PROM     D. EPROM

（9）某 SRAM 芯片上有地址引脚 12 个，它内部的编址单元数量为（　　）。

    A. 1024     B. 4096     C. 1200     D. 2K

（10）存储器的性能指标不包含（　　）。

    A. 容量     B. 速度     C. 价格     D. 可靠性

（11）Intel 2167($16K \times 1b$）需要（　　）条地址线寻址。

    A. 10     B. 12     C. 14     D. 16

（12）用 616($2K \times 8b$）芯片组成 一个 64KB 的存储器，可用来产生片选信号的地址线是（　　）。

    A. $A_0 \sim A_{10}$     B. $A_0 \sim A_{15}$     C. $A_{11} \sim A_{15}$     D. $A_8 \sim A_{15}$

（13）计算一个存储器芯片容量的公式为（　　）。

    A. 编址单元数×数据线位数     B. 编址单元数×字节

    C. 编址单元数×字长         D. 数据线位数×字长

（14）与 SRAM 相比，DRAM（　　）。

    A. 存取速度较快，价格较便宜     B. 存取速度较慢，价格较贵

    C. 存取速度较快，价格较贵      D. 存取速度较慢，价格较便宜

（15）半导体动态随机存储器大约需要每隔（　　）更新一次。

    A. 1ms     B. 2ms     C. 1s     D. $100\mu S$

3. 判断题

（1）PROM 是可以多次改写的 ROM。 （　　）

（2）EPROM、PROM、ROM 关机后，所存信息均不会丢失。 （　　）

（3）采用虚拟存储器的目的是提高主存的存取速度。 （　　）

（4）RAM 需要每隔 1～2ms 刷新一次。 （　　）

（5）在 Cache 的地址映射中，若主存的任意一块可映射到 Cache 内的任意一块的位置上，这种方法称为全相联映射。 （　　）

4. 简答题

（1）存储器与 CPU 连接时应考虑哪些问题？

（2）ROM 和 RAM 的区别是什么？

（3）简述 DRAM 和 SRAM 的区别。

（4）下列存储器各需要多少条地址线寻址？若要组成 32K×8b 的内存,各需要几片这样的芯片？

① Intel 1024(1K×1b)。

② Intel 12114(1K×4b)。

③ Intel 2167(16K×1b)。

④ Zilog 6132(4K×8b)。

（5）什么是 Cache？其作用是什么？

## 二、提高题

（1）【2011 年计算机联考真题】下列各类存储器中,不采用随机存取方式的是(　　)。

    A. EPROM　　　　　B. CD-ROM　　　　　C. DRAM　　　　　D. SRAM

（2）【2010 年计算机联考真题】下列有关 RAM 和 ROM 的叙述中,正确的是(　　)。

Ⅰ. RAM 是易失性存储器,ROM 是非易失性存储器

Ⅱ. RAM 和 ROM 都采用随机存取的方式进行信息访问

Ⅲ. RAM 和 ROM 都可用作 Cache

Ⅳ. RAM 和 ROM 都需要刷新

    A. 仅Ⅰ和Ⅱ　　　　B. 仅Ⅱ和Ⅲ　　　　C. 仅Ⅰ、Ⅱ和Ⅲ　　　D. 仅Ⅱ、Ⅲ和Ⅰ

（3）【2010 年计算机联考真题】假定用若干个 2K×4b 的芯片组成一个 8K×8b 的存储器,则地址 0BFH 所在芯片的最小地址是(　　)。

    A. 0000H　　　　　B. 0600H　　　　　C. 0700H　　　　　D. 0800H

（4）【2009 年计算机联考真题】某计算机的 Cache 共有 16 块,采用二路组相联映射方式(即每组两块)。每个主存块大小为 32 字节,按字节编址,主存 129 号单元所在主存块应装入的 Cache 组号是(　　)。

    A. 0　　　　　　　B. 2　　　　　　　C. 4　　　　　　　D. 6

# 第6章

**chapter 6**

# 指 令 系 统

指令系统是计算机系统中软件和硬件分界面的一个重要标志,是计算机系统设计的重要部分,由软件设计人员和硬件设计人员共同完成。本章主要介绍计算机指令的结构,主要内容包括计算机中机器指令的格式、指令和操作数的寻址方式以及典型指令系统。

本章学习目的:

(1) 理解设计指令应该包含的信息。

(2) 了解指令格式、数据表示。

(3) 深入理解常用的寻址方法和用途,掌握不同寻址方式(编址方式)中部件之间的动作关系和可能的时间分配。

(4) 理解常见指令的种类和功能。

(5) 了解指令类型、指令系统的兼容性和精简指令系统计算机(RISC)、复杂指令系统计算机(CISC)的有关概念、特性等。

## 6.1 指令的组成

指令的组成

### 6.1.1 指令介绍

计算机的程序是由一系列机器指令组成的。指令就是要计算机执行某种操作的命令。从计算机组成的层次结构来说,计算机的指令有微指令、机器指令和宏指令之分。

(1) 微指令:是微程序级的命令,属于硬件。

(2) 宏指令:是由若干条机器指令组成的软件指令,属于软件。

(3) 机器指令:介于微指令和宏指令之间,通常简称指令,每一条指令可以完成一个独立的算术运算或逻辑运算操作。

一台计算机中所有机器指令的集合称为这台计算机的指令系统。指令系统是表征一台计算机性能的重要因素,它的格式与功能不仅直接影响到计算机的硬件结构,而且也直接影响到系统软件,影响到计算机的适用范围。

指令由操作码和地址码两部分组成,如图 6-1 所示。

(1) 操作码(operation code)字段:表征指令的操作

| 操作码 | 地址码A |
|---|---|

图 6-1 指令组成结构

特性与功能。

（2）地址码（address code）字段：通常用来指定参与操作的操作数的地址。

## 6.1.2　操作码

设计计算机指令系统时，对指令系统的每一条指令都要规定一个操作码。它用于指明指令操作性质，如传送、运算、移位、跳转等，是指令中不可缺少的组成部分。CPU 从主存每次取出一条指令，指令中的操作码告诉 CPU 应该执行什么性质的操作。例如，可用操作码 001 表示加法操作，操作码 010 表示减法操作，不同的操作码代表不同的指令。

组成操作码字段的位数一般取决于计算机指令系统的规模。所需指令数越多，组成操作码字段的位数也就越多。例如，一个指令系统只有 8 条指令，则需要 3 位操作码；如果有 32 条指令，则需要 5 位操作码。一般来说，一个包含 $n$ 位操作码的指令系统最多能够表示 $2^n$ 条指令。

## 6.1.3　地址码

地址码

指令系统中的地址码用来描述指令的操作对象。在地址码中可以直接给出操作数本身，也可以给出操作数在存储器或寄存器中的地址、操作数在存储器中的间接地址等。

根据指令功能的不同，一条指令中可以有一个、两个或者多个操作数地址，也可以没有操作数地址。一般情况下要求有两个操作数地址；但若要考虑存放操作结果，就需要有 3 个操作数地址。

根据地址码的数量，可以将指令的格式分为零地址指令、一地址指令、二地址指令、三地址指令和多地址指令，如图 6-2 所示。

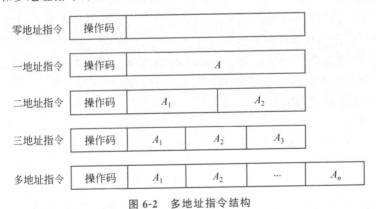

图 6-2　多地址指令结构

### 1. 零地址指令

零地址指令中没有地址码部分，只有操作码。该类指令分为两种情况：一种是无需操作数，如空操作指令、停机指令等；另一种是操作数为默认的（或称隐含的），如操作数在累加器或者堆栈中，它们的操作数由硬件机构提供。

### 2. 一地址指令

一地址指令又称为单操作数指令，该指令中只有一个地址码。这种指令可能是单操作数运算，给出的地址既作为操作数的地址，也作为操作结果的存储地址；也可能是双操作数运算。

一地址指令中提供一个操作数，另一个操作数则是隐含的。例如，以运算器中累加寄存器 AC 中的数据为被操作数，指令字的地址码字段指向的数为操作数，操作结果又放回累加寄存器 AC 中。其数学含义为

$$(AC)OP(A) \rightarrow AC$$

上式中，OP 表示操作性质，如加、减、乘、除等；(AC) 表示累加寄存器 AC 中的数；(A) 表示主存中地址为 A 的存储单元中的数，或者是运算器中地址为 A 的通用寄存器中的数；→ 表示把操作(运算)结果传送到指定的地方。

**注意**：地址码字段 A 指明的是操作数的地址，而不是操作数本身。

### 3. 二地址指令

二地址指令是最常见的指令，又称为双操作数指令。通常情况下，这种指令中包括两个参加运算的操作数的地址码。运算结果保存在其中一个操作数的地址码中，从而使得该地址中原来的数据被覆盖。其数学含义为

$$(A_1)OP(A_2) \rightarrow A_1$$

上式中，两个地址码字段 $A_1$ 和 $A_2$ 分别指明参与操作的两个数在主存或通用寄存器中的地址，地址 $A_1$ 兼做存放操作结果的地址。

从操作数的物理位置来说，二地址指令格式又可归结为 3 种类型：

(1) 存储器-存储器(Storage-Storage, SS)型指令。这种指令在操作时需要多次访问主存，参与读写操作的数都放在主存里。

(2) 寄存器-寄存器(Register-Register, RR)型指令。这种指令在操作时需要多次访问寄存器，从寄存器中取操作数，把操作结果放到寄存器中。

(3) 寄存器-存储器(Register-Storage, RS)型指令。这种指令在操作时既要访问寄存器，又要访问主存。

**注意**：由于不需要访问主存，计算机执行寄存器-寄存器型指令的速度最快。

### 4. 三地址指令

三地址指令中包括两个操作数地址码和一个结果地址码，可使得在操作结束后原来的操作数不被改变。其数学含义为

$$(A_1)OP(A_2) \rightarrow A_3$$

上式中，$A_1$ 和 $A_2$ 指明两个操作数地址，$A_3$ 为存放操作结果的地址。

### 5. 多地址指令

以四地址指令为例。四地址指令比三地址指令多了一个地址码字段，指向下一条要

执行的指令地址。其优点非常直观,指令所用的所有参数都有各自的存放地址,并且有明确的下一条指令地址,程序的流程很明确。其缺点也是显而易见的,那就是指令太长。

**【例 6-1】** 计算机应该选择什么样的指令格式?

**解：**一般情况下,地址码越少,占用的存储器空间就越小,运行速度也越快,具有时间和空间上的优势;而地址码越多,指令内容就越丰富。

因此,要通过指令的功能选择指令的格式。一个指令系统中采用的指令地址结构并不是唯一的,往往混合采用多种格式,以增强指令的功能。

### 6.1.4 指令助记符

计算机指令的操作码和地址码在计算机中用二进制数据表示,书写和阅读程序非常麻烦。因此,通常用一些比较容易记忆的文字符号表示指令中的操作码和地址码,称为指令助记符。指令助记符通常用 3 个或 4 个英文缩写字母表示,提示了每条指令的意义。这样,程序书写和阅读起来比较方便,也易于记忆。

例如,加法指令用 ADD 代表操作码 001,减法指令用 SUB 代表操作码 010,传送指令用 MOV 代表操作码 011。

最常用的指令助记符如表 6-1 所示。

表 6-1  最常用的指令助记符

| 指　　　令 | 指令助记符 | 二进制操作码 |
|---|---|---|
| 加法 | ADD | 001 |
| 减法 | SUB | 010 |
| 传送 | MOV | 011 |
| 跳转 | JMP | 100 |
| 转子 | JSR | 101 |
| 存数 | STR | 110 |
| 取数 | LDA | 111 |

**注意：**在不同的计算机中,指令助记符的规定是不一样的。由于硬件只能识别二进制码,因此指令助记符必须转换成对应的二进制操作码。这种转换可以借助汇编程序自动完成,汇编程序的作用相当于一个"翻译"。

图 6-3 给出了一段程序的反汇编代码。可以看出,使用 C 语言编写加法语句时,代码为"f＝a＋b;"。通过反汇编之后,变为 3 个 MOV 指令和一个 ADD 指令。

**【例 6-2】** 根据如图 6-4 所示的指令及地址内容,回答以下问题:

(1) 该指令是几地址指令?

(2) 运算后,80H 地址的内容是多少?

**解：**

(1) 该地址为二地址指令。

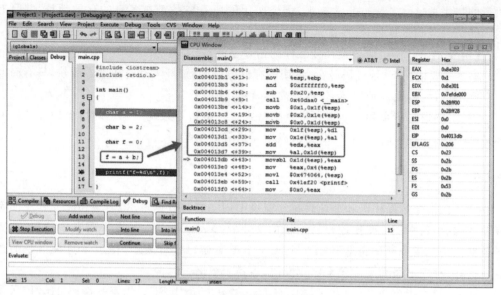

图 6-3　反汇编代码示例

| 地址 | 内容 |
| --- | --- |
| 50H | 命令 |
| ┊ | ┊ |
| 80H | 66H |
| 81H | 99H |
| 82H | 55H |
| ┊ | ┊ |

| 16位 | 8 | 8 |
| --- | --- | --- |
| OP | Rn | Rm |

| 16位 | 8 | 8 |
| --- | --- | --- |
| ADD | 80H | 81H |

| 16位 | 8 | 8 |
| --- | --- | --- |
| ADD | 81H | 82H |

| 16位 | 8 | 8 |
| --- | --- | --- |
| ADD | 80H | 82H |

图 6-4　指令图

（2）二地址指令的操作含义为$(A_1)OP(A_2)\rightarrow A_1$。第一条指令 ADD 80H 81H 的实际过程为：求 80H 地址下的数据和 81H 地址下的数据之和，并将结果存放于 80H 中，因此第一条指令将 80H 地址的内容变为 FFH。故 3 条指令执行之后，80H 地址的内容变为 54H。

## 6.2　寻　址　方　式

### 6.2.1　寻址的概念

寻址就是处理器根据指令中给出的地址信息寻找有效地址，是确定本条指令的数据地址以及下一条要执行的指令地址的方法,通常是根据指令中给出的地址码字段内容寻找真实的操作数以及下一条要执行的指令地址。

计算机指令系统中有 8 种基本的寻址方式:立即数寻址方式、寄存器寻址方式、直接寻址方式、间接寻址方式、基址寻址方式、变址寻址方式、相对寻址方式和堆栈寻址方式。其中,后 6 种寻址方式是确定内存单元有效地址的 6 种不同的计算方法,用它们可方便地实现对数组元素的访问。

指令或者数据在主存中存放的位置称为地址。存放指令的地址称为指令地址,存放数据的地址称为操作数地址。关于地址,需要先了解以下几个基本术语:

(1) 形式地址。在许多情况下,指令地址段给出的地址并不能直接用来访问主存,这种地址称为形式地址。

(2) 有效地址。形式地址需要经过一定的计算才能得到有效地址。

(3) 物理地址。有效地址通过与所在段的段地址综合,可以得到直接访问主存的物理地址。一旦程序装入主存,段地址就是确定的,所以有效地址即段内偏移地址,有时也被称为偏移地址。

### 6.2.2　立即数寻址方式

立即数寻址和
寄存器寻址

操作数直接在指令中给出,这种寻址方式就称为立即数寻址方式,指令中给出的操作数称为立即数。

立即数寻址方式所提供的操作数紧跟在操作码的后面,与操作码一起放在指令代码段中。当从主存取指令到 CPU 时,立即数被一起取出;当 CPU 执行该条指令时,就可以立刻得到操作数而无须再次访问主存,因此效率较高。

立即数寻址方式的特点:取指令时,操作码和操作数同时被取出,不必再次访问主存,提高了指令的执行速度。

立即数可以是 8 位无符号整数或 16 位无符号整数,但不可以是小数。如果是 16 位数,则低位字节存放在低地址中,高位字节存放在高地址中。

【例 6-3】　MOV AX,12345

**解**:这条指令表示将 12345 这个立即数存储到 AX 寄存器中,如图 6-5 所示。

| 操作码 | 寄存器 | 立即数 |
| --- | --- | --- |
| MOV | AX | 12345 |

图 6-5　立即数寻址示例

**注意**:立即数只能作为源操作数,而不能作为目的操作数,因为它不能被修改。立即数寻址方式通常用于寄存器或存储单元赋初值、提供一个常数等情况,赋值时需特别注意源操作数长度应与目的操作数长度保持一致。

### 6.2.3　寄存器寻址方式

当采用寄存器寻址方式时,操作数包含于 CPU 的内部寄存器之中。这种寻址方式大都用于寄存器之间的数据传输。在寄存器寻址方式下，指令在执行过程中所需的操作数来源于寄存器，运算结果也写回到寄存器。

寄存器可以是 AX、BX、CX、DX、SI、DI、SP、BP 等通用寄存器。

寄存器寻址方式的优点是地址码短，因此用来表示寄存器号的地址码部分可以短于用来表示存储单元的地址码部分，同时对寄存器存取数据比对存储器存取数据快得多。因此，寄存器寻址方式可以缩短指令长度，节省存储空间，提高指令的执行速度。

【例 6-4】 MOV AX,BX

解：这条指令执行后，(AX)=(BX)，(BX)保持不变，如图 6-6 所示。

| 操作码 | 寄存器 | 寄存器 |
|:---:|:---:|:---:|
| MOV | AX | BX |

图 6-6　寄存器寻址示例一

当采用立即数寻址方式和寄存器寻址方式时，指令在执行时不需要访问主存，因而执行速度快，而且二者均与主存无关，所以无须计算物理地址。而对于下面介绍的 6 种寻址方式，操作数均存放在主存中，需要通过不同方式计算出操作数的有效地址，再得其物理地址，访问主存后才能取得操作数。

【例 6-5】 INC R1 是一条加 1 指令，采用寄存器寻址方式。求出图 6-7 中指令的有效地址。

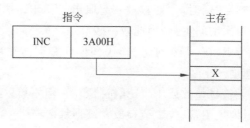

图 6-7　寄存器寻址示例二

解：指令有效地址为 R1，该指令表示将寄存器 R1 中的操作数加 1。

直接寻址和
间接寻址

### 6.2.4　直接寻址方式

直接寻址是指直接在指令中给出操作数的地址，即形式地址等于有效地址。指令中直接给出了操作数的有效地址，当指令被读到 CPU 中执行时，CPU 就可以立刻按照这个有效地址得到物理地址，访问主存，直接获得操作数。

以数据传送指令为例，假设该指令为"MOV AX,[2000]"，采用直接寻址方式。2000是指令中的形式地址，因为采用直接寻址方式，所以有效地址等于形式地址，即有效地址是[2000]，如图 6-8 所示。

直接寻址方式的优点是有效地址不需要任何计算，因此寻址速度较快。

其缺点是受地址码位数限制，直接寻址空间较小。

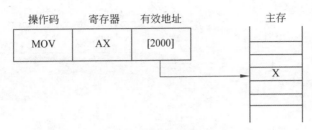

图 6-8 直接寻址示例一

【例 6-6】 INC[3A00H]是一条加 1 指令,采用直接寻址方式。求出图 6-9 中指令的有效地址。

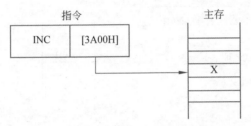

图 6-9 直接寻址示例二

**解**:指令有效地址为 3A00H,该指令的作用是将地址为 3A00H 的存储单元中的操作数直接加 1。

## 6.2.5 间接寻址方式

根据指令的地址码访问存储单元或寄存器,取出的内容是操作数的有效地址,这种方式称为间接寻址,简称间址。间接寻址是相对于直接寻址而言的,指令中地址码不是操作数的真正地址,而是操作数有效地址的指示器,或者说其指向的存储单元中的内容才是操作数的有效地址。

根据指令地址码是寄存器地址还是存储器(即主存)地址,间接寻址又可分为寄存器间接寻址和存储器间接寻址两种方式。以数据传送指令为例,假设指令为"MOV AX,[BX]"(寄存器间接寻址)和"MOV AX,**A"(存储器间接寻址),寻址过程如图 6-10 所示。当采用寄存器间接寻址时,第一次从寄存器 BX 中读出操作数 X 的有效地址,存放于寄存器 A 中,第二次通过寄存器 A 保存操作数 X 的有效地址,从主存中读出操作数 X。当采用存储器间接寻址时,需要访问两次主存才能取得数据:第一次从主存地址**A 处读出操作数有效地址 B,第二次从主存地址 B 处读出操作数 X。当采用寄存器间接寻址时,可用的寄存器只有 BX、BP、SI、DI 这 4 种通用寄存器。

【例 6-7】 INC [3A00H]是一条加 1 指令,采用间接寻址方式。求出图 6-11 中指令的有效地址。

**解**:指令有效地址为[3A00H]=4000H,该指令的作用是将地址为 4000H 的存储单元中的操作数加 1。

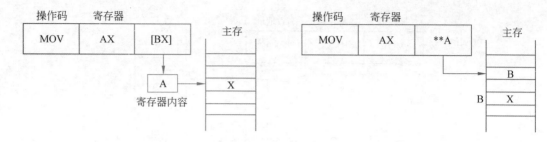

(a) 寄存器间接寻址　　　　　　　　　　　　　　(b) 存储器间接寻址

图 6-10　间接寻址示例一

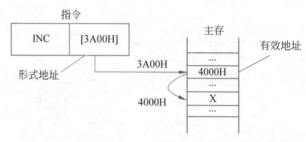

图 6-11　间接寻址示例二

基址寻址
和变址寻址

## 6.2.6　基址寻址方式

当采用基址寻址方式时，将 CPU 中基址寄存器的内容加上指令格式中的形式地址，形成操作数的有效地址。

在计算机中，可设置一个专用的基址寄存器，也可以由指令指定一个通用寄存器为基址寄存器，前者为寄存器隐式引用，后者为寄存器显式引用。操作数的有效地址由基址寄存器的内容和指令的地址码相加得到，这个地址码通常被称为偏移量。

基址寻址方式的特点是：指令中使用的是寄存器，但如果寄存器用方括号括起来，表示寄存器中的内容不是操作数，而是偏移地址。下面以数据传送指令为例进行介绍。图 6-12(a) 表示在计算机中设置一个专用的基址寄存器 AX，指令中提供偏移量 50，操作数的有效地址由基址寄存器的内容和偏移量相加获得；图 6-12(b) 表示由指令指定一个通用寄存器 BX 为基址寄存器，同时在指令中给出偏移量，两者相加得到操作数的有效地址。

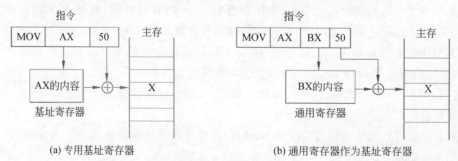

(a) 专用基址寄存器　　　　　　　　　　　　　　(b) 通用寄存器作为基址寄存器

图 6-12　基址寻址示例

基址寻址主要用于解决程序在主存中的定位(逻辑地址→物理地址)和扩大寻址空间(基址+位移量)等问题。部分计算机系统规定,基址寄存器中的值只能由系统程序设定,由特权指令执行,而不能被一般用户指令所修改,从而确保系统的安全性。

## 6.2.7　变址寻址方式

把变址寄存器的内容(通常是首地址)与指令地址码部分给出的地址(通常是偏移量)之和作为操作数的地址以获得所需的操作数,就称为变址寻址。也就是说,把指令地址码部分给出的地址 A 与指定的变址寄存器 X 的内容之和作为操作数的地址以获得所需的操作数。这是计算机基本上都采用的一种寻址方式,当计算机中设有基址寄存器时,那么在计算有效地址时还要加上基址寄存器的内容。

以数据传送指令为例,假设该指令为"MOV AX,table[SI]"。如图 6-13 所示,利用变址操作与循环执行程序的方法对整个数组进行运算,在整个执行过程中,不改变原程序,因此对实现程序的重入性是有好处的。

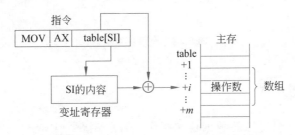

图 6-13　变址寻址方式示例

变址寻址和基址寻址十分类似,但用途不同。基址寻址用于扩大寻址范围。例如,基址寄存器的位数可以设置得很长,从而可以在较大的存储空间中进行寻址。变址寻址主要用于数组的访问,实现程序块的规律性变化。例如,有一个字符串存储在以 AC1H 为首地址的连续主存单元中,只需要将首地址 AC1H 作为指令中的形式地址,而在变址寄存器中指出字符的序号,便可访问字符串中的任一字符。基址寻址方式和变址寻址方式也可以组合使用。

## 6.2.8　相对寻址方式

相对寻址

把程序计数器(PC)的内容(当前执行指令的地址)与指令的地址码部分给出的偏移量(disp)之和作为操作数的地址或转移地址,称为相对寻址。与基址寻址、变址寻址类似,相对寻址以 PC 的当前值为基地址,指令中的地址码作为偏移量,将两者相加后得到操作数的有效地址。相对寻址主要用于转移指令,执行本条指令后,将转移到(PC)+disp,其中"(PC)"为程序计数器的内容。

相对寻址有两个特点:

(1)转移地址不是固定的,它随着 PC 当前值的变化而变化,并且总是与 PC 当前值相差一个固定值 disp,因此无论程序装入主存的任何地方,均能正确运行,对浮动程序很适用。

（2）偏移量可正可负，通常用补码表示。如果位移量为 $n$ 位，则这种方式的寻址范围为 $(PC)-2^{n-1}$ 到 $(PC)+2^{n-1}-1$。

计算机的程序和数据一般是分开存放的，程序区在程序执行过程中不允许修改。在程序与数据分区存放的情况下，不用相对寻址方式确定操作数地址。

例如，汇编指令"JMP PTR 35"表示将 PC 的内容加上偏移量 35，作为下一条指令的地址。其中，PTR 表示寻址特征，即寻址方式为相对寻址。其执行过程如图 6-14 所示。

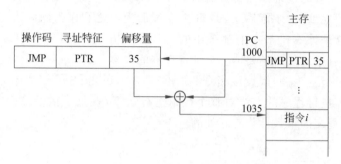

图 6-14 相对寻址示例

## 6.2.9 堆栈寻址方式

堆栈操作使用一组特殊的数据传送指令，即压入指令（PUSH）和弹出指令（POP）。假设采用向上生成的堆栈，两种指令的格式如下。

### 1. 压入指令 PUSH

格式：PUSH OPR

操作：$(SP)-2\rightarrow SP$；$OPR\rightarrow (SP)$

将源操作数压入堆栈，目的操作数地址由 SP 指定，指令中无须给出。$(SP)-2$ 表示指针上移一个数据长度（一个字，以 16 位机一个字等于 2 字节为例，堆栈通常以字为存储单位，每次操作的对象为一个字）指向新的主存地址，等待接收源操作数，同时指向新的栈顶。

### 2. 弹出指令 POP

格式：POP OPR

操作：$(SP)\rightarrow OPR$；$(SP)+4\rightarrow SP$

将堆栈中的源操作数弹出到目的操作数中。堆栈中源操作数地址由 SP 指定，指令中无须给出，指令中给出的是 OPR 给出的目的操作数地址。源操作数弹出后，SP 指针下移一个数据长度，指向新的栈顶。

【例 6-8】 一种二地址 RS 型指令的结构如图 6-15 所示，其中 I 为间接寻址标志位，X 为寻址模式字段，D 为偏移量字段。通过 I、X、D 的组合，可构成表 6-2 所示的寻址方式。请写出这 6 种寻址方式的名称。

| 6位 | 4位 | 1位 | 2位 | 16位 |
| OP | — | 通用寄存器 | I | X | D |

**图 6-15 二地址 RS 型指令的结构**

**表 5-2 二地址 RS 型指令的寻址方式**

| 寻 址 方 式 | I | X | 有效地址 E 算法 | 说　　明 |
|---|---|---|---|---|
| (1) | 0 | 00 | $E=D$ | |
| (2) | 0 | 01 | $E=(PC)\pm D$ | PC 为程序计数器 |
| (3) | 0 | 10 | $E=(R2)\pm D$ | R2 为变址寄存器 |
| (4) | 1 | 11 | $E=(R3)$ | R3 为普通寄存器 |
| (5) | 1 | 00 | $E=(D)$ | |
| (6) | 0 | 11 | $E=(R1)\pm D$ | R1 为基址寄存器 |

**解**：(1)为直接寻址,(2)为相对寻址,(3)为变址寻址,(4)为寄存器间接寻址,(5)为间接寻址,(6)为基址寻址。

**【例 6-9】** 某微型计算机的指令格式如图 6-16 所示,其中,OP 为操作码;X 为寻址特征位,X=00 时为直接寻址,X=01 时用变址寄存器 R1 进行变址,X=10 时用变址寄存器 R2 进行变址,X=11 时为相对寻址;D 为偏移量。

| 15 | 10 | 9 | 8 | 7 | 0 |
| OP | | X | | D | |

**图 6-16 微型计算机指令格式**

设(PC)=1234H,(R1)=0037H,(R2)=1122H,请确定下列指令的有效地址：

(1) 4420H。

(2) 2244H。

(3) 1322H。

(4) 3521H。

**解**：

(1) 4420H=010001 00 00100000B。因为 X=00,D=20H,所以是直接寻址,有效地址 E=D=20H。

(2) 2244H=001000 10 01000100B。因为 X=10,D=44H,所以是 R2 变址寻址,有效地址 E=(R2)+D=1122H+44H=1166H。

(3) 1322H=000100 11 00100010B。因为 X=11,D=22H,所以是相对寻址,有效地址 E=(PC)+D=1234H+22H=1256H。

(4) 3521H=001101 01 00100001B。因为 X=01,D=21H,所以是 R1 变址寻址,有效地址 E=(R1)+D=0037H+21H=0058H。

# 6.3 指令格式设计

指令系统的设计在很大程度上决定了计算机的基本功能。指令系统设计包括指令格式设计及指令功能设计。指令格式设计主要有两个目标：一是节省程序的存储空间；二是指令格式要尽量规整，以降低硬件译码的复杂度。另外，指令格式优化后，不应该降低指令的执行速度。

## 6.3.1 指令字长

一个指令字中包含二进制代码的位数称为指令字长。

计算机能直接处理的二进制数据的位数称为机器字长。机器字长决定了计算机的运算精度，而且通常与主存单元的位数一致。

根据指令字长与机器字长的关系，将指令字长分为以下 3 种：

（1）指令字长等于机器字长的指令，称为单字长指令。

（2）指令字长等于半个机器字长的指令，称为半字长指令。

（3）指令字长等于两个机器字长的指令，称为双字长指令。

例如，IBM 370 系列 32 位机的指令有半字长的、单字长的和一个半字长的；Pentium 系列机的指令字长也是可变的，有 8 位、16 位、32 位、64 位。

使用多字长指令的目的在于提供足够的地址位以解决访问内存任何单元的寻址问题。其主要缺点是必须两次或多次访问内存以取出整条指令，这就降低了 CPU 的运算速度，同时又占用了更多存储空间。

在一个指令系统中，如果各种指令字长是相等的，称为等长指令字结构。这种指令结构简单，且指令字长是不变的，例如所有指令都采用单字长指令或半字长指令。

如果各种指令字长随指令功能而异，就称为变长指令字结构。这种指令结构灵活，能充分利用指令字长，但指令的控制较为复杂。

## 6.3.2 操作码的编码方式

目前，操作码的编码方式有 3 种：固定长编码、哈夫曼编码和扩展编码。

### 1. 固定长编码

固定长编码即每个操作码均等长。可以根据处理机的全部指令条数，选用固定长度表示，例如操作码的长度为 1 字节（8 位），非常规整，硬件译码也很简单，目前很多 RISC 体系结构都采用这种编码方式。

固定长编码的主要缺点如下：

（1）浪费了许多信息量，即操作码的总长度增加了。

（2）没有考虑各种指令的使用频率问题。

这种编码的长度完全由指令条数决定。

例如,指令系统拥有 2 万条指令。由于 $\log_2 32768 = 15$,即使用 15 位可以表示 3 万多条指令,因此该指令系统中每条指令要用 15 位表示。

【例 6-10】 设某台计算机有指令 128 条,采用两种操作码编码方案:

(1)用固定长操作码编码方案设计其操作码。

(2)如果在 128 条指令中常用指令有 8 条,使用概率达到 80%,其余指令的使用概率为 20%,采用可变长操作码编码方案设计其操作码,并求出其操作码平均长度。

解:

(1)通过 128 条指令可以推导出,固定长操作码方案为 7 位操作码。

(2)因为 8 条指令的使用概率达到 80%,所以 80%的时间使用 3 位操作码;同理,20%的时间使用 7 位操作码。故操作码平均长度为 3.8。

### 2. 哈夫曼编码

哈夫曼编码是 1952 年由哈夫曼首先提出的一种编码方法,开始主要用于电报报文的编码。例如,根据 26 个字母出现的概率进行编码,出现概率高的字母用短码表示,出现概率低的字母用长码表示,这样可以缩短报文的整体长度。此外,哈夫曼编码还可以用在其他地方,如存储空间压缩和时间压缩等。

操作码可以采用哈夫曼编码原理设计,以缩短操作码的长度。要采用哈夫曼编码表示操作码,必须首先知道各种指令在程序中出现的概率,通过这些概率建立哈夫曼树。这些概率可以通过对已有典型程序进行统计得到。

根据哈夫曼编码法的原理,采用哈夫曼树编码得到的操作码的平均长度可以通过式(6-1)计算:

$$H = \sum_{i=1}^{n} p_i \times l_i \tag{6-1}$$

其中,$H$ 为操作码的平均长度,$p_i$ 表示第 $i$ 种操作码在程序中出现的概率,$l_i$ 表示第 $i$ 种操作码的二进制位数,$n$ 表示一共有 $n$ 种操作码。

与哈夫曼编码相比,固定长编码方法的信息冗余量可以用式(6-2)表示:

$$R = 1 - \frac{\sum_{i=1}^{n} p_i \times l_i}{\log_2 n} \tag{6-2}$$

下面举例说明哈夫曼编码的具体过程。

【例 6-11】 假设一个处理机有 5 条指令 $I_1 \sim I_5$,计算机执行 15 次后,5 条指令的执行次数分别为 1、2、3、4、5。求其哈夫曼树及平均码长。

解:利用哈夫曼树进行操作码编码的方法又称作最小概率合并法。把所有指令按照操作码在程序中出现的概率值(这里以执行次数代替),自左向右排列好,每个结点代表一条指令,如图 6-17 所示。

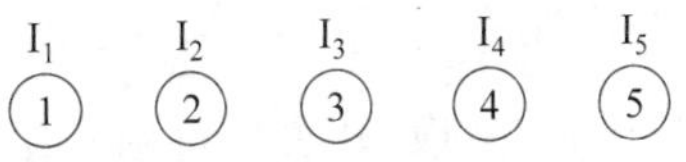

图 6-17 哈夫曼树的结点

其概率分别为 1/15、2/15、3/15、4/15、5/15。选取概率最小的两个结点合并成一个概率值是两者之和的新结点,并把这个新结点插入到其他还未合并的结点序列中；再在新的结点集合中选取两个概率最小的结点进行合并；如此继续进行下去，直到全部结点都合并完毕，最后得到一个根结点，根结点的概率值为1（即15次），如图6-18所示。

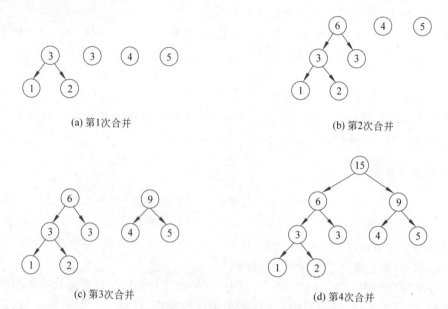

(a) 第1次合并　　　　　　　　　　　　　　　(b) 第2次合并

(c) 第3次合并　　　　　　　　　　　　　　　(d) 第4次合并

图 6-18　哈夫曼树结点合并过程

从图6-18中可以看到，每个结点（除了叶子结点外）都有两个子结点，左子结点和右子结点分别用一位代码0和1表示。如果要得到一条指令的操作码编码，可以从根结点开始，到达该操作码结点（叶子结点），把沿线所经过的代码结合起来就是这条指令操作码编码。例如，使用概率为1/15的操作码为000，使用概率为3/15的操作码为01，使用概率为4/15的操作码为10。所得最终哈夫曼编码如表6-3所示。

表 6-3　$I_1 \sim I_5$ 的哈夫曼编码

| 指　　令 | 使用概率 | 哈夫曼编码 | 指令的长度 |
|---|---|---|---|
| $I_1$ | 1/15 | 000 | 3 |
| $I_2$ | 2/15 | 001 | 3 |
| $I_3$ | 3/15 | 01 | 2 |
| $I_4$ | 4/15 | 10 | 2 |
| $I_5$ | 5/15 | 11 | 2 |

应当指出，采用上述方法形成的操作码编码不是唯一的，只要任意一个二叉结点上的0和1互换，就可以得到一组新的操作码编码，然而，无论怎样交换，操作码的平均长度都是唯一的。

采用哈夫曼编码法得到的操作码的平均长度为

$$H = (5 \times 2 + 4 \times 2 + 3 \times 2 + 2 \times 3 + 1 \times 3) \div 15 = 2.2$$

与固定长编码(3 位)相比,哈夫曼编码的平均长度减小了 0.8 位,信息冗余率为

$$R=(1-2.2\div3)\times100\%\approx26.7\%$$

### 3. 扩展编码

采用哈夫曼编码法能够使操作码的平均长度最短、信息冗余率最小。然而,这种编码方法形成的操作码很不规整。在例 6-11 中,5 条指令就有 3 种不同长度的操作码,这样既不利于硬件的译码,也不利于软件的编译。另外,它还很难与地址码配合,形成有规则长度的指令编码。

因此,在许多处理机中采用了一种折中的方法,称为扩展编码。这种方法的思想是将固定长编码和哈夫曼编码相结合以完成编码。

## 6.3.3　地址码的编码设计

目前,计算机系统中的主存容量通常都很大,而且会越来越大。由于计算机系统普遍采用了虚拟存储系统,要求指令中给出的地址码是虚地址,其长度比主存的实际编址长度还要长得多;而对于多地址结构的指令系统而言,如此长的地址码是无法容忍的。因此,如何缩短地址码的长度是设计指令系统时必须考虑的一个问题。

地址码在指令中所占的长度最长,其编码长度主要与地址码的个数、操作数存放的存储设备、存储设备的寻址空间大小、编址方式、寻址方式等有关。目前的计算机系统中,地址码的个数通常有 3 个、2 个、1 个及 0 个(没有地址码)4 种情况,它们的特点如表 6-4 所示。

表 6-4　不同地址码个数的特点

| 地址数 | 指令长度 | 程序量 | 程序执行速度 | 适 用 场 合 |
|---|---|---|---|---|
| 零地址 | 最短 | 最小 | 最快 | 嵌套、递归以及变量较多的情况 |
| 一地址 | 短 | 较大 | 较快 | 连续运算,硬件结构简单 |
| 二地址 | 一般 | 很大 | 一般 | 一般不宜采用 |
| 三地址 | 较长 | 最大 | 很慢 | 以向量、矩阵运算为主 |

对于一个计算机系统来说,由于逻辑地址空间的大小是固定的,因此,缩短地址码长度的根本目的是要用一个比较短的地址码表示一个比较大的逻辑地址空间,同时也要求有比较灵活有效的寻址方式。主要的地址码设计方法有如下两种:

(1)用间接寻址方式缩短地址码长度。在主存的低端开辟一个专门用来存放地址的区域。表示主存低端部分的地址所需的地址码长度可以很短,而一个存储字的长度通常与一个逻辑地址码的长度相当。

(2)用变址寻址方式缩短地址码长度。把比较长的基址放在变址寄存器中,在指令的地址码中只需给出比较短的地址偏移量。

采用寄存器间接寻址方式是缩短地址码长度最有效的方法。由于寄存器的数量比

较少,通常表示一个寄存器号的编码只需要很少几位,而一个寄存器的字长足以放下一个逻辑地址。

## 6.4 复杂指令集和精简指令集

### 6.4.1 复杂指令集计算机

复杂指令集计算机简称 CISC(Complex Instruction Set Computer)。在采用复杂指令集的微处理器中,程序的各条指令是按顺序串行执行的,每条指令中的各个操作也是按顺序执行的,其优点是控制简单,但计算机各部分的利用率不高,执行速度慢。x86 系列(也就是 IA-32 架构)CPU 及其兼容 CPU,如 AMD、VIA,都采用的是复杂指令集。即使是 x86-64(也被称为 AMD64)也属于 CISC 的范畴。

CISC 的主要特点如下:

(1) 指令系统复杂而庞大,指令数目一般为 200 条以上。

(2) 指令的长度不固定,指令格式多,寻址方式多。

(3) 可以访存的指令不受限制。

(4) 各种指令使用频率相差很大。

(5) 各种指令执行时间相差很大,大多数指令需多个时钟周期才能完成。

(6) 控制器大多数采用微程序控制。

(7) 难以用优化编译生成高效的目标代码程序。

CISC 如此庞大的指令系统,对指令的设计提出了极高的要求,研制周期变得很长。后来人们发现,一味地追求指令系统的复杂和完备程度,不是提高计算机性能的唯一途径。在对传统 CISC 指令系统的测试表明,各种指令的使用频率相差悬殊,大概只有 20% 的比较简单的指令被反复使用,约占整个程序的 80%;而有 80% 左右的指令则很少使用,约占整个程序的 20%。从这一事实出发,人们开始了对指令系统合理性的研究,于是 RISC 随之诞生。

### 6.4.2 精简指令集计算机

精简指令集计算机简称 RISC(Reduced Instruction Set Computer),是计算机 CPU 的另一种设计模式。这种设计思路对指令数目和寻址方式都做了精简,使其实现更容易,指令并行执行程度更好,编译器的效率更高。常用的精简指令集微处理器包括 DEC Alpha、ARC、ARM、AVR、MIPS、PA-RISC、Power Architecture(包括 PowerPC)和 SPARC 等。之所以产生这种设计思路,是因为有人发现,尽管传统 CPU 设计了许多特性让代码编写更加便捷,但这些复杂特性需要几个指令周期才能实现,并且常常不被运行程序所采用。此外,CPU 和内存之间运行速度之差也变得越来越大。在这些因素促使下,出现了一系列新技术,使 CPU 的指令得以流水执行,同时降低了 CPU 访问内存的次

数。早期,这种指令集的特点是指令数目少,每条指令都采用标准字长,执行时间短,
CPU 的实现细节对于机器级程序是可见的。

RISC 的中心思想是要求指令系统简化,尽量使用寄存器-寄存器操作指令,指令格式
力求一致。

RISC 的主要特点如下:

(1) 选取使用频率最高的一些简单指令,复杂指令的功能由简单指令的组合实现。

(2) 指令长度固定,指令格式种类少,寻址方式种类少。

(3) 只有 Load/Store(取数/存数)指令访存,其余指令的操作都在寄存器之间进行。

(4) CPU 中通用寄存器数量相当多。

(5) 采用指令流水线技术,大部分指令在一个时钟周期内完成。

(6) 以硬布线控制为主,不用或少用微程序控制。

(7) 特别重视编译优化工作,以减少程序执行时间。

值得注意的是,从指令系统兼容性看,CISC 大多能实现软件兼容,即高档机包含了
低档机的全部指令,并可加以补充。但 RISC 简化了指令系统,指令条数少,格式也不同
于老式计算机,因此大多数 RISC 计算机不能与老式计算机兼容。

## 6.5　指令寻址仿真实验

### 1. 实验目的

(1) 熟悉指令系统中的寻址方式。

(2) 掌握立即数寻址、直接寻址和间接寻址的方法。

### 2. 实验要求

(1) 补全实验代码的空白部分,实现间接寻址,构建完整的指令寻址系统。

(2) 实现功能:输入一条指令,对指令进行译码和取指。

(3) 求出输入指令 01010001B(81D)和 01100001B(97D)时最后的输出结果。

### 3. 实验原理

立即数寻址:操作数直接在指令中给出。

直接寻址:在指令的地址字段中直接指出操作数在主存中的地址,即形式地址等于
有效地址。

间接寻址:根据指令的地址码访问存储单元或寄存器,取出的内容是操作数的有效
地址或指令的有效地址。

指令格式如下:

4~7 位:形式地址,范围为 0~7。

2、3 位:寻址方式,00 为立即数寻址,01 为直接寻址,10 为间接寻址。

0、1 位：指令类型。

## 4. 实验代码

```
data = [1,2,3,4,5,6,7,0]                              #内存数据
def pull_data(ins_b):                                 #CPU 取数据
c = 0
    d = ins_b[2:4]                                     #获取寻址方式
    print(d)                                           #打印后可以看到寻址方式
    #判断寻址方式
    if d == '00':                                      #00 为立即数寻址
        c = ins_b[4:8]                                 #形式地址中的是立即数
    elif d == '01':                                    #01 为直接寻址
      addr = int(ins_b[4:8])
        c = data[addr]                                 #直接寻址
    elif d == '10':                                    #10 为间接寻址
        addr = _____
        addr2 = _____
        c = data[addr2]                                #间接寻址
  return c
if __name__ == '__main__':
    ins = input("ins:")                                #输入指令(十进制数 0~255),如 01010001
                                                       #=51H=81D 或 01100001=97D
    ins_b = str(bin(int(ins))[2:].zfill(8))           #将十进制数转换为二进制数
    #ins_b = ins_b[::-1]                                #将字符串翻转,符合二进制排序
    print(ins_b)
    #将字符串转换为列表,以方便读取
    #ins_s = list(ins_b)
    #ins_s.reverse()                                    #翻转
    #CPU 获得指令操作码
    opc = ins_b[0:2]                                    #取出指令中的操作码
    print(opc)                                          #打印后可以看到当前指令
    #指令操作码译码
    if opc == 0:
        None
    elif opc == '01':
        #执行自增指令
        c = pull_data(ins_b)                            #取操作数
        c = c + 1                                       #执行指令
        print(c)                                        #打印后可以看到指令执行后的操作数为 4
```

# 习 题

## 一、基础题

### 1. 填空题

(1) 指令系统是表征一台计算机_____的重要因素,它的格式和功能不仅直接影响计算机的硬件结构,而且也影响系统软件。

(2) 指令格式中,操作码字段表征指令的_____,地址码字段指示_____。

(3) 指令由_____和_____两部分组成。

(4) RISC 的中文含义是_____,CISC 的中文含义是_____。

(5) 指令系统中采用不同寻址方式的目的主要是_____、_____、_____。

(6) 操作数在寄存器中的寻址方式称为_____寻址。

(7) 在寄存器间接寻址方式中,操作数在_____中。

(8) 在变址寻址方式中,操作数的有效地址是_____。

(9) 在基址寻址方式中,操作数的有效地址是_____。

### 2. 选择题

(1) 在寄存器间接寻址方式中,操作数处在( )中。

   A. 通用寄存器     B. 主存单元     C. 程序计数器     D. 堆栈

(2) 指令系统采用不同寻址方式的目的是( )。

   A. 实现存储程序和程序控制

   B. 缩短指令长度,扩大寻址空间

   C. 可直接访问外存

   D. 提供扩展操作码的可能并减低指令译码的难度

(3) 以下 4 种类型的指令中,执行时间最长的是( )。

   A. RR 型指令                  B. RS 型指令

   C. SS 型指令                  D. 程序控制指令

(4) 在指令的地址字段中,直接指出操作数本身的寻址方式称为( )。

   A. 隐含地址     B. 立即寻址     C. 寄存器寻址     D. 直接寻址

(5) 设变址寄存器为 X,形式地址为 D,(X)表示寄存器 X 的内容,这种寻址方式的有效地址为( )。

   A. $EA=(X)+D$                 B. $EA=(X)+(D)$

   C. $EA=((X)+(D))$        D. $EA=((X))+(D)$

(6) 某种格式的指令的操作码有 4 位,能表示的指令有( )条。

   A. 4             B. 8             C. 16             D. 32

(7) 在下列寻址方式中取得操作数速度最快的是( )。

   A. 相对寻址                  B. 基址寻址

   C. 寄存器寻址                 D. 存储器间接寻址

（8）相对寻址方式的有效地址是（　　）。

　　A. 程序计数器的内容加上指令中的形式地址

　　B. 基址寄存器的内容加上指令中的形式地址

　　C. 指令中的形式地址

　　D. 栈顶内容

（9）下面的（　　）不是 RISC 的特点。

　　A. 指令的操作种类比较少

　　B. 指令长度固定且指令格式较少

　　C. 寻址方式比较少

　　D. 访问内存需要的机器周期比较少

3. 计算题

（1）某计算机有 14 条指令，其使用概率分别为 0.15、0.15、0.14、0.13、0.12、0.11、0.04、0.04、0.03、0.03、0.02、0.02、0.01、0.01。

① 这 14 条指令的指令操作码用等长码方式编码，其编码的码长至少为多少位？

② 若只用两种码长的扩展操作码编码，其编码的码长至少多少位？

（2）某指令系统指令长为 16 位，每个操作数的地址码长为 16 位，指令分为无操作数、单操作数和双操作数 3 类。若双操作数指令有 $K$ 条，无操作数指令有 $L$ 条，则单操作数指令最多可能有多少条？

4. 综合设计题

假设机器字长为 16 位，主存容量为 128KB，指令字长度为 16 位或 32 位，共有 128 条指令。设计计算机指令格式，要求有直接寻址、立即寻址、相对寻址、基址寻址、间接寻址、变址寻址 6 种寻址方式。

## 二、提高题

（1）【2009 年计算机联考真题】某机器字长为 16 位，主存按字节编址，转移指令采用相对寻址，由两字节组成，第一字节为操作码字段，第二字节为相对位移量字段。假定取指令时，每取一字节，PC 自动加 1。若某转移指令所在主存地址为 2000H，相对位移量字段的内容为 06H，则该转移指令成功转移以后的目标地址是（　　）。

　　A. 2006H　　　　　　B. 2007H　　　　　　C. 2008H　　　　　D. 2009H

（2）【2009 年计算机联考真题】下列关于 RISC 的说法中错误的是（　　）

　　A. RISC 普遍采用微程序控制器

　　B. RISC 大多数指令在一个时钟周期内完成

　　C. RISC 的内部通用寄存器数量比 CISC 多

　　D. RISC 的指令数、寻址方式和指令格式种类比 CISC 少

（3）【2011 年计算机联考真题】下面给出的指令系统的特点中，有利于实现指令流水线的是（　　）。

Ⅰ. 指令格式规整且长度一致

Ⅱ. 指令和数据按边界对齐存放

Ⅲ. 只有 Load/Store 指令才能对操作数进行存储访问

    A. 仅Ⅰ、Ⅱ                       B. 仅Ⅱ、Ⅲ

    C. 仅Ⅰ、Ⅲ                       D. Ⅰ、Ⅱ、Ⅲ

（4）【2011 年计算机联考真题】偏移寻址通过将某个寄存器内容与一个形式地址相加而生成有效地址。下列寻址方式中不属于偏移寻址方式的是（      ）。

    A. 间接寻址       B. 基址寻址       C. 相对寻址       D. 变址寻址

# 第7章

chapter 7

# 中央处理器

本章主要介绍 CPU 的基础知识、CPU 的功能和基本结构。着重介绍控制器的工作流程、控制器的组成、时序系统与控制方式等内容。在学习过程中要求掌握 CPU 的基础知识和基本概念以及 CPU 相关功能和基本结构,同时要求了解控制器的工作流程和控制方式。

## 7.1 CPU 的功能和组成

CPU 的组成
和功能

### 7.1.1 CPU 的功能

当用计算机解决某个问题时,首先必须编写程序。程序是指令序列,这个序列明确告诉计算机应该执行什么操作,在什么地方找到用来操作的数据。一旦把程序装入内存,就可以由相应的计算机部件自动完成取指令和执行指令的任务。专门用来完成此项任务的计算机部件称为中央处理器,通常简称 CPU。

CPU 对整个计算机系统的运行是极其重要的,它具有如下 4 个基本功能。

(1) 指令控制。程序的顺序控制称为指令控制。由于程序是一个指令序列,这些指令的顺序不能任意颠倒,必须严格按程序规定的顺序进行,因此,保证计算机按顺序执行程序是 CPU 的首要任务。

(2) 操作控制。一条指令的功能往往是由若干操作信号的组合实现的,因此,CPU 管理并产生由内存取出的每条指令的操作信号,把各种操作信号送往相应的部件,从而控制这些部件按指令的要求进行操作。

(3) 时间控制。对各种操作实施时间上的定时,称为时间控制。在计算机中,各种指令的操作信号均受到严格的时间控制。另外,一条指令的整个执行过程也受到严格的时间控制。只有这样,计算机才能有条不紊地自动工作。

(4) 数据加工。所谓数据加工,就是对数据进行算术运算和逻辑运算处理。完成数据的加工处理是 CPU 的根本任务。原始信息只有经过加工处理后才能对人们有用。

### 7.1.2 CPU 的基本组成

运算器和控制器是组成 CPU 的两大核心部件。随着 VLSI 技术的发展,CPU 芯片外部的一些逻辑功能部件,如浮点运算器、Cache、总线仲裁器等,往往集成到 CPU 芯片内部。

从教学目的出发,本章以 CPU 执行指令为主线组织教学内容。为便于读者建立计算机的整机概念,这里给出如图 7-1 所示的 CPU 模型。

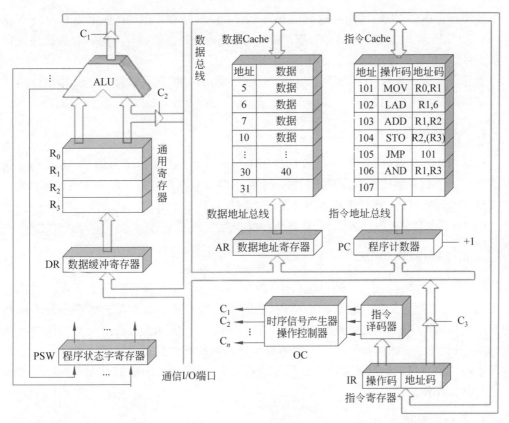

图 7-1  CPU 模型

控制器由程序计数器、指令寄存器、指令译码器、时序信号产生器和操作控制器组成,它是发布命令的"决策机构",完成协调和指挥整个计算机系统的操作。控制器的主要功能如下:

(1) 从指令 Cache 中取出一条指令,并指出下一条指令在指令 Cache 中的位置。

(2) 对指令进行译码或测试,并产生相应的操作控制信号,以便启动规定的动作,例如一次数据 Cache 的读写操作、一个算术逻辑运算操作或一个输入输出操作。

(3) 指挥并控制 CPU、数据 Cache 和输入输出设备之间数据流动的方向。

运算器由算术逻辑单元(ALU)、通用寄存器、数据缓冲寄存器和程序状态字寄存器组成,它是数据加工处理部件。运算器接受控制器的命令进行操作,即运算器进行的全部操作都是由控制器发出的控制信号指挥的,所以它是执行部件。运算器有两个主要功能:

(1) 执行所有的算术运算。

（2）执行所有的逻辑运算，并进行逻辑测试，如零值测试或两个值的比较。

通常，一个算术操作产生一个运算结果，而一个逻辑操作则产生一个判决。

### 7.1.3　CPU 中的主要寄存器

各种计算机的 CPU 可能有这样或那样的不同，但是在 CPU 中至少要有 6 类寄存器，如图 7-1 所示。这些寄存器是数据缓冲寄存器、指令寄存器、程序计数器、数据地址寄存器、通用寄存器和程序状态字寄存器。

上述寄存器用来暂存一个计算机字。根据需要，可以扩充其数目。下面详细介绍这些寄存器的功能与结构。

#### 1. 数据缓冲寄存器

数据缓冲寄存器（Data Register，DR）用来暂时存放 ALU 的运算结果、由数据存储器读出的一个数据字或来自外部接口的一个数据字。数据缓冲寄存器的作用如下：

（1）作为 ALU 运算结果和通用寄存器之间信息传送中时间上的缓冲。

（2）补偿 CPU 和内存、外围设备之间在操作速度上的差别。

#### 2. 指令寄存器

指令寄存器（Instruction Register，IR）用来保存当前正在执行的一条指令。当执行一条指令时，先把它从指令存储器中读出，然后再传送至指令寄存器。指令划分为操作码和地址码两个字段，由二进制数字组成。为了执行给定的指令，必须对操作码进行测试，以便识别指令要求的操作。一个称为指令译码器的部件就是做这项工作的。指令寄存器中操作码字段的输出就是指令译码器的输入。操作码一经译码后，即可向操作控制器发出具体操作的特定信号。

#### 3. 程序计数器

为了保证程序能够连续地执行下去，CPU 必须具有某些手段以确定下一条指令的地址。而程序计数器（PC）正是起到这种作用的部件，所以它又称为指令计数器。在程序开始执行前，必须将它的起始地址，即程序的第一条指令所在的指存单元地址送入程序计数器，因此程序计数器的内容即是从指令寄存器提取的第一条指令的地址。当执行指令时，CPU 将自动修改程序计数器的内容，以便使其保持的总是将要执行的下一条指令的地址。由于大多数指令都是按顺序执行的，所以修改的过程通常只是简单地对程序计数器加 1。

但是，当遇到转移指令（如 JMP 指令）时，后继指令的地址（即程序计数器的内容）必须从指令寄存器中的地址字段取得。在这种情况下，下一条从指令寄存器取出的指令将由转移指令规定，而不是像通常一样按顺序取得。因此，程序计数器应当具有寄存器和计数两种功能。

#### 4. 数据地址寄存器

数据地址寄存器（Address Register，AR）用来保存当前 CPU 所访问的数据存储器单元的地址。由于要对存储器阵列进行地址译码,所以必须使用地址寄存器保持地址信息,直到一次读写操作完成。

数据地址寄存器的结构和数据缓冲寄存器、指令寄存器一样,通常使用单纯的寄存器结构。信息的存入一般采用电位-脉冲方式,即电位输入端对应数据信息位,脉冲输入端对应控制信号,在控制信号作用下,瞬时将信息打入寄存器。

### 5. 通用寄存器

在图 7-1 所示的模型中,通用寄存器有 4 个($R_0 \sim R_3$)。其功能是当 ALU 执行算术或逻辑运算时为 ALU 提供一个工作区。例如,在执行一次加法运算时,选择两个操作数(分别放在两个通用寄存器中)相加,所得的结果送回其中一个通用寄存器(如 $R_2$ 中),而 $R_2$ 中原有的内容随即被替换。

目前 CPU 中的通用寄存器可多达 64 个甚至更多。其中任何一个通用寄存器既可存放源操作数,也可存放操作结果。在这种情况下,需要在指令格式中对寄存器号加以编址。从硬件结构来讲,需要使用通用寄存器堆结构,以便选择输入信息源。通用寄存器还用作地址指示器、变址寄存器、堆栈指示器等。

### 6. 程序状态字寄存器

程序状态字寄存器(Program Status Word Register,PSWR)又称为状态条件寄存器,用于保存根据算术运算指令和逻辑运算指令运算或测试结果建立的各种条件代码,如运算结果进位标志位(C)、运算结果溢出标志位(V)、运算结果为零标志位(Z)、运算结果为负标志位(N)等。这些标志位通常分别由 1 位触发器保存。

除此之外,程序状态字寄存器还保存中断和系统工作状态等信息,以便使 CPU 和系统能及时了解计算机和程序的运行状态。因此,程序状态字寄存器是一个由各种状态条件标志拼凑而成的寄存器。

## 7.1.4　操作控制器与时序产生器

从 7.1.3 节可知,CPU 中的 6 类主要寄存器分别完成一种特定的功能。然而信息怎样才能在各类寄存器之间传送呢? 也就是说,数据的流动是由什么部件控制的呢?

通常把在多个寄存器之间传送信息的通路称为数据通路。对于信息从什么地方开始、中间经过哪个寄存器或三态门、最后传送到哪个寄存器等问题都要加以控制。在各寄存器之间建立数据通路的任务是由称为操作控制器的部件完成的。操作控制器的功能就是根据指令操作码和时序信号产生各种操作控制信号,以便正确地选择数据通路,把有关数据打入一个寄存器,从而完成对取指令和执行指令的控制。

根据设计方法的不同,操作控制器可分为时序逻辑型和存储逻辑型两种。前一种称为硬布线控制器,它是采用时序逻辑技术实现的;后一种称为微程序控制器,它是采用存储逻辑实现的。本书重点介绍微程序控制器。

操作控制器产生的控制信号必须定时,为此必须有时序产生器。因为计算机高速地进行工作,对每一个动作的时间要求是非常严格的,不能太早也不能太迟。时序产生器的作用就是对各种操作信号实施时间上的控制。

CPU 中除了上述组成部分外,还有中断系统、总线接口等其他功能部件,这些内容将在第 8 章中介绍。

指令周期

## 7.2 指 令 周 期

指令和数据从形式上看都是二进制码,所以人们很难区分出这些代码是指令还是数据。然而 CPU 却能识别这些二进制码,它能准确地判别出哪些是指令字,哪些是数据字,并将它们送往相应的部件。本节讨论在一些典型的指令周期中 CPU 的各部分是怎样工作的。

计算机之所以能自动地工作,是因为 CPU 能从存放程序的内存里取出一条指令并执行这条指令;紧接着又是取指令,执行指令……如此周而复始,构成了一个封闭的循环。除非遇到停机指令,否则这个循环将一直继续下去,其过程如图 7-2 所示。

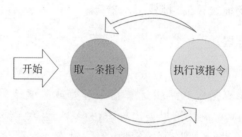

图 7-2　取指令和执行指令循环

CPU 每取出一条指令并执行这条指令时都要完成一系列操作,这一系列操作所需的时间通常称为一个指令周期。换言之,指令周期是取出一条指令并执行这条指令的时间。由于各种指令的功能不同,因此各种指令的指令周期是不尽相同的。

指令周期常常用若干个 CPU 周期数来表示,CPU 周期又称为机器周期。CPU 访问一次内存所花的时间较长,因此通常用从内存中读取一个指令字的最短时间规定 CPU 周期。这就是说,一条指令的取出阶段(通常称为取指)需要一个 CPU 周期。而一个 CPU 周期又包含若干个时钟周期(又称节拍脉冲,它是处理操作的基本单位)。这些时钟周期的总和规定了一个 CPU 周期的时间宽度。

图 7-3 给出了采用定长 CPU 周期的指令周期。从图 7-3 可知,取出和执行任何一条指令所需的最短时间为两个 CPU 周期。

需要说明的是,不同的计算机系统中定义的术语未必相同。例如,在不采用三级时序的系统中,机器周期就相当于时钟周期。

单周期 CPU 在一个时钟周期内完成从指令取出到得到结果的所有工作,指令系统中所有指令执行时间都以最长时间的指令为准,因而效率低,当前较少采用。多周期 CPU 把指令的执行分成多个阶段,每个阶段在一个时钟周期内完成,因而时钟周期短,不

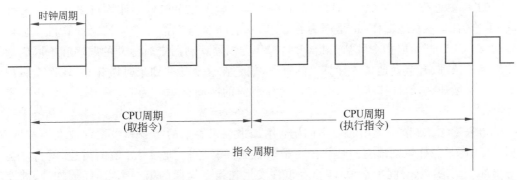

图 7-3　指令周期

同指令所用周期数可以不同。以下仅讨论多周期 CPU。

　　表 7-1 列出了由 6 条指令组成的一个简单程序。这 6 条指令是有意安排的,因为它们是非常典型的,既有 RR 型指令,又有 RS 型指令;既有算术逻辑指令,又有访存指令,还有程序转移指令。

表 7-1　6 条典型指令组成的一个简单程序

| | 八进制地址 | 指令助记符 | 说　　明 |
|---|---|---|---|
| 指令存储器 | 100 | | 程序执行前(R0)=00,(R1)=10,(R2)=20,(R3)=30 |
| | 101 | MOV R0,R1 | 传送指令 MOV 执行(R1)→(R0) |
| | 102 | LAD R1,6 | 取数指令 LAD 从数据存储器 6 号单元取数(100)→R1 |
| | 103 | ADD R1,R2 | 加法指令 ADD 执行(R1)+(R2)→R2,结果为(R2)=120 |
| | 104 | STO R2,(R3) | 存数指令 STO 用(R3)间接寻址,(R2)=120 写入数据存储器 30 号单元 |
| | 105 | JMP 101 | 转移指令 JMP 改变程序执行顺序到 101 号单元 |
| | 106 | AND R1,R3 | 逻辑与 AND 指令执行(R1)·(R3)→R3 |
| | 八进制地址 | 八进制数据 | 说　　明 |
| 数据存储器 | 5 | 70 | |
| | 6 | 100 | 执行 LAD 指令后,数据存储器 6 号单元的数据 100 仍保存在其中 |
| | 7 | 66 | |
| | 10 | 77 | |
| | ⋮ | ⋮ | |
| | 30 | 40(120) | 执行 STO 指令后,数据存储器 30 号单元的数据由 40 变为 120 |

# 7.3　时序信号产生器和控制方式

## 7.3.1　时序信号的作用和体制

　　人们学习、工作和休息都有严格的作息时间。例如,早晨 6:00 起床;8:00—12:00 上课,12:00—14:00 午休⋯⋯每个教师和学生都必须严格遵守这一规定,在规定的时间里上课,在规定的时间里休息,不得各行其是,否则就难以保证正常的教学秩序。

CPU中也有一个类似"作息时间"的东西,它称为时序信号。计算机之所以能够准确、迅速、有条不紊地工作,正是因为在CPU中有一个时序信号产生器。计算机一旦被启动,即CPU开始取指令并执行指令时,操作控制器就利用定时脉冲的顺序和不同的脉冲间隔有条理、有节奏地指挥计算机的动作,规定在这个脉冲到来时做什么,在那个脉冲到来时又做什么,给计算机各部分提供工作所需的时间标志。为此,需要采用多级时序体制。

再来考虑7.2节中提出的一个问题:用二进制码表示的指令和数据都放在内存里,那么CPU是怎样识别出它们是数据还是指令呢? 事实上,通过7.2节的讲述,就自然会得出如下结论:从时间上来说,取指令事件发生在指令周期的第一个CPU周期中,即发生在取指令阶段,而取数据事件发生在执行指令阶段。从空间上来说,如果取出的二进制码是指令,那么一定送往指令寄存器;如果取出的二进制码是数据,那么一定送往运算器。由此可见,时间控制对计算机来说太重要了。

不仅如此,在一个CPU周期中,又把时间分为若干小段,以便规定在这一小段时间中CPU干什么,在那一小段时间中CPU又干什么,这种时间约束对CPU来说是非常必要的,否则就可能造成丢失信息或导致错误的结果。因为时间的约束是如此严格,以至于时间进度既不能来得太早,也不能来得太晚。

总之,计算机的协调动作需要时间标志,而时间标志则是用时序信号体现的。一般来说,操作控制器发出的各种控制信号都是时间因素(时序信号)和空间因素(部件位置)的函数。如果忽略了时间因素,那么在学习计算机硬件时往往就会感到困难,这一点务请读者加以注意。

组成计算机硬件的器件特性决定了时序信号最基本的体制是电位-脉冲制。这种体制最明显的一个例子就是:当实现寄存器之间的数据传送时,数据加在触发器的电位输入端,而打入数据的控制信号加在触发器的时钟输入端。电位的高低表示数据是1还是0,而且要求打入数据的控制信号到来之前,电位信号必须已稳定。这是因为,只有电位信号先建立,打入寄存器中的数据才是可靠的。当然,计算机中有些部件,如算术逻辑单元只用电位信号工作就可以了。但尽管如此,运算结果还是要送入通用寄存器,所以最终还是需要脉冲信号的配合。

在硬布线控制器中,时序信号往往采用主状态周期-节拍电位-节拍脉冲三级体制。一个节拍电位表示一个CPU周期的时间,它是一个较大的时间单位;在一个节拍电位中又包含若干个节拍脉冲,以表示较小的时间单位;而主状态周期可包含若干个节拍电位,所以它是最大的时间单位。主状态周期可以用一个触发器的状态持续时间表示。

在微程序控制器中,时序信号比较简单,一般采用节拍电位-节拍脉冲二级体制。也就是说,它只有一个节拍电位,在节拍电位中又包含若干个节拍脉冲(时钟周期)。节拍电位表示一个CPU周期的时间,而节拍脉冲把一个CPU周期划分成几个较小的时间间隔。根据需要,这些时间间隔可以相等,也可以不相等。

### 7.3.2　时序信号产生器

时序信号产生器的功能是用逻辑电路实现指令周期中需要的一些典型时序。

各种计算机的时序信号产生器是不尽相同的。一般来说,大型计算机的时序信号产生器比较复杂,而微型机的时序信号产生器比较简单,这是因为前者涉及的操作动作较多,后者涉及的操作动作较少。另外,从设计操作控制器的方法来讲,硬布线控制器的时序信号产生器比较复杂,而微程序控制器的时序信号产生器比较简单。然而,不管是哪一类时序信号产生器,其最基本的构成都是一样的。

图 7-4 给出了微程序控制器中使用的时序信号产生器的结构,它由时钟源、环形脉冲发生器、节拍脉冲和读写时序译码、启停控制逻辑等部分组成。

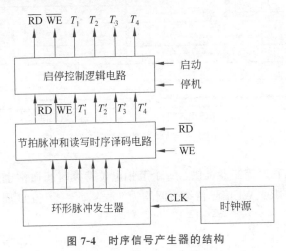

图 7-4　时序信号产生器的结构

### 1. 时钟源

时钟源用来为环形脉冲发生器提供频率稳定且电平匹配的方波时钟脉冲信号。它通常是由石英晶体振荡器和与非门组成的正反馈振荡电路,其输出送至环形脉冲发生器。

### 2. 环形脉冲发生器

环形脉冲发生器的作用是产生一组有序的间隔相等或不等的脉冲序列,以便通过译码电路产生最后所需的节拍脉冲。

### 3. 节拍脉冲和读写时序译码电路

假定在一个 CPU 周期中产生 4 个等间隔的节拍脉冲 $T_1'{\sim}T_4'$,每个节拍脉冲的脉冲宽度均为 200ns,因此一个 CPU 周期便是 800ns,在下一个 CPU 周期中,它们又按固定的时间关系重复。不过注意,图 7-5 中的节拍脉冲信号是 $T_1{\sim}T_4$,它们在逻辑关系上与 $T_1'{\sim}T_4'$ 是完全一致的,是后者经过启停控制逻辑中的与门以后的输出,图 7-5 中忽略了一级与门的时间延迟细节。

存储器读写时序信号 $\overline{\text{RD}}$、$\overline{\text{WE}}$ 用来进行存储器的读写操作。

在硬布线控制器中,节拍电位信号是由时序信号产生器本身通过逻辑电路产生的,一个节拍电位持续时间正好包容若干个节拍脉冲。然而在采用微程序设计方案的计算机中,

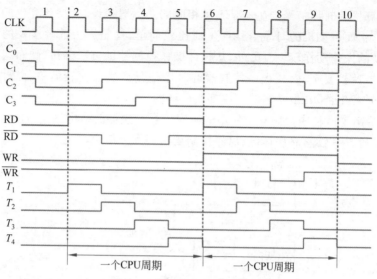

图 7-5　节拍脉冲和读写时序

节拍电位信号可由微程序控制器提供。一个节拍电位持续时间通常也是一个 CPU 周期时间。例如，图 7-6 中的 $\overline{RD}$、$\overline{WE}$ 信号持续时间均为 800ns，而一个 CPU 周期也正好是 800ns。

### 4. 启停控制逻辑电路

计算机一旦接通电源，就会自动产生原始的节拍脉冲信号 $T_1'\sim T_4'$，然而，只有在启动计算机运行的情况下，才允许时序信号产生器发出 CPU 工作所需的节拍脉冲 $T_1\sim T_4$。为此需要由启停控制逻辑电路控制 $T_1'\sim T_4'$ 的发送。同样，对读写时序信号也需要由启停控制逻辑电路加以控制。图 7-6 给出了启停控制逻辑电路，它是一个实用有效的工具性电路。

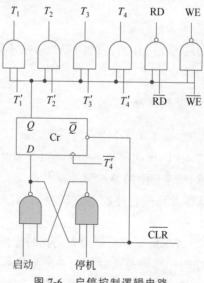

图 7-6　启停控制逻辑电路

启停控制逻辑电路的核心是运行标志触发器 Cr。当运行触发器为 1 时,原始节拍脉冲 $T_1'\sim T_4'$ 和读写时序信号 RD、WE 通过门电路发送出去,变成 CPU 真正需要的节拍脉冲信号 $T_1\sim T_4$ 和读写时序信号 $\overline{RD}$、$\overline{WE}$;反之,当运行触发器为 0 时,就关闭时序信号产生器。

由于计算机的启动是随机的,停机也是随机的,为此必须要求:当计算机启动时,一定要从第 1 个节拍脉冲前沿开始工作;而当计算机停机时,一定要在第 4 个节拍脉冲后沿关闭时序信号产生器。只有这样,才能使发送出去的脉冲都是完整的脉冲。在图 7-6 中,在 Cr 触发器下面加上一个 Sr 触发器,且用 $\overline{T_4}$ 信号作 Cr 触发器的时钟控制端,那么就可以保证在 $T_1$ 的前沿开启时序信号产生器,而在 $T_4$ 的后沿关闭时序信号产生器。

### 7.3.3　控制方式

从 7.2 节可知,机器指令的指令周期是由数目不等的 CPU 周期数组成的,CPU 周期数反映了指令动作的复杂程度,即操作控制信号的多少。对一个 CPU 周期而言,也有操作控制信号的多少与出现的先后问题。这两种情况综合在一起,说明每条指令和每个操作控制信号所需的时间各不相同。控制不同操作序列时序信号的方法称为控制器的控制方式。常用的控制方式有同步控制、异步控制、联合控制 3 种,其实质反映了时序信号的定时方式。

**1. 同步控制**

在任何情况下,已定的指令在执行时所需的机器周期数和时钟周期数都是固定不变的,称为同步控制方式。根据不同情况,同步控制方式可选取如下方案:

(1) 采用完全统一的机器周期执行各种不同的指令。这意味着所有指令周期具有相同的节拍电位数和相同的节拍脉冲数。显然,对简单指令和简单的操作来说,这种控制方式将造成时间浪费。

(2) 采用不定长机器周期。将大多数操作安排在一个较短的机器周期内完成;对某些时间紧张的操作,则采取延长机器周期的办法解决。

(3) 中央控制与局部控制结合。将大部分指令安排在固定的机器周期内完成,称为中央控制;对少数复杂指令(乘、除、浮点运算)采用另外的时序进行定时,称为局部控制。

**2. 异步控制**

异步控制方式的特点是:每条指令、每个操作控制信号需要多少时间,就占用多少时间。这意味着每条指令的指令周期可由不同的机器周期数组成;也可以是当控制器发出某一操作控制信号后,等待执行部件完成操作后发回"回答"信号,再开始新的操作。显然,用这种方式形成的操作控制序列没有固定的 CPU 周期数(节拍电位)或严格的时钟周期(节拍脉冲)与之同步。

**3. 联合控制**

联合控制是将同步控制和异步控制相结合的方式。它主要应用于两种情况。一种情况是，大部分操作序列安排在固定的机器周期中，对某些时间难以确定的操作则以执行部件的"回答"信号作为本次操作的结束标志。例如，CPU 访问内存时，依靠其送来的 READY 信号作为读写周期的结束标志（半同步方式）。另一种情况是，机器周期的节拍脉冲数固定，但是各条指令周期的机器周期数不固定。

# 7.4 流水 CPU

## 7.4.1 并行处理技术

自计算机诞生到现在，人们追求的目标之一是提高其运算速度，因此并行处理技术便成为计算机发展的主流。

早期的计算机基于冯·诺依曼的体系结构，采用的是串行处理。这种计算机的主要特征是：计算机的各个操作（如读写存储器、算术或逻辑运算、I/O 操作）只能串行地完成，即任一时刻只能进行一个操作。而并行处理则使得以上各个操作能同时进行，从而大大提高了计算机的速度。

广义地讲，并行性有着两种含义：一是同时性，指两个以上事件在同一时刻发生；二是并发性，指两个以上事件在同一时间间隔内发生。计算机的并行处理技术可贯穿于信息加工的各个步骤和阶段。概括起来，并行处理技术主要有 3 种形式：时间并行、空间并行和时间并行＋空间并行。

时间并行指时间重叠，在并行性概念中引入时间因素，让多个处理过程在时间上相互错开，轮流并重叠地使用同一套硬件设备的各个部分，以加快硬件周转而获得高速度。

时间并行性概念的实现方式就是采用流水处理部件。这是一种非常经济而实用的并行处理技术，能保证计算机系统具有较高的性能价格比。目前的高性能微型机几乎无一例外地使用了流水技术。

空间并行指资源重复，在并行性概念中引入空间因素，以数量取胜为原则，大幅度提高计算机的处理速度。大规模和超大规模集成电路的迅速发展为空间并行技术带来了巨大生机，因而成为目前实现并行处理的一个主要途径。空间并行技术主要体现在多处理器系统和多计算机系统中，在单处理器系统中也得到了广泛应用。

时间并行＋空间并行指时间重叠和资源重复的综合应用，既采用时间并行性又采用空间并行性。例如，奔腾 CPU 采用了超标量流水技术，在一个机器周期中同时执行两条指令，因而既具有时间并行性，又具有空间并行性。显然，这种并行处理技术带来的高速度效益是最大的。

## 7.4.2 流水 CPU 的结构

### 1. 流水计算机的系统组成

图 7-7 为流水计算机的系统组成原理。其中，CPU 按流水线方式组织，通常由三大部分组成，即指令部件、指令队列和执行部件。这 3 个功能部件可以组成一个 3 级流水线。

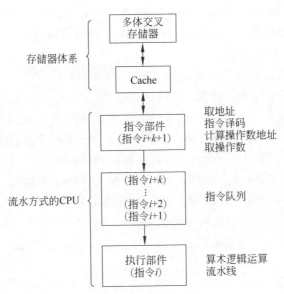

图 7-7　流水计算机的系统组成原理

　　程序和数据存储在内存中。内存通常采用多体交叉存储器,以提高访问速度。Cache 用以弥补内存和 CPU 在速度上的差异。

　　指令部件本身又构成一个流水线,即指令流水线,它由取指令、指令译码、计算操作数地址、取操作数等几个过程段组成。

　　指令队列是一个先进先出(FIFO)的寄存器栈,用于存放经过译码的指令和取来的操作数。它也是由若干个过程段组成的流水线。

　　执行部件可以具有多个算术逻辑单元部件,这些部件本身又用流水线方式构成。

　　由图 7-7 可见,当执行部件正在执行第 $i$ 条指令时,指令队列中存放着第 $i+1,i+2,\cdots,i+k$ 条指令,而与此同时,指令部件正在取第 $i+k+1$ 条指令。

　　为了使内存的存取时间能与流水线的其他各过程段的速度相匹配,一般都采用多体交叉存储器。例如,IBM 360/91 计算机根据一个机器周期输出一条指令的要求以及内存的存取周期、CPU 访问内存的频率,采用了模 8 交叉存储器。在现有的流水线计算机中,存储器几乎都采用交叉存取的方式工作。

　　执行段的速度匹配问题通常采用并行的运算部件以及部件流水线的工作方式解决。一般采用的方法如下:

　　(1) 将执行部件分为定点执行部件和浮点执行部件两个可并行执行的部分,分别处理定点运算指令和浮点运算指令。

　　(2) 在浮点执行部件中,又有浮点加法部件和浮点乘除法部件,它们也可以同时执行不同的指令。

　　(3) 浮点执行部件都以流水线方式工作。

## 2. 流水 CPU 的时空图

　　计算机的流水处理过程非常类似于工厂中的流水装配线。为了实现流水,首先把输入的任务(或过程)分割为一系列子任务,并使各子任务能在流水线的各个阶段并发地执行。当任务连续不断地输入流水线时,在流水线的输出端便连续不断地输出执行结果,从而实现了子任务级的并行性。

下面通过时空图证明这个结论。图 7-8(a)为流水 CPU 中一个指令周期的任务分解。假设指令周期包含 4 个子过程:取指令(IF)、指令译码(ID)、执行运算(EX)、结果写回(WB),每个子过程称为过程段($S_i$),这样,一个流水线由一系列串联的过程段组成。各个过程段之间设有高速缓冲寄存器,以暂时保存上一过程段的子任务处理结果。在统一的时钟信号控制下,数据从一个过程段流向相邻的过程段。

图 7-8(b)为非流水计算机时空图。对标量非流水计算机来说,上一条指令的 4 个子过程全部执行完毕才能开始下一条指令。因此,每隔 4 个时钟周期才有一个输出结果。

图 7-8(c)为标量流水计算机时空图。对流水计算机来说,上一条指令与下一条指令的 4 个子过程在时间上可以重叠执行。因此,当流水线满载时,每一个时钟周期就可以输出一个结果。

图 7-8(d)为超标量流水计算机时空图。一般的流水计算机因为只有一条指令流水线,所以称为标量流水计算机。所谓超标量流水计算机,是指它具有两条以上的指令流水线。如图 7-8(d)所示,当流水线满载时,每一个时钟周期可以执行两条指令。显然,超标量流水计算机是时间并行技术和空间并行技术的综合应用。Pentium 微型机就是超标量流水计算机。

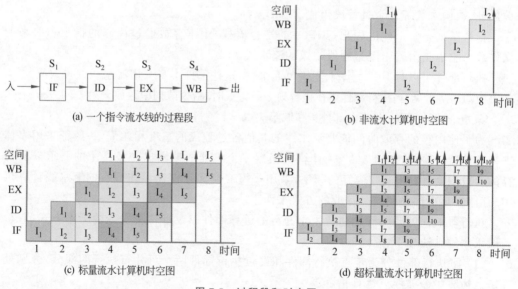

图 7-8　过程段和时空图

直观比较后发现:标量流水计算机在 8 个单位时间中执行了 5 条指令,超标量流水计算机在 8 个单位时间中执行了 10 条指令,而非流水计算机在 8 个单位时间中仅执行了 2 条指令。显然,流水技术的应用,使计算机的速度大大提高了。

### 3. 流水线分类

一个计算机系统可以在不同的并行等级上采用流水线技术。常见的流水线形式有以下 3 种：

（1）指令流水线。指指令步骤的并行。指令流的处理过程划分为取指令、译码、取操作数、执行、写回等几个并行处理的过程段。目前，几乎所有的高性能计算机都采用了指令流水线。

（2）算术流水线。指运算操作步骤的并行，如流水加法器、流水乘法器、流水除法器等。现代计算机中已广泛采用了流水算术运算器。例如，STAR-100 为 4 级流水运算器，TI-ASC 为 8 级流水运算器，CRAY-1 为 14 级流水运算器。

（3）处理机流水线。又称为宏流水线，指程序步骤的并行。由一串级联的处理机构成流水线的各个过程段，每台处理机负责某一特定的任务。数据流从第一台处理机输入，经处理后被送入与第二台处理机相联的缓冲存储器中；第二台处理机从该缓冲存储器中取出数据进行处理，然后传送给第三台处理机……随着高档微处理器芯片的出现，构造处理机流水线变得很容易。处理机流水线应用在多机系统中。

## 7.4.3　流水线中的主要问题

要使流水线具有良好的性能，必须使流水线顺畅流动，不发生断流。但由于流水过程中会出现 3 种冲突，因此实现流水线的不断流是比较困难的。这 3 种冲突是与资源相关的冲突、与数据相关的冲突、和与控制相关的冲突。

### 1. 与资源相关的冲突

所谓与资源相关的冲突，是指多条指令进入流水线后在同一机器时钟周期内争用同一个功能部件所发生的冲突。假定一条指令流水线由 5 段组成，分别为取指令（IF）、指令译码（ID）、计算有效地址或执行（EX）、访存取数（MEM）、结果写回寄存器堆（WB）。由表 7-2 可以看出，在时钟周期 4 时，指令 $I_1$ 的 MEM 段与指令 $I_4$ 的 IF 段都要访问存储器。当数据和指令放在同一个存储器且只有一个访问口时，便发生两条指令争用存储器资源的冲突。解决这种冲突的办法有两个：一是指令 $I_4$ 停顿一拍后再启动；二是增设一个存储器，将指令和数据分别放在两个存储器中。

表 7-2　两条指令同时访存时与资源相关的冲突

| 指令 | 时 钟 周 期 | | | | | | | |
|---|---|---|---|---|---|---|---|---|
| | 1 | 2 | 3 | 4 | 5 | 6 | 7 | 8 |
| $I_1$（LAD） | IF | ID | EX | MEM | WB | | | |
| $I_2$ | | IF | ID | EX | MEM | WB | | |
| $I_3$ | | | IF | ID | EX | MEM | WB | |

续表

| 指令 | 时钟周期 | | | | | | | |
|---|---|---|---|---|---|---|---|---|
| | 1 | 2 | 3 | 4 | 5 | 6 | 7 | 8 |
| $I_4$ | | | | IF | ID | EX | MEM | WB |
| $I_5$ | | | | | IF | ID | EX | MEM |

### 2. 与数据相关的冲突

在一个程序中，如果必须等前一条指令执行完毕才能执行后一条指令，那么这两条指令就是数据相关的。

在流水计算机中，指令的处理是重叠进行的，前一条指令还没有结束，第二、三条指令就陆续开始工作了。因此，当后一条指令所需的操作数刚好是前一条指令的运算结果时，便发生读后写的冲突，这就是与数据相关的冲突。例如：

```
ADD    R₁, R₂, R₃        ;(R₂) + (R₃)→R₁
SUB    R₄, R₁, R₅        ;(R₁) - (R₅)→R₄
AND    R₆, R₁, R₇        ;(R₁) · (R₇)→R₆
```

如表 7-3 所示，ADD 指令在时钟周期 5 时将运算结果写入寄存器堆（$R_1$），但 SUB 指令在时钟周期 4 时读寄存器堆（$R_1$）到 ALU 中进行运算，AND 指令在时钟周期 5 时读寄存器堆（$R_1$）到 ALU 中进行运算。本来应该 ADD 指令先写 $R_1$，SUB 指令后读 $R_1$，结果变成 SUB 指令先读 $R_1$，ADD 指令后写 $R_1$。因而 SUB、ADD 两条指令间就发生了读后写的冲突，AND、ADD 两条指令间就发生了同时读写数据的冲突。

表 7-3　两条指令与数据相关的冲突

| 指令 | 时钟周期 | | | | | | | |
|---|---|---|---|---|---|---|---|---|
| | 1 | 2 | 3 | 4 | 5 | 6 | 7 | 8 |
| ADD | IF | ID | EX | MEM | WB | | | |
| SUB | | IF | ID | EX | MEM | WB | | |
| AND | | | IF | ID | EX | MEM | WB | |

为了清除与数据相关的冲突，流水 CPU 的运算器中特意设置了若干运算结果缓冲寄存器，暂时保留运算结果，以便后继指令直接使用，这称为向前或定向传送技术。

### 3. 与控制相关的冲突

与控制相关的冲突是由转移指令引起的。当执行转移指令时，依据转移条件的产生结果，可能按顺序取下一条指令（顺序取），也可能转移到新的目标地址取指令（转移取），后一种情况就会使流水线发生断流。

为了减小转移指令对流水线性能的影响,常用以下两种转移处理技术:

(1) 延迟转移法。采用编译程序重排指令序列的方法实现。其基本思想是"先执行再转移",即发生转移取时并不排空指令流水线,而是让紧跟在转移指令 $I_b$ 之后已进入流水线的少数几条指令继续完成。如果这些指令是与 $I_b$ 结果无关的有用指令,那么延迟损失时间片正好得到了有效的利用。

(2) 转移预测法。采用硬件方法实现,依据指令过去的行为预测将来的行为。通过使用转移取和顺序取两路指令预取队列以及目标指令 Cache,可将转移预测提前到取指阶段,以获得良好的效果。

【例 7-1】　流水线中有 3 类与数据相关的冲突:写后读(Read After Write,RAW)、读后写(Write After Read,WAR)和写后写(Write After Write,WAW)。判断以下 3 组指令各存在哪种类型的与数据相关的冲突。

(1) $I_1$:　ADD　$R_1$,$R_2$,$R_3$　　　　　　　;$(R_2)+(R_3) \rightarrow R_1$

　　　$I_2$:　SUB　$R_4$,$R_1$,$R_5$　　　　　　　;$(R_1)-(R_5) \rightarrow R_4$

(2) $I_3$:　STO　M(x),$R_3$　　　　　　　;$(R_3) \rightarrow M(x)$,M(x)是存储单元

　　　$I_4$:　ADD　$R_3$,$R_4$,$R_5$　　　　　　　;$(R_4)+(R_5) \rightarrow R_3$

(3) $I_5$:　MUL　$R_3$,$R_1$,$R_2$　　　　　　　;$(R_1) \times (R_2) \rightarrow R_3$

　　　$I_6$:　ADD　$R_3$,$R_4$,$R_5$　　　　　　　;$(R_4)+(R_5) \rightarrow R_3$

**解:**

第(1)组指令中,$I_1$ 指令的运算结果应先写入 $R_1$,然后在 $I_2$ 指令中读出 $R_1$ 的内容。由于 $I_2$ 指令进入流水线,变成 $I_2$ 指令在 $I_1$ 指令写入 $R_1$ 前就读出 $R_1$ 内容,发生 RAW 类型的冲突。

第(2)组指令中,$I_3$ 指令应先读出 $R_3$ 的内容并存入存储单元 M(x),然后在 $I_4$ 指令中将运算结果写入 $R_3$。但如果 $I_4$ 指令进入流水线,变成 $I_4$ 指令在 $I_3$ 指令读出 $R_3$ 内容前就写入 $R_3$,就会发生 WAR 类型的冲突。

第(3)组指令中,如果 $I_6$ 指令的加法运算完成时间早于 $I_5$ 指令的乘法运算完成时间,变成指令 $I_6$ 在指令 $I_5$ 写入 $R_3$ 前就写入 $R_3$,导致 $R_3$ 的内容错误,就会发生 WAW 类型的冲突。

# 7.5　RISC CPU

## 7.5.1　RISC 的特点

第一台 RISC(精简指令系统计算机)于 1981 年在美国加州大学伯克利分校问世。它是在继承了 CISC(复杂指令系统计算机)的成功技术并克服了 CISC 的缺点的基础上发展起来的。

尽管众多厂家生产的 RISC 处理器实现手段有所不同,但是 RISC 概括的 3 个要素是各厂家普遍认同的。这 3 个要素是:①一个有限的简单的指令系统;②CPU 配备大量的通用寄存器;③强调对指令流水线的优化。

RISC 的目标绝不是简单的缩减指令系统，而是使 CPU 的结构更简单、更合理，具有更高的性能和执行效率，并降低 CPU 的开发成本。基于以上 3 个要素的 RISC 的特征如下：

（1）使用等长指令，目前的典型长度是 4B。

（2）寻址方式少且简单，一般为两三种，最多不超过 4 种，绝不出现存储器间接寻址方式。

（3）只有取数指令和存数指令访问存储器。指令中最多出现 RS 型指令，绝不出现 SS 型指令。

（4）指令系统中的指令数目一般少于 100 种，指令格式一般少于 4 种。

（5）指令功能简单，控制器多采用硬布线方式，以获得更快的执行速度。

（6）平均而言，所有指令的执行时间为一个时钟周期。

（7）指令格式中，用于指派整数寄存器的个数不少于 32 个，用于指派浮点数寄存器的个数不少于 16 个。

（8）强调通用寄存器资源的优化使用。

（9）支持指令流水并强调指令流水的优化使用。

（10）RISC 技术的复杂性体现在它的编译程序上，因此其软件系统开发时间比 CISC 长。

表 7-4 中列出了 CISC 与 RISC 的主要特征对比。

表 7-4　CISC 与 RISC 的主要特征对比

| 对　比　项 | CISC | RISC |
| --- | --- | --- |
| 指令系统 | 复杂、庞大 | 简单、精简 |
| 指令数目 | 一般多于 200 种 | 一般少于 100 种 |
| 指令格式 | 一般多于 4 种 | 一般少于 4 种 |
| 寻址方式 | 一般多于 4 种 | 一般少于 4 种 |
| 指令字长 | 不固定 | 固定长 |
| 可访存指令 | 不加限制 | 只有取数/存数指令 |
| 各种指令使用频率 | 相差很大 | 相差不大 |
| 各种指令执行时间 | 相差很大 | 绝大多数指令在一个周期内完成 |
| 优化编译实现 | 很难 | 较容易 |
| 程序源代码长度 | 较短 | 较长 |
| 控制器实现方式 | 绝大多数为微程序控制 | 绝大多数为硬布线控制 |
| 软件系统开发时间 | 较短 | 较长 |

## 7.5.2　RISC CPU 实例

### 1. MC88110 CPU 结构框图

MC88110 CPU 是 Motorola 公司的产品,其目标是以较好的性能价格比作为 PC 和工作站的通用微处理器。它是一个 RISC 处理器,有 10 个执行功能部件、3 个 Cache 和一个控制部件。其结构框图如图 7-9 所示。

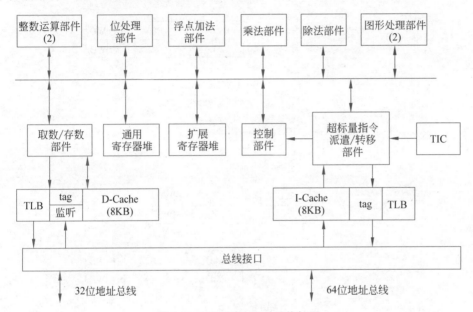

**图 7-9　MC88110 CPU 结构框图**

在 3 个 Cache 中,一个是指令 Cache(I-Cache),一个是数据 Cache(D-Cache),它们能同时完成取指令和取数据;还有一个是目标指令 Cache(Target Instruction Cache,TIC),它用于保存转移目标指令。

MC88110 CPU 有两个寄存器堆:一个是通用寄存器堆,用于整数和地址指针,其中有 $R_0 \sim R_{31}$ 共 32 个寄存器(32 位长);另一个是扩展寄存器堆,用于浮点数,其中有 $X_0 \sim X_{31}$ 共 32 个寄存器(长度可以是 32 位、64 位或 80 位)。

10 个执行功能部件是取数/存数(读写)部件、整数运算部件(2 个)、位处理部件、浮点加法部件、乘法部件、除法部件、图形处理部件(2 个)以及用于管理流水线的超标量指令派遣/转移部件。

所有这些 Cache、寄存器堆和功能部件在 MC88110 CPU 中通过 6 条 80 位宽的内部总线相连接,其中包括两条源 1 总线、两条源 2 总线和两条目标总线。

### 2. MC88110 CPU 的指令流水线

由于 MC88110 CPU 是超标量流水 CPU,所以指令流水线在每个时钟周期完成两条指令。流水线分为 3 段:取指和译码(F&D)段、执行(EX)段、写回(WB)段,如图 7-10

所示。

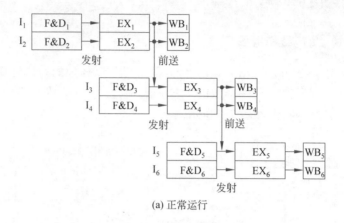

(a) 正常运行

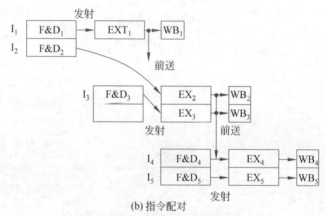

(b) 指令配对

**图 7-10　MC88110 CPU 的超标量流水线**

F&D 段需要一个时钟周期，完成以下任务：由指令 Cache 取一对指令并译码，并从寄存器堆取操作数，然后判断是否把指令发射到 EX 段。如果要求的资源（操作数寄存器、目标寄存器、功能部件）发生资源相关冲突，或与先前的指令发生数据相关冲突，或转移指令将转向新的目标指令地址，则 F&D 段不再向 EX 段发射指令，或不发射紧接转移指令之后的指令。

EX 段对于大多数指令只需一个时钟周期，某些指令可能多于一个时钟周期。EX 段执行的结果在 WB 段写回寄存器堆，WB 段只需时钟周期的一半。为了解决数据相关冲突，EX 段执行的结果一方面在 WB 段写回寄存器堆，另一方面经定向传送电路提前传送到 ALU，可直接被当前进入 EX 段的指令使用。图 7-10(a) 表示 MC88110 CPU 超标量流水线正常运行的情况。

### 3. 指令动态调度策略

MC88110 CPU 采用按序发射、按序完成的指令动态调度策略。指令派遣单元总是发出单一地址，然后从指令 Cache 取出此地址及下一地址的两条指令。译码后总是力图同一时间发射这两条指令到 EX 段。若这对指令的第一条指令由于资源相关冲突或数据相关冲突而不能发射,则这一对指令都不发射,在 F&D 段停顿,等待资源的可用或数据相关冲突的消除。若第一条指令能发射而第二条指令不能发射,则只发射第一条指令,而第二条指令停顿并与新取的指令之一进行配对等待发射,此时原第二条指令作为配对的第一条指令对待。可见,这样实现的方式是按序发射。图 7-10(b)给出了指令配对的情况。

为了判定能否发射指令,MC88110 CPU 使用了记分牌技法。记分牌是一个位向量,寄存器堆中的每个寄存器都有一个相应位。每当一条指令发射时,它预约的目的寄存器在位向量中的相应位上置 1,表示该寄存器忙;当指令执行完毕并将结果写回此目的寄存器时,该位被清除(置 0)。于是,每当判定是否发射一条指令(存数指令和转移指令除外)时,一个必须满足的条件是该指令的所有目的寄存器、源寄存器在位向量中的相应位都已被清除;否则,指令必须停顿,等待这些位被清除。为了减少经常出现的数据相关,流水线采用了 7.4.3 节所述的定向传送技术,将前面指令执行的结果直接送给后面指令中需要此源操作数的功能部件,并同时将位向量中的相应位清除。因此,指令发射和定向传送是同时进行的。

如何实现按序完成呢? 因为 EX 段有多个功能部件,很可能出现无序完成的情况。为此,MC88110 CPU 提供了一个 FIFO 指令执行队列,称为历史缓冲器。每当一条指令发射出去时,它的副本就被送到队尾。这个队列最多能保存 12 条指令。只有前面的所有指令执行完,这条指令才到达队首。当它到达队首并执行完毕后才离开队列。

对于转移处理,MC88110 CPU 使用了延迟转移法和 TIC 法。延迟转移是一个选项(.n)。如果采用这个选项(如 bcnd.n),则跟随在转移指令后的指令将被发射;如果不采用这个选项,则在转移指令发射之后的转移延迟时间片内没有任何指令被发射。延迟转移通过编译程序调度。

TIC 是一个 32 项的全相联 Cache,每一项能保存转移目标路径的前两条指令。当一条转移指令译码并命中 Cache 时,能同时由 TIC 取来它的目标路径的前面两条指令。

【例 7-2】　超标度为 2 的超标量流水线结构模型如图 7-11(a)所示。它分为 4 段,即取指(F)段、译码(D)段、执行(E)段和写回(W)段。F、D、W 段只需 1 个时钟周期完成。E 段有多个功能部件,其中取数/存数部件完成数据 Cache 访问,只需 1 个时钟周期;加法器需 2 个时钟周期,乘法器需 3 个时钟周期,它们都已流水化。F 段和 D 段要求成对地输入。E 段有内部数据定向传送,只要结果生成即可使用。

现有如下 6 条指令序列,其中 $I_1$、$I_2$ 有 RAW 相关,$I_3$、$I_5$ 有 WAR 相关,$I_5$、$I_6$ 有 WAW 相关和 RAW 相关。

$I_1$:　　LAD　$R_1$,A　　　　　　　　;取数 M(A)→$R_1$,M(A)是存储单元

$I_2$:　　ADD　$R_2$,$R_1$　　　　　　　;($R_2$)+($R_1$)→$R_2$

$I_3$:　　ADD　$R_3$,$R_4$　　　　　　　;($R_3$)+($R_4$)→$R_3$

$I_4$:　　MUL　$R_4$,$R_5$　　　　　　　;($R_4$)×($R_5$)→$R_4$

I$_5$:　　LAD　R$_6$,B　　　　　　　;取数 M(B)→R$_6$,M(B)是存储单元

I$_6$:　　MUL　R$_6$,R$_7$　　　　　　;(R$_6$)+(R$_7$)→R$_6$

（1）请画出按序发射按序完成各段推进情况。

（2）请画出按序发射按序完成的流水线时空图。

**解**：（1）按序发射按序完成各段推进情况如图 7-11（b）所示。由于 I$_1$ 和 I$_2$ 之间有 RAW 相关，I$_2$ 要推迟一个时钟周期才能发射。类似的情况也存在于 I$_5$ 和 I$_6$ 之间。

I$_3$ 和 I$_4$ 之间有 WAR 相关，但按序发射，即使 I$_3$ 和 I$_4$ 并行操作，也不会导致错误。

I$_5$ 和 I$_6$ 之间还有 WAW 相关，只要 I$_6$ 的完成放在 I$_5$ 之后就不会出错。注意，I$_5$ 实际上已在时钟周期 6 执行完毕，但一直推迟到时钟周期 9 才写回，这是为了保持按序完成。超标量流水线完成 6 条指令的执行任务总共需要 10 个时钟周期。

（2）根据各段推进情况可画出流水线时空图，如图 7-11（c）所示。

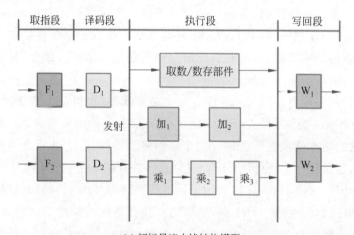

(a) 超标量流水线结构模型

(b) 各段推进情况

**图 7-11　超标量流水线各段推进情况图和时空图**

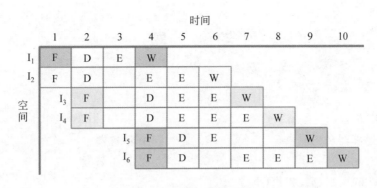

(c) 流水线时空图

图 7-11　（续）

### 7.5.3　动态流水线调度

所谓动态流水线调度,是对指令进行重新排序以避免处理器阻塞的硬件支持。图 7-12 描述了动态流水线调度模型。通常流水线分为 3 种主要单元:一个取指令发射单元、多个功能单元(10 个或更多)和一个指令完成单元。取指令发射单元用于取指令,将指令译码,并将它们送到相应的功能单元执行。每个功能单元都有自己的缓冲器,称为保留站,用于暂存操作数和操作指令。当缓冲器中包含了所有的操作数并且功能单元已经就绪时,结果就被计算出来了。结果被发送到等待特殊结果的保留站及指令完成单元。而指令完成单元确定何时能够安全地将结果放入寄存器堆或内存中。

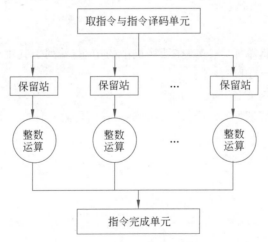

图 7-12　动态流水线调度模型

指令完成单元中的缓冲器通常称为重排序缓冲器,它也可以用来提供操作数,其工作方式类似于旁路逻辑在静态调度流水线中的工作方式,且结果写回寄存器堆,因此可以从寄存器堆中直接取得操作数,就像一般流水线取得操作数的方式一样。

# 习 题

**1. 选择题**

（1）CPU 包含（　　）。

    A. 运算器和控制器　　　　　　　　B. 运算器

    C. Cache　　　　　　　　　　　　D. 以上皆是

（2）CPU 的控制总线提供（　　）。

    A. 数据信号流

    B. 所有存储器和 I/O 设备的时序信号及控制信号

    C. 来自 I/O 设备和存储器的响应信号

    D. B 和 C 两项

（3）为了便于实现多级中断,保存现场信息最有效的方法是采用（　　）。

    A. 通用寄存器　　　　　　　　　　B. 堆栈

    C. 存储器　　　　　　　　　　　　D. 外存

**2. 填空题**

（1）保存当前栈顶地址的寄存器称为_____。

（2）保存当前正在执行的指令的寄存器称为_____。

（3）保存下一条指令所在单元的地址的寄存器称为_____。

**3. 简答题**

（1）简述算术逻辑单元（ALU）在计算机中的用途,并列出其主要组成部分。

（2）CPU 有哪些专用寄存器?

（3）运算器和控制器各有什么功能?

（4）什么是指令周期?什么是 CPU 周期?它们之间有什么关系?

# 第 8 章

## chapter 8

# 输入输出系统

输入输出系统是计算机系统中的主机与外部进行通信的系统。它由外围设备和输入输出控制系统两部分组成,是计算机系统的重要组成部分。本章介绍输入输出系统的基本概念、数据传送方式,重点介绍中断方式。本章还介绍总线的基本概念、总线分类、总线仲裁和操作,要求学生对系统总线在计算机硬件结构中的地位和作用有所了解。

输入输出系统

本章学习目的:

(1) 了解 I/O 接口的功能、基本结构、端口及其编址。

(2) 掌握微机总线的组成结构,片内总线、内总线、外总线的含义及其应用特点。

(3) 掌握总线控制逻辑,了解系统总线在计算机硬件结构中的地位和作用。

(4) 掌握 RS232 总线的接口特点、电气特性和使用方法。

## 8.1 CPU 与外设之间的信息交换方式

### 8.1.1 I/O 接口与端口

外围设备(简称外设)种类繁多,有机械式、电动式、电子式和其他形式。其输入信号可以是数值,也可以是模拟式的电压和电流。外设的信息传输速率相差也很悬殊。例如,当用键盘输入时,字符输入的间隔可达数秒。又如,当用磁盘输入时,在找到磁道以后,磁盘能以大于 3000B/s 的速率输入数据。

在计算机系统中,为了保证高速的主机和不同速度的外设之间的高效和可靠的交互,CPU 必须通过 I/O 接口与外设连接。因此,CPU 的输入输出操作实际上分为两个传输阶段:I/O 接口与外设间的数据传输,以及 CPU 与 I/O 接口之间的数据传输,如图 8-1 所示。显然,这两个阶段是相互关联的。

I/O 接口是由半导体介质构成的逻辑电路,它作为一个转换器,保证外设以计算机系统特性所要求的形式发送或接收信息。为了与 CPU 交互信息的方便,在 I/O 接口内部一般要设置一些可以被 CPU 直接访问的寄存器。这些寄存器称为端口(port)。例如,I/O 接口内用于接收来自 CPU 等主控设备的控制命令的寄存器称为控制端口,简称控制口;I/O 接口内向 CPU 报告 I/O 设备的工作状态的寄存器称为状态端口,简称状态口;I/O 接口内在外设和总线间交换数据的缓冲寄存器称为数据端口,简称数据口。

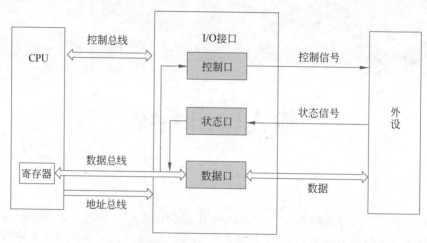

图 8-1 CPU 与外设的连接

　　为便于 CPU 访问端口，也需要对端口安排地址。端口通常有两种不同的编址方式。一种是统一编址方式。将 I/O 接口中的控制寄存器、数据寄存器、状态寄存器等和内存单元一样看待，它们和内存单元联合在一起编址，这样就可用访问内存的指令（读写指令）访问 I/O 接口内的某个寄存器，因而不需要专门的 I/O 指令组。另一种是独立编址方式。内存地址和 I/O 设备地址是分开的，访问内存和访问 I/O 设备使用不同的指令，即访问 I/O 设备有专门的 I/O 指令组。

## 8.1.2　I/O 操作的一般过程

　　由于 I/O 接口与 CPU 的速度大致相当，仅从 CPU 读写 I/O 接口内寄存器的角度看，CPU 读写端口的方式与 CPU 读写内存单元是相似的。但是，内存单元的功能是存储数据，而端口的功能则是辅助 CPU 与外设交互，故端口中的数据并不是静态的，而是动态变化的。CPU 写入控制口的信息要由 I/O 接口内的逻辑电路转换成相关控制信号，发送给外设；外设的状态信息则由 I/O 接口内的逻辑电路转换成状态字，存入状态口，供 CPU 读取。CPU 写入输出数据口的信息要由外设取走，外设发送给 CPU 的数据则通过输入数据口缓冲。外设状态信息可能是时刻变化的，发送给外设的控制命令也往往会不断改变，CPU 与外设交互数据一般情况下也是成批连续进行的，因此对端口的连续访问必须确保信息的有效性。

　　首先看看 I/O 设备同 CPU 交换数据的一般过程。

　　输入过程一般需要以下 3 个步骤：

　　（1）CPU 把一个地址值放在地址总线上，选择一个输入设备。

　　（2）CPU 等候输入设备的数据成为有效。

　　（3）CPU 从数据总线读入数据，并放在一个相应的寄存器中。

　　输出过程一般需要以下 3 个步骤：

　　（1）CPU 把一个地址值放在地址总线上，选择一个输出设备。

（2）CPU 把数据放在数据总线上。

（3）输出设备认为数据有效，从而把数据取走。

从上述输入输出过程可以看出，问题的关键就在于究竟什么时候数据才成为有效。事实上，各种外设的数据传输速率相差甚大。如果把高速工作的处理器与按照不同速度工作的外设相连接，那么首先遇到的一个问题就是如何保证处理器与外设在时间上同步，这就是后面要讨论的外设定时问题。很显然，由于各种 I/O 设备本身的速度差异很大，因此，对于不同速度的外设，需要有不同的定时方式。

在一个计算机系统中，即使 CPU 有极高的速度，如果忽略 I/O 速度的提升，对整个系统的性能仍然影响极大。下面通过一个例子说明 I/O 对系统性能的影响。

【例 8-1】 假设有一个当前运行时间为 100s 的基准程序，其中 90s 是 CPU 时间，剩下的是 I/O 占用的时间。如果在以后的 5 年中，CPU 速度每年提高 50%，但 I/O 时间保持不变，那么 5 年后运行该程序要耗费多少时间？

解：运行基准程序耗费的总时间等于 CPU 时间加上 I/O 时间，因此 I/O 时间为 100s－90s＝10s。

计算历年的程序运行时间，如表 8-1 所示。

表 8-1　历年的程序运行时间

| 历时/年 | CPU 时间/s | I/O 时间/s | 总时间/s | I/O 时间占比/% |
|---|---|---|---|---|
| 0（当前） | 90 | 10 | 100 | 10 |
| 1 | 60 | 10 | 70 | 14 |
| 2 | 40 | 10 | 50 | 20 |
| 3 | 27 | 10 | 37 | 27 |
| 4 | 18 | 10 | 28 | 36 |
| 5 | 12 | 10 | 22 | 45 |

## 8.1.3　I/O 接口与外设之间的数据传送方式

根据外设工作速度的不同，I/O 接口与外设间的数据传送方式有以下 3 种。

### 1. 无条件传送方式

对速度极慢或简单的外设，如机械开关、发光二极管等，在任何一次数据交换之前，外设均无须进行准备操作。换句话说，对机械开关来说，可以认为输入的数据一直有效，因为机械开关的动作相对主机的速度来说是非常慢的。对发光二极管来说，可以认为主机输出时外设一定准备就绪，因为只要给出数据，发光二极管就能显示。所以，对于这类外设，I/O 接口与外设之间只需要数据信号线，而不需要握手联络信号线，I/O 接口只需实现数据缓冲和寻址功能，故称为无条件传送方式或零线握手联络方式。

**2. 异步传送方式**

对于慢速或中速的外设，由于外设的速度和主机的速度并不在一个数量级上，或者由于外设（如键盘）本身是在不规则时间间隔下操作的，因此，主机与外设之间的数据交换通常采用异步传送方式，I/O 接口与外设之间在数据传送信号线之外安排若干条握手（联络、挂钩）信号线，用以在收发双方之间传递控制信息，指明何时能够交换数据。例如，最常见的双线握手方式设置两条握手信号线：一条是发方到收方的选通信号线或请求信号线，指明数据是否有效；另一条是收方到发方的应答信号线，指明数据是否已经被取走。

**3. 同步传送方式**

对于中等以上数据传送速率并在规则间隔下工作的外设，I/O 接口以某一确定的时钟速率和外设交换信息。这种方式称为同步定时方式。一旦 I/O 接口和外设确认同步，它们之间的数据交换便在时钟脉冲的控制下进行。例如，若外设是一条 2400b/s 的同步通信线路，那么 I/O 接口就每隔 1/2400s 执行一次串行的 I/O 操作。

## 8.1.4　CPU 与 I/O 接口之间的数据传送

为便于理解，先讲一个例子。假设幼儿园里每位老师带 10 个孩子，老师要给每个孩子分两块糖，孩子们会把两块糖都吃完，老师在分糖时应该采用什么方法呢？

第一种方法是：先给孩子甲一块糖，盯着甲吃完，然后再给第二块；接着给孩子乙，其过程与孩子甲完全一样；以此类推，直到给第 10 个孩子发完两块糖。这种方法效率太低，关键在于孩子们吃糖时老师一直在守候，什么事也不能干。第二种方法是：给每人发一块糖各自去吃，并约定谁吃完后就向老师举手报告，再发第二块。这种方法提高了工作效率，而且在未接到孩子们吃完糖的报告以前，还可以腾出时间给孩子们批改作业。但是这种方法还可以改进，第三种方法是进行批处理：每人拿两块糖各自去吃，并约定谁吃完两块糖后再向老师报告。显然这种方法工作效率大大提高，老师可以腾出更多的时间批改作业。还有没有更好的方法呢？假定批改作业是老师的主要任务，那么还可以采用第四种方法：权力下放，把发糖的事交给另一个人管，只在必要时才过问一下。

**思考**：通过幼儿园老师分糖的例子，你受到什么启发？

在计算机系统中，CPU 管理外设也有几种类似的方式。

**1. 无条件传送方式**

无条件传送方式假设外设始终处于就绪状态。传送数据时，CPU 不必通过 I/O 接口查询外设的状态，而直接执行 I/O 指令进行数据传输。显然，只有当 I/O 接口与外设之间采用无条件传送方式时，CPU 在读写操作前对目标设备的状态才无须做任何检测。当简单外设作为输入设备时，可使用三态缓冲器与数据总线相连；当简单外设作为输出设备时，输出一般采用锁存器。

### 2. 程序查询方式

多数外设每传送完一次数据总要进行一段时间的处理或准备，才能传送下一个数据。因此，在传送数据之前，CPU 需要通过 I/O 接口对目标设备的状态进行查询：如果外设已准备好传送数据，则进行数据传送；如果外设未准备好传送数据，则 CPU 不断地查询并等待，直到外设准备好信息交互。其定时过程如下：如果 CPU 希望从外设接收一个字，则它首先通过状态口查询外设的状态。如果该外设的状态标志表明它已准备就绪，那么 CPU 就从总线上接收数据。CPU 在接收数据以后，通过 I/O 接口发出输入响应信号，告诉外设，它已经把数据总线上的数据取走。然后，外设把准备就绪的状态标志复位，并准备下一个字的交换。如果外设没有准备就绪，那么它就发出忙信号。于是，CPU 将进入一个循环程序中等待，并在每次循环中查询外设的状态，一直到外设发出准备就绪信号以后，才从外设接收数据。

CPU 发送数据的过程也与上述情况相似。外设先通过 I/O 接口发出请求输出信号，而后 CPU 查询外设是否准备就绪。如果外设已准备就绪，CPU 便发出准备就绪信号，并送出数据。外设接收数据以后，将向 CPU 发出"数据已经取走"的通知。

程序查询方式是一种简单的输入输出方式，数据在 CPU 和外设之间的传送完全靠计算机程序控制。这种方式的优点是 CPU 的操作和外设的操作能够同步，而且软硬件结构都比较简单。但问题是，外设通常动作很慢，程序进入查询循环时将白白消耗 CPU 很多时间。这种情况类似于老师分糖例子中的第一种方法。即使 CPU 采用定期地由主程序转向查询设备状态的子程序进行扫描轮询（polling）的办法，CPU 时间的消耗也是可观的。因此，程序查询方式只适用于连接低速外设或者 CPU 任务不繁忙的情况。

### 3. 中断方式

中断是外设用来"主动"通知 CPU，准备送出输入数据或接收输出数据的一种方法。通常，当一个中断发生时，CPU 暂停其现行程序，转向中断处理程序，从而可以输入或输出一个数据；当中断处理完毕后，CPU 又返回到原来执行的任务，并从其停止的地方继续执行程序。这种方式和前述例子的第二种方法类似，可以看出，它节省了 CPU 宝贵的时间，是管理 I/O 操作的一个比较有效的方法。中断方式一般适用于随机出现的服务请求，并且一旦提出服务请求，就能立即得到响应，因而适用于计算机工作量十分饱满、而 I/O 处理的实时性要求又很高的系统。同程序查询方式相比，中断方式硬件结构相对复杂，软件复杂度也提高了，服务时间开销较大。

### 4. 直接内存访问方式

用中断方式交换数据，是通过 CPU 执行程序来实现数据传送的。每进行一次传送，CPU 必须执行一遍中断处理程序，完成一系列取指令、分析指令、执行指令的过程。而且，每进入一次中断处理程序，CPU 都要保护被打断的程序的下一条指令地址（断点）和状态条件寄存器的当前值；在中断处理程序中，通常还要保护及恢复通用数据寄存器。因此，每处理一次 I/O 交换，需几十微秒到几百微秒的时间。在指令流水方式中，中断发生或从中断返回时，指令队列预取的指令会全部作废。因此，在高速、成批传送数据时，中断方式难以满足速度要求。

直接内存访问（Direct Memory Access，DMA）方式是一种完全由硬件执行 I/O 交换的工作方式。这种方式既能够响应随机发生的服务请求，又可以省去中断处理的开销。此时，DMA 控制器从 CPU 完全接管对总线的控制，数据交换不经过 CPU，而直接在内存和外设之间进行，以高速传送数据。这种方式和前述例子的第三种方法相仿，主要的优点是数据传送速率很高，传送速率仅受到内存访问时间的限制。与中断方式相比，DMA 方式需要更多的硬件。DMA 方式适用于内存和高速外设之间大批数据交换的场合。

**5. 通道和输入输出处理器**

DMA 方式的出现已经减轻了 CPU 执行 I/O 操作的压力，使得 CPU 的效率有显著的提高。而通道的出现则进一步提高了 CPU 的效率，这是因为 CPU 将部分权力下放给通道。通道是一个具有特殊功能的简化版处理器，它可以实现对外设的统一管理和外设与内存之间的数据传送控制。更进一步，现代的很多高性能计算机系统为输入输出操作配置专用的处理器，称为输入输出处理器（IOP）或者外围处理器。这种方式与 DMA 方式相仿，大大提高了 CPU 的工作效率。然而这种提高 CPU 效率的方式是以耗费更多硬件资源为代价的。

综上所述，外设的输入输出控制方式可用图 8-2 表示。

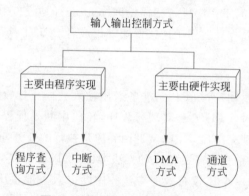

图 8-2　外设的输入输出控制方式

程序查询方式和程序中断方式适用于数据传输速率比较低的外设，而 DMA 方式、通道方式和 IOP 方式适用于数据传输速率比较高的外设。

## 8.2　程序查询方式

程序查询方式又称为程序控制 I/O 方式。在这种方式中，数据在 CPU 和外设之间的传送完全靠计算机程序控制，是在 CPU 主动控制下进行的。当需要输入输出时，CPU 暂停执行主程序，转去执行设备输入输出的服务程序，根据服务程序中的 I/O 指令进行数据传送。这是一种最简单、最经济的输入输出方式,只需要很少的硬件。

### 1. 输入输出指令

当用程序实现输入输出传送时,I/O 指令一般具有如下功能:

(1) 置 1 或置 0。I/O 接口的某些控制触发器用于控制设备进行某些动作,如启动、关闭设备等。

(2) 测试设备的某些状态,如"忙""准备就绪"等,以便决定下一步的操作。

(3) 传送数据。当输入数据时,将 I/O 接口中的数据寄存器的内容送到 CPU 中的某一寄存器;当输出数据时,将 CPU 中的某一寄存器的内容送到 I/O 接口中的数据寄存器。

不同的计算机采用的 I/O 指令格式和操作也不相同。例如,某机的 I/O 指令格式如下:

| 01 | $R_0 \sim R_7$ | OP | 控 制 | DM |
|---|---|---|---|---|
| 0 1 | 2 3 4 | 5 6 7 | 8 9 | 10 15 |

其中,第 0、1 位的 01 表示 I/O 指令;OP 表示操作码,用于指定 I/O 指令的 8 种操作类型;DM 表示 64 个外设的设备编号,每个设备中可含有 A、B、C 3 个数据寄存器;第 8、9 位的控制字段表示控制功能,如 01 表示启动设备(S)、10 表示关闭设备(C)等;$R_0 \sim R_7$ 表示 CPU 中的 8 个通用寄存器。

上述 I/O 指令如果用汇编语言写出,示例如下:指令"DOAS 2,13"表示把 CPU 中 $R_2$ 的内容输出到 13 号设备的 A 寄存器中,同时启动 13 号设备工作;指令"DICC 3,12"表示把 12 号设备的 C 寄存器中的数据送入 CPU 中的通用寄存器 $R_3$,并关闭 12 号设备。

I/O 指令不仅用于传送数据和控制设备的启动与关闭,而且也用于测试设备的状态。例如,SKP 指令是测试跳步指令,它是程序查询方式中常用的指令,其功能是测试外设的状态标志:若状态标志为 1,则顺序执行下一条指令;若状态标志为 0,则跳过下一条指令。

### 2. 程序查询方式的外设接口电路

由于主机和外设之间进行数据传送的方式不同,因而外设接口电路的逻辑结构也相应地有所不同。程序查询方式的外设接口电路是很简单的,如图 8-3 所示。

程序查询方式的外设接口电路包括如下 3 部分:

(1) 设备选择电路。接到总线上的每个设备预先都给定了设备地址。CPU 执行 I/O 指令时需要把指令中的设备地址送到地址总线上,用以指示 CPU 要选择的设备。每个设备的接口电路都包含一个设备选择电路,用于判别地址总线上呼叫的设备是不是本设备。如果是,本设备就进入工作状态;否则不予理睬。设备选择电路实际上是设备地址的译码器。

(2) 数据缓冲寄存器。当执行输入操作时,用数据缓冲寄存器存放外设送来的数据,

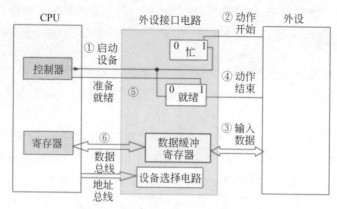

图8-3　程序查询方式的外设接口电路

然后送往CPU；当执行输出操作时，用数据缓冲寄存器存放CPU送来的数据，以便送给外设输出。

（3）设备状态标志触发器。用来标志设备的工作状态，如"忙""准备就绪""错误"等，以便接口电路对外设动作进行监视。一旦CPU用程序查询外设时，将状态标志信息取至CPU进行分析。

**3. 程序查询方式的输入输出过程**

程序查询方式利用程序控制实现CPU和外设之间的数据传送。程序执行的动作如下：

（1）先向I/O设备发出命令字，请求进行数据传送。

（2）从I/O接口读入状态字。

（3）检查状态字中的状态标志，看看数据交换是否可以进行。

（4）假如这个设备没有准备就绪，则第（2）、（3）步重复进行，直到这个设备准备好交换数据，发出准备就绪信号。

（5）CPU从I/O接口的数据缓冲寄存器输入数据，或者将数据从CPU输出至I/O接口的数据缓冲寄存器。与此同时，CPU将I/O接口中的状态标志复位。

图8-3中用①～⑥表示CPU从外设输入一个字的过程。

按上述步骤执行时CPU资源浪费严重，所以在实际应用中做如下改进：CPU在执行主程序的过程中可以周期性地调用各外设查询子程序，而该子程序依次测试各I/O设备的状态标志触发器。如果某设备的准备就绪标志为1，则转去执行该设备的服务子程序；如果该设备的准备就绪标志为0，则依次测试下一个设备。

图8-4给出了典型的程序查询流程。图8-4的右边列出了用汇编语言编写的设备查询子程序，其中使用了跳步指令SKP和无条件转移指令JMP。第1条指令"SKP DZ 1"的含义是检查1号设备的准备就绪标志是否为1。如果是，接着执行第2条指令，即执行1号设备的设备服务子程序PTRSV；如果准备就绪标志为0，则跳过第2条指令，转去执行第3条指令；依此类推；最后一条指令返回主程序断点m。

设备服务子程序的主要功能如下：

（1）实现数据传送。输入时，由 I/O 指令将设备的数据传到 CPU 中的某一寄存器，再由访存指令把该寄存器中的数据存入内存；输出时，其过程正好相反。

（2）修改内存地址，为下一次数据传送做准备。

（3）修改传送字节数，以便修改传送长度。

（4）进行状态分析或执行其他控制功能。

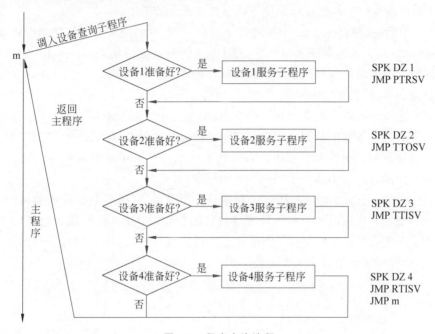

图 8-4　程序查询流程

某设备的服务子程序执行完以后，接着查询下一个设备。被查询设备的先后次序由设备查询子程序决定，图 8-4 中以设备编号 1、2、3、4 为序。也可以用改变程序的办法来改变查询次序。一般来说，总是先查询数据传输速率高的设备，后查询数据传输速率低的设备，因而后查询的设备要等待更长的时间。

**思考**：程序查询方式是否适合在大型计算机中使用？

# 8.3　中　断　方　式

## 8.3.1　中断的基本概念

中断是一种程序随机切换的方式，有时也称为异常。当外部发生某些随机事件需要及时处理时，无论 CPU 正在执行哪一条指令，都可以通过中断响应的方式暂停正在执行的主程序，转而执行中断服务程序。在高优先级的中断服务程序执行完毕后，可以返回被打断的主程序断点处继续执行。

中断方式的典型应用如下：

(1) 实现 CPU 与外界进行信息交换的握手联络。一方面，中断可以实现 CPU 与外设的并行工作；另一方面，对于慢速 I/O 设备，使用中断方式可以有效提高 CPU 的效率。

(2) 故障处理。中断可以用于处理常见的硬件故障，如掉电、校验错、运算出错等；也可以处理常见的软件故障，如溢出、地址越界、非法指令等。

(3) 实时处理。中断可以保证在事件出现的实际时间内及时地进行处理。

(4) 程序调度。中断是操作系统进行多任务调度的手段。

(5) 软中断（程序自愿中断）。软中断不是随机发生的，而是与子程序调用功能相似，但调用接口简单，不依赖程序入口地址，便于软件的升级维护和调用。

中断概念的出现是计算机系统结构设计中的一个重大变革。在中断方式中，某一外设的数据准备就绪后，它"主动"向 CPU 发出请求中断的信号，请求 CPU 暂时中断目前正在执行的主程序而进行数据交换。当 CPU 响应这个中断请求时，便暂停运行主程序，并自动转移到该设备的中断服务程序。当中断服务程序结束以后，CPU 又回到原来的主程序。这种原理和调用子程序相仿，不过，这里要求转移到中断服务程序的请求是由外设发出的。中断方式特别适用于随机出现的服务。

图 8-5 给出了中断处理示意图。主程序只是在设备 A、B、C 数据准备就绪时才与它们进行数据交换。在速度较慢的外设准备自己的数据时，CPU 照常执行自己的主程序。在这个意义上说，CPU 和外设的一些操作是并行地进行的，因而同串行进行的程序查询方式相比，计算机系统的效率大大提高了。

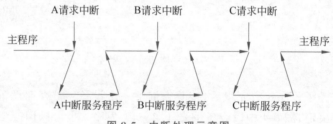

图 8-5　中断处理示意图

实际的中断过程要复杂一些，图 8-6 给出了典型的向量中断处理流程。当 CPU 执行完一条现行指令时，如果外设向 CPU 发出中断请求，那么 CPU 在满足响应条件的情况下，将发出中断响应信号，与此同时关闭中断（中断屏蔽触发器置1），表示 CPU 不再受理其他外设的中断请求。这时，CPU 将寻找中断请求源是哪一个设备，并保存 CPU 自己的程序计数器（PC）的内容。然后，它将转移到处理该中断源的中断服务程序。CPU 在保存现场信息并为设备服务（如交换数据）以后，将恢复现场信息。在这些动作完成以后，开放中断（中断屏蔽触发器清零），并返回原来被中断的主程序的下一条指令处继续执行。

以上是中断处理的大致过程，但是有一些问题需要进一步加以说明。

(1) 尽管外界中断请求是随机的，但 CPU 只有在当前一条指令执行完毕后，即转入公操作时才受理设备的中断请求，这样才不至于使当前指令的执行受到干扰。所谓公操

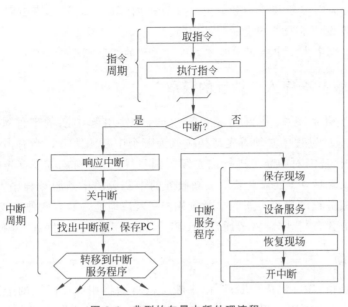

图 8-6　典型的向量中断处理流程

作,是指一条指令执行结束后 CPU 所进行的操作,如中断处理、取下一条指令等。外界中断请求信号通常存放在接口中的中断源锁存器里,并通过中断请求线连至 CPU。每当一条指令执行到末尾,CPU 便检查中断请求信号。若中断请求信号为 1 且允许响应该中断请求,则 CPU 转入中断周期,受理外界中断。

（2）为了在中断服务程序执行完毕以后能够正确地返回主程序的断点继续执行,必须把程序计数器的内容以及当前指令执行结束后 CPU 的状态（包括寄存器的内容和一些状态标志位）都保存到堆栈中。这些操作称为保存现场。

（3）当 CPU 响应中断后,正要执行中断服务程序时,可能有另一个新的中断源也向它发出了中断请求。为了不致造成混乱,在 CPU 的中断管理部件中必须有一个中断屏蔽触发器,它可以在程序的控制下置 1（关中断）或清零（开中断）。只有在中断屏蔽标志为 0 时,CPU 才可以受理中断。当一条指令执行完毕,CPU 接受中断请求并作出响应时,它一方面发出中断响应信号 INTA,另一方面把中断屏蔽标志置 1,即关中断。这样,CPU 不能再受理其他的中断源发来的中断请求。只有在 CPU 把中断服务程序执行完毕以后,它才重新使中断屏蔽标志置 0,即开中断,并返回主程序。因此,中断服务程序的最后必须有两条指令,即开中断指令和中断返回指令,同时在硬件上要保证中断返回指令执行以后 CPU 才受理新的中断请求。

（4）中断处理过程是由硬件和软件结合完成的。例如,在图 8-6 中,中断周期由硬件实现,而中断服务程序由机器指令序列实现。后者除执行保存现场、恢复现场、开中断并返回主程序等任务外,需要对请求中断的设备进行服务,使其同 CPU 交换一个字的数据,或提供其他服务。至于在中断周期中如何转移到各个设备的中断服务程序,将在 8.3.2 节介绍。在中断周期中,由硬件实现的响应中断、关中断等操作由于在主程序和中断服务程序的代码中都看不到,因而被称为中断处理的隐操作。

（5）中断分为内中断和外中断。由于计算机内部原因导致出错引起的中断叫内中断，也叫异常；外设请求服务的中断叫外中断。

**思考**：举出现实生活中采用中断方式进行管理的实际例子。

### 8.3.2 中断服务程序入口地址的获取

在现代计算机系统中，中断是频繁发生的，这些引起中断的事件被称为中断源。CPU 在中断响应的过程中必须首先确认应该为哪个中断源服务。当有多个中断源同时提出中断请求时，还需对中断源进行优先级判别和排队，以确定应该首先响应哪个中断源的服务请求。然后，CPU 需要获取应被服务的中断源的中断服务程序入口地址，并转到相应的中断服务程序执行。获取中断服务程序入口地址一般有两种方式：向量中断方式和查询中断方式，选择哪种方式通常在 CPU 的中断机构设计时就已经确定。

#### 1. 向量中断

向量中断是指 CPU 响应中断后，由中断机构自动将相应中断源的中断向量地址送入 CPU，由其指明中断服务程序入口地址并实现程序切换的中断方式。在向量中断方式中，每个中断源都对应一个中断服务程序，而中断服务程序的入口地址被称为中断向量。在有的系统中，中断向量还包括中断服务程序开始执行时的程序状态字（PSW）的初始值。一般而言，系统中所有的中断向量都按顺序存放在内存指定位置的一张中断向量表中。当 CPU 识别出某中断源时，由硬件直接产生一个与该中断源对应的中断向量地址，以便能快速在中断向量表中找到并转入中断服务程序入口地址。

图 8-7 给出了中断向量表示例。其中，$A_1$，$A_2$，…，$A_n$ 为 $n$ 个中断向量的向量地址；$PC_1$，$PC_2$，…，$PC_n$ 为各个中断服务程序的入口地址，在中断响应时，由硬件自动加载到程序计数器 PC 中；$PSW_1$，$PSW_2$，…，$PSW_n$ 为各个中断服务程序开始执行时的程序状态字，在中断响应时由硬件自动加载到程序状态字寄存器（PSWR）中。

在有些计算机中，由硬件产生的向量地址不是直接地址，而是一个位移量，这个位移量加上 CPU 的某一寄存器中存放的基地址，才能得到中断服务程序的入口地址。

还有的计算机在中断向量表中存放的不是中断服务程序入口地址，而是一条转移到中断服务程序入口地址的转移指令的指令字。在中断切换过程中，由硬件直接执行这条转移指令，从而跳转到相应的中断服务程序入口地址。

图 8-7　中断向量表示例

#### 2. 查询中断

在查询中断方式中，硬件不直接提供中断服务程序的入口地址，而是为所有中断服务程序安排一个公共的查询中断程序。在中断响应时，由公共的查询中断程序查询中断源，并跳转至相应的中断服务程序入口执行。图 8-8 给出了查询中断程序示例。

在向量中断方式中,查找中断源、中断排队与判优、获取中断服务程序入口地址都是由硬件在中断周期中自动完成的。但在查询中断方式中,查找中断源和获取中断服务程序入口地址都是由软件实现的,而中断优先级则与公共的查询中断程序查询中断源的顺序相关,因此可以更灵活地调整中断优先级。

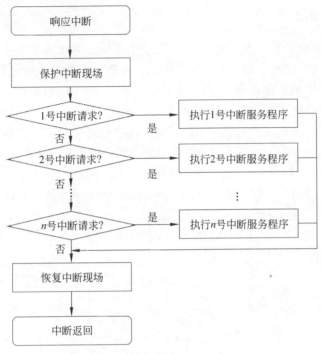

**图 8-8**  查询中断程序示例

### 8.3.3  中断方式的外设接口电路

中断方式的外设接口电路如图 8-3 所示。

中断由外设接口电路的状态和 CPU 两方面控制。在外设接口电路方面,有决定是否向 CPU 发出中断请求的机构,主要是接口中的"准备就绪"标志(RD)和"允许中断"标志(EI)两个触发器;在 CPU 方面,有决定是否受理中断请求的机构,主要是"中断请求"标志(IR)和"中断屏蔽"标志(IM)两个触发器。上述 4 个标志触发器的具体功能如下:

(1) 准备就绪触发器。一旦设备做好一次数据的接收或发送准备工作,便发出一个设备动作完毕信号,使 RD 标志置 1。在中断方式中,该标志用作中断源触发器,简称中断触发器。

(2) 允许中断触发器。可以用程序指令置位。EI 标志为 1 时,设备可以向 CPU 发出中断请求;EI 标志为 0 时,设备不能向 CPU 发出中断请求,这意味着相应中断源的中断请求被禁止。设置 EI 标志的目的,就是通过软件控制是否允许某设备发出中断请求。

(3) 中断请求触发器。它暂存中断请求线上由设备发出的中断请求信号。IR 标志为 1 表示设备发出了中断请求。

（4）中断屏蔽触发器。决定 CPU 是否受理中断请求。IM 标志为 0 时，CPU 可以受理外界的中断请求；IM 标志为 1 时，CPU 不受理外界的中断请求。

### 8.3.4　单级中断

#### 1. 单级中断的概念

根据计算机对中断的处理策略不同，可将中断系统分为单级中断系统和多级中断系统。单级中断系统是中断结构中最基本的形式。在单级中断系统中，所有中断源都属于同一级，所有中断源触发器排成一行，其优先级次序是离 CPU 近的优先级高。当响应某一中断请求时，执行该中断源的中断服务程序。在此过程中，不允许其他中断源再打断中断服务程序，即使优先级比它高的中断源也不能再打断。只有该中断服务程序执行完毕之后，才能响应其他中断。图 8-9 给出了单级中断处理示意图和单级中断系统结构图。图 8-9(b) 中所有的 I/O 设备通过一条线向 CPU 发出中断请求信号。CPU 响应中断请求后，发出中断响应信号 INTA，以链式查询方式识别中断源。

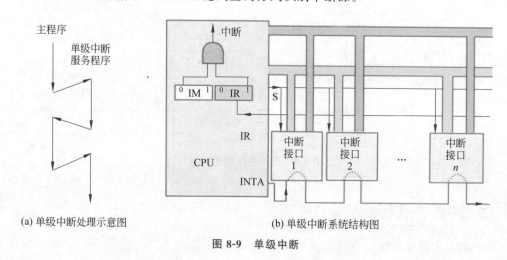

(a) 单级中断处理示意图　　　　　　　　　(b) 单级中断系统结构图

图 8-9　单级中断

#### 2. 单级中断源的识别

如何确定中断源并转入被响应的中断服务程序入口地址，是中断处理首先要解决的问题。

在单级中断中，可以采用串行排队链法实现具有公共请求线的中断源判优识别。其逻辑电路如图 8-10 所示。

图 8-10 中下面的虚线框部分是一个串行的链，称作中断优先级排队链。$IR_i$ 是从各中断源设备来的中断请求信号，优先级从高到低是 $IR_1$、$IR_2$、$IR_3$。而 $IS_1$、$IS_2$、$IS_3$ 是与 $IR_1$、$IR_2$、$IR_3$ 相对应的中断排队选中信号，若 $IR_i=1$，即表示中断源 $i$ 被选中。$\overline{INTI}$ 为中断排队输入，$\overline{INTO}$ 为中断排队输出。若没有更高优先级的中断请求时，$\overline{INTI}=0$，门 1

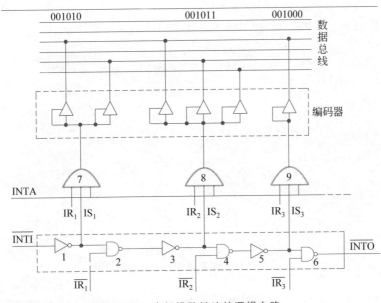

图 8-10　串行排队链法的逻辑电路

输出高电平,即 $IS_1=1$。若此时中断请求 $IR_1=1$(有中断请求),当 CPU 发来中断识别信号 $INTA=1$ 时,发出 $IR_1$ 请求的中断源被选中,选中信号经门 7 送入编码电路,产生一个唯一对应的设备地址,并经数据总线送往 CPU 的主存地址寄存器,然后执行该中断源设备的中断服务程序。

另一方面,由于此时 $IR_1=0$,封锁门 2,使 $IS_2$、$IS_3$ 全为低电平,即排队识别工作不再向下进行。

若 $IR_1$ 无请求,则 $IR_1=0$,门 7 被封锁,不会向编码电路送入选中信号。与此同时,因 $\overline{IR_1}=1$,经门 2 和门 3,使 $IS_2=1$,如果 $IR_2=1$,则发出 $IR_2$ 请求的中断源被选中。否则查询链继续向下查询,直至找到发出中断请求信号 $IR_i$ 的中断源设备。

### 3. 中断向量的产生

当 CPU 识别出某中断源时,由硬件直接产生一个与该中断源对应的向量地址,很快便引入中断服务程序。向量中断要求在硬件设计时考虑所有中断源的向量地址,而实际中断时只能产生一个向量地址。图 8-10 中上面的虚线框部分即为中断向量产生逻辑,它是由编码电路实现的。

思考:你能说出程序中断方式最主要的创新点吗?

## 8.3.5　多级中断

### 1. 多级中断的概念

多级中断系统是指计算机系统中有相当多的中断源,根据各中断事件的轻重缓急程度不同分成若干级别,为每一级别的中断分配一个优先级。一般来说,优先级高的中断可以打断优先级低的中断的中断服务程序，以程序嵌套方式进行工作。如图 8-11 所示，三级中断优先级高于二级中断，而二级中断优先级又高于一级中断。

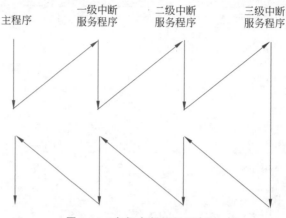

图 8-11　多级中断处理示意图

　　根据系统的配置不同，多级中断又可分为一维多级中断和二维多级中断，如图 8-12 所示。一维多级中断是指每一级中断中只有一个中断源，而二维多级中断是指每一级中断中有多个中断源。图 8-12 中虚线左边的结构为一维多级中断结构；如果去掉虚线，则成为二维多级中断结构。

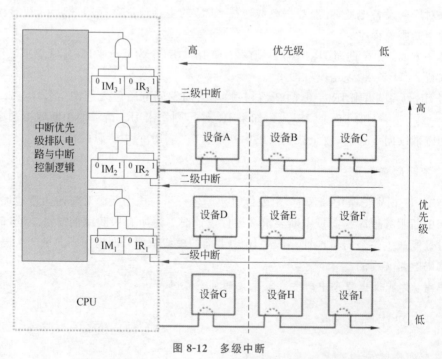

图 8-12　多级中断

对多级中断，着重说明如下几点：

（1）一个系统若有 $n$ 级中断，在 CPU 中就有 $n$ 个中断请求触发器，总称为中断请求寄存器；与之对应，有 $n$ 个中断屏蔽触发器，总称为中断屏蔽寄存器。与单级中断不同，在多级中断中，中断屏蔽寄存器的内容是很重要的程序现场信息，因此在响应中断时需要把中断屏蔽寄存器的内容保存起来，并设置新的中断屏蔽状态。一般在某一级中断被响应后，要将本级和优先级低于本级的中断屏蔽触发器置 1（关闭），将更高级的中断屏蔽触发器清零（开放），以此实现正常的中断嵌套。

（2）多级中断中的每一级可以只有一个中断源，也可以有多个中断源。在多级中断之间可以实现中断嵌套；但是同一级内有不同中断源的中断是不能嵌套的，必须处理完一个中断后再响应和处理同一级内的其他中断。

（3）设置多级中断的系统一般都希望有较快的中断响应时间，因此首先响应哪一级中断和哪一个中断源，由硬件逻辑实现，而不是用程序实现。图 8-12 中的中断优先级排队电路就是用于决定优先响应中断级的硬件逻辑。另外，在二维多级中断结构中，除了由中断优先级排队电路确定优先响应的中断级外，还要确定优先响应的中断源，一般通过链式查询的硬件逻辑实现。显然，这里采用了独立请求方式与链式查询方式相结合的方法决定首先响应哪个中断源。

（4）和单级中断情况类似，在多级中断中也使用中断堆栈保存现场信息。使用堆栈保存现场信息的好处是：①控制逻辑简单，保存和恢复现场的过程按先进后出顺序进行；②每一级中断不必单独设置现场保护区，各级中断现场可按顺序放在同一个栈里。

**2. 多级中断源的识别**

在多级中断中，每一级中断均有一根中断请求线送往 CPU 的中断优先级排队电路，对每一级中断赋予了不同的优先级。显然这种结构就是独立请求方式的逻辑结构。

图 8-13 给出了独立请求方式的中断优先级排队逻辑结构。每个中断请求信号保存在中断请求触发器中，经中断屏蔽触发器控制后，可能有若干个中断请求信号 $IR'_i$ 进入虚线框所示的排队电路。排队电路在若干中断源中决定首先响应哪个中断源，并在其对应的输出线 $IR_i$ 上给出 1 信号，而其他各线为 0 信号（$IR_1 \sim IR_4$ 中只有一个信号有效）。然后，编码电路根据队列中的中断源输出信号 $IR_i$ 产生一个预定的地址码，转向中断服务程序入口地址。

例如，假设图 8-13 中请求源 1 的优先级最高，请求源 4 的优先级最低，中断请求寄存器的内容为 1111，中断屏蔽寄存器的内容为 0010，那么进入排队电路的中断请求是1101。根据优先次序，排队电路输出为 1000。然后由编码电路产生中断源 1 所对应的向量地址。

在多级中断中，如果每一级的中断请求线上还连接了多个中断源设备，那么在识别中断源时，还需要进一步用串行链式方式查询。这意味着要用二维方式设计中断优先级排队电路。

**【例 8-2】** 参见图 8-12 所示的二维多级中断系统。

（1）在发生中断的情况下，CPU 和设备的优先级如何考虑？请按降序排列各设备的中断优先级。

（2）若 CPU 执行设备 B 的中断服务程序，$IM_2$、$IM_1$、$IM_0$ 的状态是什么？如果 CPU

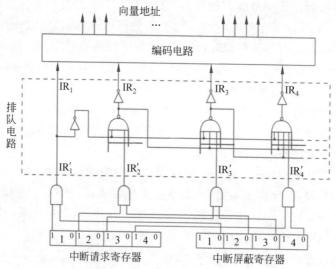

图 8-13　独立请求方式的中断优先级排队逻辑结构

执行设备 D 的中断服务程序，$IM_2$、$IM_1$、$IM_0$ 的状态又是什么？

（3）每一级的 IM 标志能否对某个优先级的个别设备单独进行屏蔽？如果不能，采取什么办法可达到目的？

（4）假如要求设备 C 提出中断请求时 CPU 就立即进行响应，应如何调整？

解：

（1）在发生中断的情况下，CPU 的优先级最低。各设备的优先级次序是 A→B→C→D→E→F→G→H→I→CPU。

（2）CPU 执行设备 B 的中断服务程序时，$IM_2IM_1IM_0=111$；CPU 执行设备 D 的中断服务程序时，$IM_2IM_1IM_0=011$。

（3）每一级的 IM 标志不能对某个优先级的个别设备进行单独屏蔽。可将接口电路中的 EI（中断允许）标志清零，它禁止设备发出中断请求。

（4）要使设备 C 的中断请求及时得到响应，可将设备 C 从二级中断，单独升为三级中断，使三级中断的优先级最高，即令 $IM_3=0$ 即可。

【例 8-3】　参见图 8-12 所示的二维多级中断系统，只考虑 A、B、C 3 个设备组成的单级中断结构，它要求 CPU 在执行完当前指令时对中断请求进行服务。假设：①CPU 的中断机构在响应一个新的中断之前，先要让被中断的程序的一条指令执行完毕；②$T_{DC}$ 为查询链中每个设备的延迟时间；③$T_A$、$T_B$、$T_C$ 分别为设备 A、B、C 的服务程序所需的执行时间；④$T_S$、$T_R$ 为保存现场和恢复现场所需的时间；⑤主存工作周期为 $T_M$。就这个中断请求环境来说，该系统在什么情况下达到中断饱和？

解：参阅图 8-6 的中断处理流程，并假设执行一条指令的时间也为 $T_M$。如果 3 个设备同时发出中断请求，那么依次处理设备 A、设备 B、设备 C 的时间分别为

$$t_A=2T_M+T_{DC}+T_S+T_A+T_R$$

$$t_B=2T_M+2T_{DC}+T_S+T_B+T_R$$

$$t_C=2T_M+3T_{DC}+T_S+T_C+T_R$$

处理 3 个设备所需的总时间为

$$T=t_A+t_B+t_C$$

$T$ 是达到中断饱和的最小时间,即中断极限频率为

$$f=1/T$$

**思考**：你能说出多级中断与单级中断相比在设计理念上的创新点吗？

## 8.3.6 Pentium CPU 的中断机制

### 1. 中断类型

Pentium CPU 有两类中断源,即中断和异常。

中断通常称为外部中断,它是由 CPU 的外部硬件信号引发的。中断有两种情况：

(1) 可屏蔽中断。CPU 的 INTR 引脚收到中断请求信号。

当 CPU 中的标志寄存器 IF＝1 时,可引发中断；当 IF＝0 时,中断请求信号在 CPU 内部被禁止。

(2) 非屏蔽中断。是 CPU 的 NMI 引脚收到的中断请求信号而引发的中断,这类中断不能被禁止。

异常通常称为异常中断,它是由指令执行引发的。异常有两种情况：

(1) 执行异常。CPU 执行一条指令过程中出现错误、故障等不正常条件引发的中断。

(2) 执行软件中断指令。例如,执行 INT$n$ 等指令时产生的异常中断。

如果详细分类,Pentium CPU 共有 256 种中断和异常。每种中断和异常给予一个编号,称为中断向量号(0～255),以便发生中断和异常时,程序转向相应的中断服务程序入口地址。

当有一个以上的中断和异常发生时,CPU 以一个预先确定的优先顺序依次进行服务。中断优先级分为 5 级。异常中断的优先级高于外部中断的优先级,这是因为异常中断发生在取一条指令、对一条指令进行译码或执行一条指令时出现故障的情况下,情况更为紧急。

### 2. 中断服务程序进入过程

中断服务程序的入口地址信息存于中断向量号检索表内。实模式为中断向量表 (IVT),保护模式为中断描述符表(IDT)。

CPU 识别中断类型并取得中断向量号的途径有 3 种：

(1) 指令给出。例如软件中断指令 INT$n$ 中的 $n$ 即为中断向量号。

(2) 外部提供。可屏蔽中断在 CPU 接收到 INTR 信号时产生一个中断识别周期,接收外部中断控制器由数据总线送来的中断向量号；非屏蔽中断在接收到 NMI 信号时中断向量号固定为 2。

(3) CPU 识别错误、故障现象,根据中断和异常产生的条件自动指定中断向量号。

CPU 依据中断向量号获取中断服务程序入口地址,但在实模式下和保护模式下采用

不同的途径。

实模式下使用中断向量表。中断向量表位于从内存地址 0 开始的 1KB 空间。实模式是 16 位寻址，组成中断服务程序入口地址的段地址和段内偏移量各为 16 位。它们直接登记在中断向量表中，每个中断向量号对应一个中断服务程序入口地址，每个入口地址占 4 字节。256 个中断向量号共占 1KB。CPU 取得中断向量号后自动乘以 4，作为访问中断向量表的偏移，读取中断向量表的相应表项，将段地址和段内偏移量设置到 CS 和 IP 寄存器中，从而进入相应的中断服务程序。进入过程如图 8-14(a)所示。

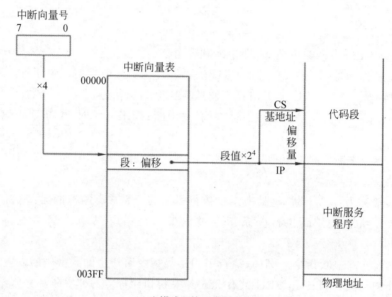

(a) 实模式下使用中断向量表

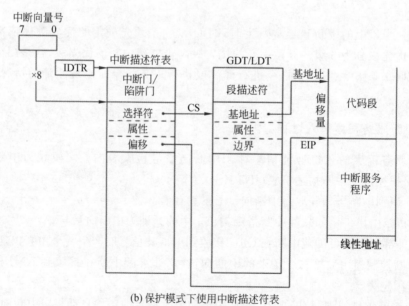

(b) 保护模式下使用中断描述符表

图 8-14　中断服务程序的进入过程

保护模式下使用中断描述符表。保护模式为 32 位寻址。中断描述符表的每一表项对应一个中断向量号，表项称为中断门描述符或陷阱门描述符。这些门描述符为 8 字节长，对应 256 个中断向量号，中断描述符表长为 2KB。由中断描述符表寄存器（IDTR）指示中断描述符表的内存地址。

以中断向量号乘以 8 作为访问中断描述符表的偏移量，读取相应的中断门/陷阱门描述符表项。门描述符给出中断服务程序入口地址，其中 32 位的偏移量装入 EIP 寄存器，16 位的段值装入 CS 寄存器。由于段值是选择符，还必须访问 GDT 或 LDT，才能得到段的基地址。保护模式下进入中断服务程序的过程如图 8-14（b）所示。

### 3. 中断处理过程

上面说明了中断向量号的获取方法，也说明了实模式与保护模式下进入中断服务程序的途径。现将 Pentium CPU 的中断处理过程叙述如下：

（1）当中断处理的 CPU 控制权转移涉及特权级改变时，必须把当前的 SS 和 ESP 两个寄存器的内容压入系统堆栈予以保存。

（2）将标志寄存器 EFLAGS 的内容也压入堆栈。

（3）清除 TF 和 IF 标志触发器。

（4）将当前的代码段寄存器 CS 和指令指针 EIP 也压入堆栈。

（5）如果中断发生时伴随错误码，则将错误码也压入堆栈。

（6）完成上述中断现场保护后，将从中断向量号获取的中断服务程序入口地址的段值和偏移量分别装入 CS 和 EIP，开始执行中断服务程序。

（7）中断服务程序最后的 IRET 指令使中断返回。保存在堆栈中的中断现场信息被恢复，并从断点处继续执行原程序。

**思考**：说出 Pentium CPU 中断机制的创新点。

# 8.4　DMA 方 式

## 8.4.1　DMA 的基本概念

直接内存访问（DMA）是一种完全由硬件执行 I/O 交换的工作方式。在这种方式中，DMA 控制器从 CPU 完全接管对总线的控制，数据交换不经过 CPU，而直接在内存和 I/O 设备之间进行。DMA 方式一般用于高速传送成组数据。DMA 控制器将向内存发出地址和控制信号，修改地址，对传送的字的个数进行计数，并且以中断方式向 CPU 报告传送操作的结束。

DMA 方式的主要优点是速度快。由于 CPU 根本不参加传送操作，因此就省去了 CPU 取指令、取数、送数等操作。在数据传送过程中，没有保存现场、恢复现场之类的工作。内存地址修改、传送字个数的计数等也不是由软件实现的，而是用硬件线路直接实现的。所以 DMA 方式能满足高速 I/O 设备的要求，也有利于 CPU 效率的发挥。正因为如此，包括微型机在内，DMA 方式在计算机中被广泛采用。

目前由于大规模集成电路工艺的发展,很多厂家直接生产大规模集成电路的 DMA 控制器。虽然 DMA 控制器复杂程度差不多接近于 CPU,但使用起来非常方便。

DMA 方式的特点如下:

(1) DMA 方式以响应随机请求的方式实现主存与 I/O 设备间的快速数据传送。DMA 方式并不影响 CPU 的程序执行状态,只要不存在访存冲突,CPU 就可以继续执行自己的程序。但是 DMA 方式只能处理简单的数据传送,不能在传送数据的同时进行判断和计算。

(2) 与程序查询方式相比,在 DMA 方式中 CPU 不必等待查询,可以执行自身的程序,而且直接由硬件(DMA 控制器)控制传输过程,CPU 不必执行指令。与中断方式相比,DMA 方式仅需占用系统总线,不切换程序,因而 CPU 可与 DMA 传送并行工作。DMA 方式可以实现简单的数据传送,难以识别和处理复杂事态。

(3) 由于 DMA 传送开始的时间是随机的,但开始传送后需要进行连续、批量的数据交换,因此 DMA 方式非常适合主存与高速 I/O 设备间的简单数据传送,例如以数据块为单位的磁盘读写操作、以数据帧为单位的外部通信以及大批量数据采集等场景。

DMA 的种类有很多,但各种 DMA 至少能执行以下一些基本操作:

(1) 从外设发出 DMA 请求。

(2) CPU 响应请求,把 CPU 工作改成 DMA 操作方式,DMA 控制器从 CPU 接管总线的控制。

(3) 由 DMA 控制器对内存寻址,即决定数据传送的内存单元地址及数据传送个数的计数,并执行数据传送的操作。

(4) 向 CPU 报告 DMA 操作的结束。

注意,在 DMA 方式中,一批数据传送前的准备工作以及传送结束后的处理工作均由管理程序承担,而 DMA 控制器仅负责数据传送的工作。

## 8.4.2　DMA 传送方式

DMA 技术的出现,使得外设可以通过 DMA 控制器直接访问内存,与此同时.CPU 可以继续执行程序。那么,DMA 控制器与 CPU 怎样分时使用内存呢? 根据每提出一次 DMA 请求时 DMA 控制器将占用多少个总线周期,可以将 DMA 传送分成以下几种方式:

(1) 成组连续传送方式(停止 CPU 访存)。

(2) 周期挪用方式(单字传送方式,周期窃取方式)。

(3) 透明 DMA 方式(DMA 与 CPU 交替操作,总线周期分时)。

### 1. 成组连续传送方式

当外设要求传送一批数据时,由 DMA 控制器发一个停止信号给 CPU,要求 CPU 放弃对地址总线、数据总线和有关控制总线的控制权。DMA 控制器获得总线控制权以后,开始进行数据传送。在一批数据传送完毕后,DMA 控制器通知 CPU 可以使用内存,并把总线控制权交还给 CPU。图 8-15(a)是这种传送方式的示意图。很显然,在这种 DMA

传送过程中,CPU 基本处于不工作状态(或者说保持状态)。

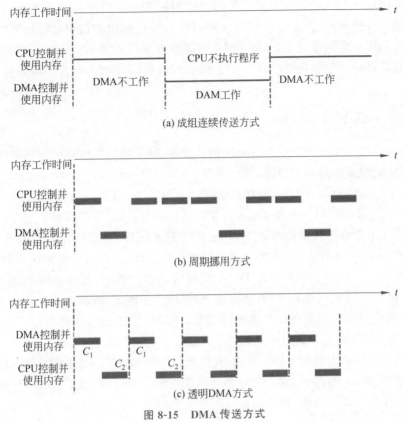

图 8-15　DMA 传送方式

这种传送方式的优点是控制简单,它适用于数据传输速率很高的设备对数据进行成组传送。其缺点是在 DMA 控制器访存阶段,内存的效能没有充分发挥,相当一部分内存工作周期是空闲的。这是因为外设传送两个数据之间的间隔一般总是大于内存存储周期,即使高速 I/O 设备也是如此。因此,许多空闲的存储周期不能被 CPU 利用。

### 2. 周期挪用方式

在周期挪用方式中,当 I/O 设备没有 DMA 请求时,CPU 按程序要求访问内存;一旦 I/O 设备有 DMA 请求,则由 I/O 设备挪用一个或几个内存周期。

I/O 设备要求 DMA 传送时可能遇到两种情况。一种情况是此时 CPU 不需要访存,如 CPU 正在执行乘法指令。由于乘法指令执行时间较长,此时 I/O 访存与 CPU 访存没有冲突,即 I/O 设备挪用一两个内存周期对 CPU 执行程序没有任何影响。另一种情况是 I/O 设备要求访存时 CPU 也要求访存,这就产生了访存冲突,在这种情况下 I/O 设备访存优先,因为 I/O 访存有时间要求,前一个 I/O 数据必须在下一个访存请求到来之前存取完毕。显然,在这种情况下 I/O 设备挪用一两个内存周期,意味着 CPU 延缓了对指令的执行,或者更明确地说,在 CPU 执行访存指令的过程中插入 DMA 请求,挪用了一两个内存周期。图 8-15(b)是周期挪用方式的示意图。

　　与停止 CPU 访存的成组连续传送方式比较，周期挪用方式既实现了 I/O 传送，又较好地发挥了内存和 CPU 的效能，是一种广泛采用的方法。但是 I/O 设备每一次周期挪用都有申请总线控制权、建立总线控制权和归还总线控制权的过程，所以传送一个字对内存来说要占用一个内存周期，但对 DMA 控制器来说一般要 2～5 个内存周期（视逻辑线路的延迟而定）。因此，周期挪用方式适用于 I/O 设备读写周期大于内存存储周期的情况。

### 3. 透明 DMA 方式

　　如果 CPU 的工作周期比内存存储周期长很多，则采用交替访存的方法可以使 DMA 传送和 CPU 同时发挥最高的效能，其示意图如图 8-15(c) 所示。

　　假设 CPU 工作周期为 $1.2s$，内存存储周期小于 $0.6\mu s$，那么一个 CPU 周期可分为 $C_1$ 和 $C_2$ 两个分周期，其中 $C_1$ 专供 DMA 控制器访存，$C_2$ 专供 CPU 访问。

　　这种方式不需要总线使用权的申请、建立和归还过程，总线使用权是通过 $C_1$ 和 $C_2$ 分时控制的。CPU 和 DMA 控制器各有自己的访存地址寄存器、数据寄存器和读写信号等控制寄存器。在 $C_1$ 周期中，如果 DMA 控制器有访存请求，可将地址、数据等信号送到总线上；在 $C_2$ 周期中，如 CPU 有访存请求，同样传送地址、数据等信号。事实上，对于总线，这是用 $C_1$ 和 $C_2$ 控制的一个多路转换器，这种总线控制权的转移几乎不需要什么时间，所以对 DMA 传送来讲效率是很高的。

　　这种传送方式称为透明 DMA 方式，其原因是这种 DMA 传送方式对 CPU 来说是透明的。在透明 DMA 方式下工作，CPU 既不停止主程序的运行，也不进入等待状态，是一种高效率的工作方式。当然，相应的硬件逻辑也更加复杂。

## 8.4.3　基本的 DMA 控制器

### 1. DMA 控制器的基本组成

　　DMA 控制器实际上是采用 DMA 方式的外设与系统总线之间的接口电路。这个接口电路是在中断接口的基础上再加 DMA 机构组成的。

　　图 8-16 给出了一个简单的 DMA 控制器结构。它由以下逻辑部件组成：

　　(1) 内存地址计数器。用于存放内存中要交换的数据的地址。在 DMA 传送前，要通过程序将数据在内存中的起始位置（首地址）送到内存地址计数器。而当 DMA 传送时，每交换一次数据，将内存地址计数器加 1，从而以增量方式给出内存中要交换的一批数据的地址。

　　(2) 字计数器。用于记录传送数据块的长度（字数）。其内容也是在数据传送之前由程序预置的，交换的字数通常以补码形式表示。在 DMA 传送时，每传送一个字，字计数器就加 1，当字计数器溢出（即最高位产生进位）时，表示这批数据传送完毕，于是引起 DMA 控制器向 CPU 发中断信号。

　　(3) 数据缓冲寄存器。用于暂存每次传送的数据（一个字）。当输入时，由设备（如磁盘）送往数据缓冲寄存器，再由数据缓冲寄存器通过数据总线送到内存；当输出时，由内

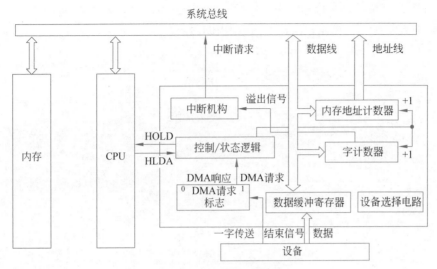

图 8-16 简单的 DMA 控制器结构

存通过数据总线送到数据缓冲寄存器,然后再送到设备。

(4) DMA 请求标志。每当设备准备好一个数据字后就给出一个控制信号,使 DMA 请求标志置 1。该标志置位后向控制/状态逻辑发出 DMA 请求,后者又向 CPU 发出总线使用权的请求(HOLD),CPU 响应此请求后发回响应信号 HLDA,控制/状态逻辑接收此信号后发出 DMA 响应信号,使 DMA 请求标志复位,为交换下一个字做好准备。

(5) 控制/状态逻辑。由控制和时序电路以及状态标志等组成,用于修改内存地址计数器和字计数器,指定传送类型(输入或输出),并对 DMA 请求信号和 CPU 响应信号进行协调和同步。

(6) 中断机构。当字计数器溢出(全 0)时,意味着一组数据交换完毕,由溢出信号触发中断机构,向 CPU 提出中断报告。这里的中断与 8.3 节介绍的 I/O 中断所采用的技术相同,但中断的目的不同。8.3 节介绍的 I/O 中断是为了数据的输入或输出,而这里是为了报告一组数据传送结束,因此它们是 I/O 系统中不同的中断事件。

**2. DMA 数据传送过程**

DMA 的数据传送过程可分为 3 个阶段:预处理阶段、正式传送阶段和后处理阶段。

预处理阶段由 CPU 执行几条输入输出指令,测试设备状态,向 DMA 控制器的设备地址寄存器中送入设备号并启动设备,向内存地址计数器中送入起始地址,向字计数器中送入交换的数据字个数。在这些工作完成后,CPU 继续执行原来的主程序。

当外设准备好发送数据(输入)或接收数据(输出)时,它发出 DMA 请求,由 DMA 控制器向 CPU 发出总线使用权的请求(HOLD)。图 8-17 给出了成组连续传送方式下 DMA 传送数据的流程。当外设发出 DMA 请求时,CPU 在指令周期执行结束后响应该请求,并使 CPU 的总线驱动器处于第三态(高阻状态)。然后,CPU 与系统总线脱离,而 DMA 控制器接管数据总线与地址总线的控制,并向内存提供地址,于是,在内存和外设

之间进行数据交换。每交换一个字,则内存地址计数器和字计数器加 1,当传送完成时,
DMA 操作结束,DMA 控制器向 CPU 提交中断报告。

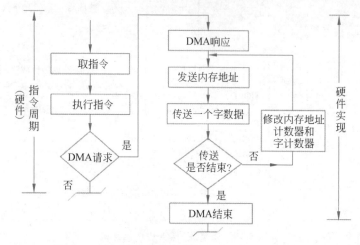

图 8-17　成组连续传送方式下 DMA 传送数据的流程

　　DMA 的数据传送是以数据块为基本单位进行的,因此,每次 DMA 控制器占用总线
后,无论是输入操作还是输出操作,都是通过循环来实现的。当进行输入操作时,外设的
数据(一次一个字或一字节)传向内存;当进行输出操作时,内存的数据传向外设。

　　DMA 的后处理阶段进行的工作是:一旦 DMA 的中断请求得到响应,CPU 就停止
主程序的执行,转去执行中断服务程序,做一些 DMA 的结束处理工作。这些工作包括校
验送入内存的数据是否正确,决定继续用 DMA 方式传送下去还是结束传送,测试在传送
过程中是否发生了错误等。

　　基本 DMA 控制器与系统的连接可采用两种方式:一种是公用的 DMA 请求方式;
另一种是独立的 DMA 请求方式,这与中断方式类似。

　　思考:说出 DMA 方式的创新点,其意义何在?

### 8.4.4　选择型和多路型 DMA 控制器

　　前面介绍的是简单的 DMA 控制器,一个控制器只控制一个 I/O 设备。实际经常采
用的是选择型 DMA 控制器和多路型 DMA 控制器,它们已经被做成集成电路芯片。

#### 1. 选择型 DMA 控制器

　　图 8-18 给出了选择型 DMA 控制器原理。它在物理上可以连接多个设备,而在逻辑
上只允许连接一个设备。换句话说,选择型 DMA 控制器在某一段时间内只能为一个设
备服务。

　　选择型 DMA 控制器的工作原理与 8.4.3 节介绍的简单 DMA 控制器基本相同。除
了前面讲到的基本逻辑部件外,还有一个设备号寄存器。数据传送是以数据块为单位进
行的,在每个数据块传送之前的预处理阶段,除了用程序中的 I/O 指令给出数据块的传

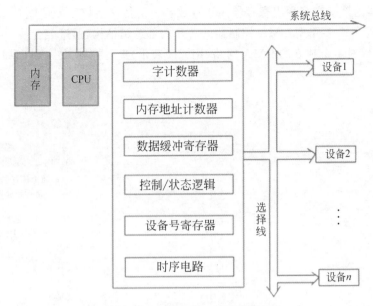

图 8-18　选择型 DMA 控制器原理

送个数、起始地址、操作命令外,还要给出选择的设备号。从预处理开始,一直到这个数据块传送结束,DMA 控制器只为所选设备服务。下一次预处理时再根据 I/O 指令指出的设备号为另一个选择的设备服务。显然,选择型 DMA 控制器相当于一个逻辑开关,根据 I/O 指令控制此开关与某个设备连接。

选择型 DMA 控制器只增加少量硬件就达到了为多个外设服务的目的,特别适用于数据传输速率很高以至于接近内存存取速度的设备。在很快地传送完一个数据块后,选择型 DMA 控制器又可以为其他设备服务。

### 2. 多路型 DMA 控制器

选择型 DMA 控制器不适用于慢速设备,而多路型 DMA 控制器适合同时为多个慢速外设服务。图 8-19 给出了多路型 DMA 控制器原理。

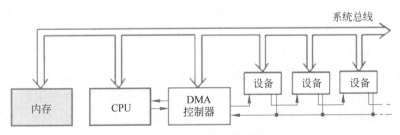

图 8-19　多路型 DMA 控制器原理

多路型 DMA 控制器不仅在物理上可以连接多个外设,而且在逻辑上也允许这些外设同时工作,各设备以字节交叉方式通过 DMA 控制器进行数据传送。

由于多路型 DMA 控制器同时要为多个设备服务,因此对应多少个 DMA 通路(设备），在控制器内部就有多少组寄存器用于存放各自的传送参数。

图 8-20 是一个多路型 DMA 控制器的芯片内部逻辑结构，通过配合使用 I/O 通用接口芯片，它可以对 8 个独立的 DMA 通路（用 CH 表示）进行控制，使外设以周期挪用方式对内存进行存取。

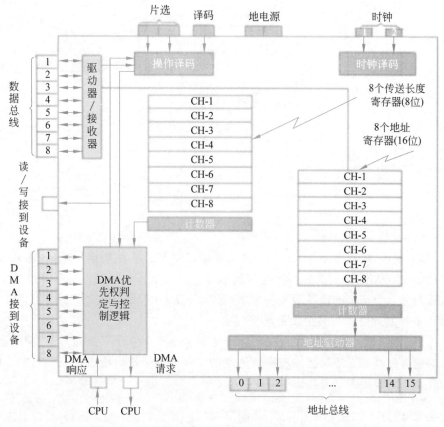

图 8-20　一个多路型 DMA 控制器芯片内部逻辑结构

8 条独立的 DMA 请求线或响应线能在外设与 DMA 控制器之间进行双向通信。一条线上进行双向通信是通过分时和脉冲编码技术实现的，也可以分别设立 DMA 请求线和响应线进行双向通信。每条 DMA 线在优先级结构中具有固定位置，一般 $DMA_0$ 线具有最高优先级，$DMA_7$ 线具有最低优先级。

控制器中有 8 个 8 位的控制传送长度的寄存器、8 个 16 位的地址寄存器。每个传送长度寄存器和地址寄存器对应一个设备。每个寄存器都可以用程序中的 I/O 指令从 CPU 送入控制数据。每个寄存器组各有一个计数器，分别用于修改传送长度和内存地址。

当某个外设请求 DMA 服务时，操作过程如下：

(1) DMA 控制器接到设备发出的 DMA 请求时，将请求转送到 CPU。

(2) CPU 在适当的时刻响应 DMA 请求。若 CPU 不需要占用总线，则继续执行指令；若 CPU 需要占用总线，则 CPU 进入等待状态。

（3）DMA 控制器接到 CPU 的响应信号后，进行以下工作：①对现有 DMA 请求中优先级最高的请求给予 DMA 响应；②选择相应的地址寄存器的内容驱动地址总线；③根据所选设备操作寄存器的内容，向总线发读写信号；④外设向数据总线传送数据，或从数据总线接收数据；⑤每字节传送完毕后，DMA 控制器使相应的地址寄存器和传送长度寄存器加 1 或减 1。

以上是一个 DMA 请求的过程。在一批数据传送过程中，要多次重复上述过程，直到外设表示一个数据块已传送完毕，或该设备的长度控制器判定传送长度已满。

【例 8-4】 图 8-21 中假设有磁盘、磁带、打印机 3 个设备同时工作。磁盘以 $30\mu s$ 的间隔向多路型 DMA 控制器发 DMA 请求，磁带以 $45\mu s$ 的间隔发 DMA 请求，打印机以 $150\mu s$ 的间隔发 DMA 请求。根据传输速率，磁盘优先级最高，磁带次之，打印机最低。假设 DMA 控制器每完成一次 DMA 传送所需的时间是 $5\mu s$。若采用多路型 DMA 控制器，请画出 DMA 控制器服务 3 个设备的工作时间图。

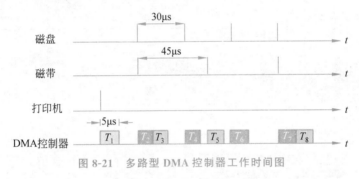

图 8-21　多路型 DMA 控制器工作时间图

解：由图 8-20 可以看出，$T_1$ 间隔中 DMA 控制器首先为打印机服务，因为此时只有打印机有请求。$T_2$ 间隔前沿磁盘、磁带同时有请求，首先为优先级高的磁盘服务，然后为磁带服务，每次服务传送 1 字节。在 $120\mu s$ 时间内，为打印机服务只有一次（$T_1$），为磁盘服务 4 次（$T_2$、$T_4$、$T_6$、$T_7$），为磁带服务 3 次（$T_3$、$T_5$、$T_8$）。从图 8-21 可以看到，在这种情况下 DMA 控制器尚有空闲时间，说明 DMA 控制器还可以容纳更多设备。

# 8.5　通　道　方　式

通道是大型计算机中使用的技术。随着技术的进步，通道的设计理念有新的发展，并已经应用到服务器甚至微型计算机中。

## 8.5.1　通道简介

### 1. 通道的功能

DMA 控制器的出现已经减轻了 CPU 对数据输入输出的控制工作量，使得 CPU 的效率有显著的提高。而通道的出现则进一步提高了 CPU 的效率。这是因为通道是一个具有特殊功能的处理器，它有自己的指令和程序专门负责数据输入输出的传输控制，而

CPU 将传输控制的功能下放给通道后只负责数据处理功能。这样,通道与 CPU 分时使用内存,实现了 CPU 内部运算与 I/O 设备的并行工作。

图 8-22 是典型的具有通道的计算机系统结构。它具有两种类型的总线:一种是系统总线,它承担通道与内存、CPU 与内存之间的数据传输任务;另一种是通道总线,即 I/O 总线,它承担外设与通道之间的数据传送任务。这两类总线可以分别按照各自的时序同时进行工作。

由图 8-22 可以看出,通道总线可以接若干个 I/O 模块,一个 I/O 模块可以接一个或多个设备。因此,从逻辑结构上讲,I/O 系统一般具有 4 级连接: CPU 与内存↔通道↔I/O 模块↔外设。为了便于通道对各设备的统一管理,通道与 I/O 模块之间采用统一的标准接口,I/O 模块与设备之间则根据设备要求不同而采用专用接口。

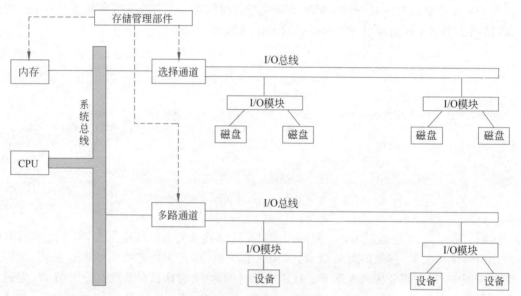

图 8-22　典型的具有通道的计算机系统结构

具有通道的计算机一般是大型计算机和服务器,数据流量很大。如果所有的外设都接在一个通道上,那么通道将成为限制系统效能的瓶颈。因此大型计算机的 I/O 系统一般有多个通道。显然,设立多个通道的另一个好处是对不同类型的外设可以进行分类管理。

存储管理部件是内存的控制部件,它的主要任务是根据事先确定的优先次序,决定下一周期由哪个部件使用系统总线访问内存。由于大多数 I/O 设备是旋转式设备,读写信号具有实时性,不及时处理会丢失数据,所以通道与 CPU 同时要求访存时,通道优先级高于 CPU。在多个通道有访存请求时,选择通道的优先级高于多路通道,因为前者一般连接高速设备。

通道的基本功能是执行通道指令、组织外设和内存进行数据传输、按 I/O 指令要求启动外设、向 CPU 报告中断等,具体有以下 5 项任务。

(1) 接收 CPU 的 I/O 指令,按指令要求与指定的外设进行通信。

（2）从内存选取属于该通道程序的通道指令,经译码后向 I/O 模块发送各种命令。

（3）组织外设和内存之间进行数据传送,并根据需要提供数据缓存的空间,并提供数据存入内存的地址和传送的数据量。

（4）从外设得到设备的状态信息,形成并保存通道本身的状态信息,根据要求将这些状态信息送到内存的指定单元,供 CPU 使用。

（5）将外设的中断请求和通道本身的中断请求按次序及时报告 CPU。

**2. CPU 对通道的管理**

CPU 通过执行 I/O 指令以及处理来自通道的中断实现对通道的管理。来自通道的中断有两种,一种是数据传送结束中断,另一种是故障中断。

通常把 CPU 运行操作系统的管理程序时的状态称为管态,而把 CPU 执行目的程序时的状态称为目态。大型计算机的 I/O 指令都是管态指令。只有当 CPU 处于管态时,才能运行 I/O 指令;而当 CPU 处于目态时不能运行 I/O 指令,这是因为大型计算机的软硬件资源为多个用户所共享,而不是分给某个用户专用的。

**3. 通道对设备控制器的管理**

通道通过通道指令控制 I/O 模块进行数据传送操作,并以通道状态字接收 I/O 模块反馈的外设的状态。因此,I/O 模块是通道对 I/O 设备实现传输控制的执行机构。I/O 模块的具体任务如下:

（1）从通道接收通道指令,控制外设完成所要求的操作。

（2）向通道反馈外设的状态。

（3）将各种外设的不同信号转换成通道能够识别的标准信号。

思考：通道的设计理念在技术上有什么创新?

## 8.5.2　通道的类型

根据通道的工作方式,通道分为选择通道、多路通道两种类型。

一个系统可以兼有两种类型的通道,也可以只有其中一种。

**1. 选择通道**

选择通道又称高速通道,在物理上它可以连接多个设备,但是这些设备不能同时工作,在一段时间内选择通道只能选择一个设备进行工作。选择通道很像一个单道程序的处理器,在一段时间内只允许执行一个设备的通道程序,只有当这个设备的通道程序全部执行完毕后,才能执行其他设备的通道程序。

选择通道主要用于连接高速设备,如磁盘、磁带等,信息以数据块方式高速传输。由于数据传输速率很高,所以在数据传送期间只为一台设备服务是合理的。但是这类设备的辅助操作时间很长,如磁盘机平均寻道时间是 10ms,磁带机走带时间可以长达几分钟。在这样长的时间里选择通道处于等待状态,因此整个通道的利用率不是很高。

### 2. 多路通道

多路通道又称多路转换通道，在同一时间能处理多个 I/O 设备的数据传输。它又分为数组多路通道和字节多路通道。

数组多路通道是对选择通道的一种改进。它的基本思想是：当某设备进行数据传送时，通道只为该设备服务；当某设备在执行寻址等控制性操作时，通道暂时断开与这个设备的连接，挂起该设备的通道程序，为其他设备服务，即执行其他设备的通道程序。所以数组多路通道很像一个多道程序的处理器。

数组多路通道不仅在物理上可以连接多个设备，而且在一段时间内能交替执行多个设备的通道程序，换句话说，在逻辑上可以连接多个设备，这些设备应是高速设备。

由于数组多路通道既保留了选择通道高速传送数据的优点，又充分利用了控制性操作的时间间隔为其他设备服务，使通道效能得到充分发挥，因此数组多路通道在大型系统中得到较多应用。

字节多路通道主要用于连接大量的低速设备，如键盘、打印机等。这些设备的数据传输速率很低，例如 1000B/s，即传送 1 字节的时间是 1ms。而通道从设备接收或向设备发送 1 字节只需要几百纳秒，因此通道在传送两字节之间有很多空闲时间。字节多路通道正是利用这个空闲时间为其他设备服务。

字节多路通道和数组多路通道有共同之处，即它们都是多路通道，在一段时间内能交替执行多个设备的通道程序，使这些设备同时工作。

字节多路通道和数组多路通道也有不同之处，主要是以下两点：

（1）数组多路通道允许多个设备同时操作，但只允许一个设备进行传输型操作，其他设备可以进行控制型操作；而字节多路通道不仅允许多个设备同时操作，而且也允许它们同时进行传输型操作。

（2）数组多路通道与设备之间数据传送的基本单位是数据块，通道必须为一个设备传送完一个数据块以后，才能为别的设备传送数据块；而字节多路通道与设备之间数据传送的基本单位是字节，通道为一个设备传送完 1 字节后，又可以为另一个设备传送 1 字节，因此各设备与通道之间的数据传送是以字节为单位交替进行的。

## 8.5.3　通道结构的发展

随着通道结构的进一步发展，出现了两种计算机 I/O 系统结构。

一种是通道结构的 I/O 处理器，通常称为输入输出处理器（Input/Output Operator，IOP）。IOP 可以和 CPU 并行工作，提供高速的 DMA 处理能力，实现数据的高速传送。但是它不是独立于 CPU 工作的，而是主机的一个部件。有些 IOP 如（Intel 8089 IOP）还提供数据的变换、搜索以及字装配/拆卸能力，这种 IOP 可应用于服务器及微型计算机中。

另一种是外围处理机单元（Peripheral Processor Unit，PPU）。PPU 基本上是独立于主机工作的，它有自己的指令系统，能够完成算术逻辑运算、读写主存储器、与外设交换信息等。有的 PPU 直接选用已有的通用机。PPU 一般应用于大型高效率的计算机系统中。

思考：你对通道技术的未来发展有什么见解？

# 8.6　通用 I/O 标准接口

## 8.6.1　并行 I/O 标准接口 SCSI

SCSI 是小型计算机系统接口（Small Computer System Interface）的简称，其设计思想来源于 IBM 大型机系统的 I/O 通道结构，目的是使 CPU 摆脱对各种设备的繁杂控制。它是一个高速智能接口，可以混接各种磁盘驱动器、光盘驱动器、磁带机、打印机、扫描仪、条码阅读器以及通信设备。它首先应用于 Macintosh 和 Sun 平台上，后来发展到应用于工作站、网络服务器和 Pentium 系统中，并成为 ANSI（American National Standards Institute，美国国家标准局）标准。SCSI 有如下性能特点：

（1）SCSI 接口总线由 8 条数据线、1 条奇偶校验线和 9 条控制线组成，使用 50 芯电缆。它规定了两种电气条件：单端驱动，电缆长 6m；差分驱动，电缆最长 25m。

（2）总线时钟频率为 5MHz，异步方式数据传输率是 2.5MB/s，同步方式数据传输率是 5MB/s。

（3）SCSI 接口总线以菊花链形式最多，可连接 8 台设备。在 Pentium 系统中通常是由一个主机总线适配器（Host Bus Adapter，HBA）与最多 7 台外设相连。HBA 也算作一个 SCSI 设备，经系统总线（如 PCI）与 CPU 相连。SCSI 接口配置示例如图 8-23 所示。

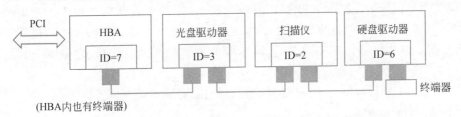

图 8-23　SCSI 接口配置示例

（4）每个 SCSI 设备有自己的唯一设备号（ID）。ID＝7 的设备具有最高优先级，ID＝0 的设备优先级最低。SCSI 采用分布式总线仲裁策略。在仲裁阶段，竞争的设备以自己的设备号驱动数据线中相应的位线（如 ID＝7 的设备驱动 $DB_7$ 线），并与数据线上的值进行比较。因此仲裁逻辑比较简单，而且在 SCSI 的总线选择阶段，启动设备和目标设备的设备号能同时出现在数据线上。

（5）所谓 SCSI 设备是指连接在 SCSI 总线上的智能设备，即除 HBA 外，其他 SCSI 设备实际是外设的适配器或控制器。每个适配器或控制器通过各自的设备级 I/O 线可连接一台或几台同类型的外设（如一个 SCSI 硬盘控制器接 2 台硬盘驱动器）。SCSI 标准允许每个 SCSI 设备最多有 8 个逻辑单元，每个逻辑单元既可以是物理设备也可以是虚拟设备。每个逻辑单元有一个逻辑单元号（LUN0～LUN7）。

（6）由于 SCSI 设备是智能设备，对 SCSI 总线以至主机屏蔽了实际外设的固有物理属性(如磁盘柱面数、磁头数等参数)，各 SCSI 设备之间就可用一套标准的命令进行数据传送，也为设备的升级或系统的系列化提供了灵活的处理手段。

(7) SCSI 设备之间是对等关系，而不是主从关系。SCSI 设备分为启动设备(发送命令的设备)和目标设备(接收并响应命令的设备)，但启动设备和目标设备是依当时总线的运行状态划分的，而不是预先规定的。

总之，SCSI 是系统级接口，是处于 HBA 和智能设备控制器之间的并行 I/O 接口。一个 HBA 可以接 7 台具有 SCSI 接口的设备，这些设备可以是类型完全不同的设备，而 HBA 只占主机的一个槽口。这对于缓解计算机挂接外设的数量和类型越来越多、主机槽口日益紧张的状况很有吸引力。

为提高数据传输率和改善接口的兼容性，20 世纪 90 年代又陆续推出了 SCSI-2 和 SCSI-3 标准。SCSI-2 扩充了 SCSI 的命令集，通过提高时钟速率和数据线宽度，最高数据传输率可达 40MB/s，采用 68 芯电缆，且对电缆采用有源终端器。SCSI-3 标准允许 SCSI 总线上连接的设备由 8 个提高到 16 个，可支持 16 位数据传输。另一个变化是发展串行 SCSI，使串行数据传输率达到 640Mb/s(电缆)或 1Gb/s(光纤)，从而使串行 SCSI 成为 IEEE 1394 标准的基础。

## 8.6.2　串行 I/O 标准接口 IEEE 1394

### 1. IEEE 1394 的性能特点

随着 CPU 速度达到上百兆赫，存储器容量达到 GB 级，以及 PC、工作站、服务器对快速 I/O 的强烈需求，工业界期望能有一种更高速、连接更方便的 I/O 接口。1993 年，Apple 公司公布了一种高速串行接口，希望能取代并行的 SCSI 接口。IEEE 接管了这项工作，在此基础上制定了 IEEE 1394。该标准定义了 FireWire 接口，它是一个通用的串行 I/O 接口。

IEEE 1394 串行接口与 SCSI 等并行接口相比，有如下 3 个显著特点。

(1) 数据传输率高。

IEEE 1394 的数据传输率分为 100Mb/s、200Mb/s，400Mb/s，而 SCSI-2 也只有 40MB/s(相当于 320Mb/s)。这样的高速特性特别适合于新型高速硬盘及多媒体数据传送。

IEEE 1394 之所以达到高速，有两个原因：一是因为串行传送比并行传送更容易提高数据传送时钟速率；二是因为它采用了 DS-Link 编码技术，把时钟信号的变化转变为选通信号的变化，即使在很高的时钟速率下也不易引起信号失真。

(2) 数据实时传送。

实时性可保证图像和声音不会出现时断时续的现象，因此对多媒体数据传送特别重要。

IEEE 1394 之所以做到了实时性，原因有两个：一是它除了异步传送外，还提供了一种等步传送方式，数据以一系列固定长度的包等间隔地连续发送，端到端既有最大延时限制而又有最小延时限制；二是总线仲裁除优先级仲裁方式之外，还有均等仲裁和紧急仲裁方式。

(3) 体积小,易安装,连接方便。

IEEE 1394 使用 6 芯电缆,直径约为 6mm,插座也小。而 SCSI 使用 50 芯或 68 芯电缆,插座较大。在当前 PC 要连接的设备越来越多,主机箱的体积越来越小的情况下,电缆细、插座小的 IEEE 1394 是很有吸引力的,尤其对笔记本计算机等便携设备。

IEEE 1394 的电缆不需要与电缆阻抗匹配的终端器,而且电缆上的设备随时可从插座拔出或插入插座,即具有热插拔能力,这对用户安装和使用 IEEE 1394 设备很有利。

### 2. IEEE 1394 的配置

IEEE 1394 采用菊花链式配置,但也允许树状结构配置。事实上,菊花链结构是树状结构的一种特殊情况。

IEEE 1394 接口也需要一个 HBA 和系统总线相连。这个 HBA 的功能逻辑在高档的 Pentium 机中集成在主板核心芯片组 PCI 总线到 ISA 总线的桥芯片中。机箱的背面只能看到 HBA 的外接端口插座。

在这里将 HBA 及其端口称为主端口。主端口是 IEEE 1394 接口树状结构配置的根节点。一个主端口最多可连接 63 台设备,这些设备称为节点,它们构成亲子关系。两个相邻节点之间的电缆最长为 4.5m,但两个节点之间进行通信时中间最多可经过 15 个节点的转接再驱动,因此通信的最大距离是 72m。电缆不需要终端器。图 8-24 给出了 IEEE 1394 配置示例,其中右侧是线性连接方式,左侧是层次连接方式,整体是一个树状结构。

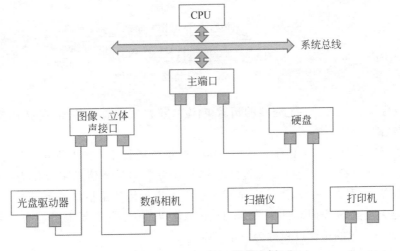

图 8-24 IEEE 1394 配置实例

IEEE 1394 采用集中式总线仲裁方式。中央仲裁逻辑在主端口内,并以先到先服务的方式处理节点提出的总线访问请求。在多个节点同时提出总线访问请求时,按照优先级进行仲裁。最靠近根节点的竞争节点有最高的优先级;同样靠近根节点的竞争节点,其设备标识号(ID)大的有更高优先级。IEEE 1394 具有即插即用功能,设备标识号是系统自动指定的，而不是用户设定的。

为了保证总线设备的对等性和数据传送的实时性，IEEE 1394 的总线仲裁还增加了均等仲裁和紧急仲裁功能。均等仲裁是将总线时间分成均等的间隔期，当间隔期开始时，竞争的每个节点将自己的仲裁允许标志置位，在间隔期内各节点可竞争总线的使用权。一旦某节点获得总线访问权，则它的仲裁允许标志被复位，在此期间它不能再去竞争总线，以此防止具有高优先级的忙设备独占总线。紧急仲裁是指对某些高优先级的节点可为其指派紧急优先级。具有紧急优先级的节点可在一个间隔期内多次获得总线访问权，允许它控制 75% 的总线可用时间。

### 3. IEEE 1394 协议集

IEEE 1394 的一个重要特色是规范了一个三层协议集，将串行总线与各外设的交互动作标准化。图 8-25 给出了 IEEE 1394 协议集的结构。该协议集由以下 4 部分组成：

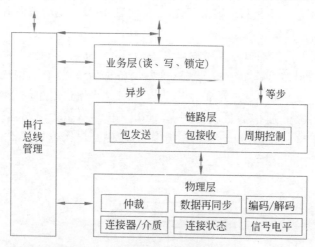

图 8-25　IEEE 1394 协议集的结构

（1）业务层。定义了一个完整的请求-响应协议以实现总线传输，包括读操作、写操作和锁定操作。

（2）链路层。可为应用程序直接提供等步数据传送服务。它支持异步和等步的包传送。异步包传送是指将一个可变总量的数据及业务层的几个信息字节作为一个包传送到显式地址的目标方，并要求返回一个确认包。等步包传送是指将一个可变总量的数据以一串固定大小的包按照等间隔发送，使用简化寻址方式，不要求目标方确认。IEEE 1394 把完成一个包的递交过程称为一个子动作。

（3）物理层。该层将链路层的逻辑信号根据不同的串行总线介质转换成相应的电信号，也为串行总线的接口定义了电气和机械特性。实际上，IEEE 1394 串行接口的物理拓扑结构分成底板环境和电气环境两部分。总线规范并未要求特别的环境设定。所有节点可严格限定在单一底板上，也可直接连在电缆上。

（4）串行总线管理。它提供总线节点所需的标准控制、状态寄存器服务和基本控制功能。

总之,IEEE 1394 是一种高速串行 I/O 标准接口。英特尔、微软等公司联手将 IEEE 1394 列为 1998 年以后的新一代 PC 标准接口。IEEE 1394 另一个重大特点是各被连接装置的关系是平等的,不用 PC 介入也能自成系统。例如,利用数码相机直接进行印刷的打印机便可利用这一特点。这意味着 IEEE 1394 在家电等消费类电子设备的连接应用方面有很好的前景。

### 8.6.3　I/O 系统设计

I/O 系统设计要考虑两个主要问题:时延约束和带宽约束。在考虑这两种问题的情况下,对通信模式的认知将影响整个系统的分析和设计。

时延约束确保完成一次 I/O 操作的延迟时间被限制在一定范围内。一种简单的情况是认为系统是无负载的,设计者必须保证满足某些时延约束,这是因为这种限制对应用程序非常重要,或者设备为了防止某种错误必须接受某些有保证的服务。同样,在一个无负载系统中计算延迟时间比较容易,因为只需跟踪 I/O 操作的路径并累加延迟时间即可。

在有负载的情况下,得到平均时延是一个复杂的问题。这个问题可以通过排队理论(当工作量请求的行为和 I/O 服务次数能够通过简单的分布近似时)或模拟(当 I/O 事件的行为很复杂时)的方法解决。

给定一个工作负载,设计一个满足一组带宽约束的 I/O 系统是设计者需要面对的另一个典型问题。或者给定一个部分配置好的 I/O 系统,要求设计者平衡系统,以维持该系统预配置部分规定的可能达到的最大带宽。

设计这样的 I/O 系统的一般方法如下:

(1) 找出 I/O 系统中效率最低的连接,它是 I/O 路径中约束设计的部件。依赖于不同的工作负载,该部件可以存在于任何地方,包括 CPU、内存系统、底板总线或 I/O 控制器。工作负载和配置限制会决定这个效率最低的部件到底在哪里。

(2) 配置这个部件以保持所需的带宽。

(3) 研究系统中其他部分的需求,对这些部分进行配置以支持所需的带宽。

【例 8-5】　考虑下面的计算机系统:

(1) CPU 每秒执行 30 亿($3 \times 10^9$)条指令,在操作系统中每次 I/O 操作中平均执行 100 000 条指令。

(2) 内存底板总线的传输速度(总线带宽)为 1000MB/s。

(3) SCSI Ultra320 型控制器有 320MB/s 的传输率,最多支持 7 个磁盘驱动器。

(4) 磁盘驱动器的读写带宽为 75MB/s,平均寻道时间加旋转延迟时间为 6ms。

如果有读取 64KB 数据(这个数据块在一条磁道上按顺序排列)的工作负载,并且用户程序每次 I/O 操作需要执行 200 000 条指令,计算该计算机系统能支持的最大 I/O 速度、磁盘驱动器的数目和所需的 SCSI 控制器的数目。假设:如果存在空闲磁盘,那么读操作将一直进行(即忽略磁盘冲突)。

解:系统中的两个固定部件是内存总线和 CPU。先计算这两个部件能够支持的 I/O 速度并判断哪个部件是瓶颈。每一次 I/O 操作需要执行 200 000 个用户指令和 100 000 个

操作系统指令，所以

$$CPU\ 的最大\ I/O\ 速度 = \frac{指令执行速度}{每次\ I/O\ 操作执行的指令数} = \frac{3\times10^9}{200\ 000 + 100\ 000}$$
$$= 10\ 000\ 次/秒$$

每次 I/O 操作传输 64KB 数据，所以

$$总线的最大\ I/O\ 速度 = \frac{总线带宽}{每次\ I/O\ 操作传送的字节数} = \frac{1000MB/s}{64KB} \approx 16\ 000\ 次/秒$$

因为 CPU 的最大 I/O 速度小于总线的最大 I/O 速度，所以 CPU 是瓶颈。现在以 CPU 所能达到的性能为标准，把系统的剩余部分配置为每秒执行 10 000 次 I/O 操作。

接下来计算需要多少个磁盘驱动器才能达到每秒 10 000 次 I/O 操作。为了计算磁盘驱动器数，先计算磁盘一次 I/O 操作的时间：

$$磁盘一次\ I/O\ 操作的时间 = 寻道时间 + 旋转时间 + 传输时间 = 6ms + \frac{64KB}{75MB/s} \approx 6.9ms$$

这意味着每个磁盘每秒能够完成 1000ms/6.9ms≈145 次 I/O 操作。为了满足 CPU 所需的每秒 10 000 次 I/O 操作，需要 10 000/145≈69 个磁盘驱动器。

为了计算 SCSI 控制器的数目，需要检查磁盘的传输速度，看一看能否使总线饱和。

$$磁盘的传输速度 = \frac{传输大小}{传输时间} = \frac{64KB}{6.9ms} \approx 9.06MB/s$$

每个 SCSI 控制器可连接的磁盘驱动器的最大数目为 7，这样不致占满总线。这意味着将需要 69/7≈10 个 SCSI 控制器。

本例做了许多简化的假设。在实际情况中，这样的假设对于关键的 I/O 应用程序可能无法成立。

# 习　题

一、基础题

1. 选择题

(1) 主机、外设不能并行工作的方式是（　　）。
　　A. 程序查询方式　　　　　　　　　B. 中断方式
　　C. 通道方式　　　　　　　　　　　D. DMA 方式
(2) 在单独（独立）编址下，下面的说法中（　　）是正确的。
　　A. 一个具体地址只能对应输入输出设备
　　B. 一个具体地址只能对应内存单元
　　C. 一个具体地址既可对应输入输出设备，也可对应内存单元
　　D. 一个具体地址只对应内存单元或只对应 I/O 设备
(3) 在关中断状态，不可响应的中断是（　　）。
　　A. 硬件中断　　　　　　　　　　　B. 软件中断
　　C. 可屏蔽中断　　　　　　　　　　D. 不可屏蔽中断

（4）禁止中断的功能可由（　　）完成。

　　A. 中断触发器　　　　　　　　　　　B. 中断允许触发器

　　C. 中断屏蔽触发器　　　　　　　　　D. 中断禁止触发器

（5）在微机系统中，主机与高速硬盘进行数据交换一般用（　　）方式。

　　A. 程序中断控制　　　　　　　　　　B. DMA

　　C. 程序直接控制　　　　　　　　　　D. 通道

（6）常用于大型计算机的控制方式是（　　）。

　　A. 程序中断控制　　　　　　　　　　B. DMA

　　C. 程序直接控制　　　　　　　　　　D. 通道

（7）DMA 数据的传送是以（　　）为单位进行的。

　　A. 字节　　　　　　　B. 字　　　　　　　C. 数据块　　　　　　D. 位

（8）DMA 是在（　　）之间建立的直接数据通路。

　　A. CPU 与外设　　　　　　　　　　　B. 主存与外设

　　C. 外设与外设　　　　　　　　　　　D. CPU 与主存

（9）成组多路通道数据的传送是以（　　）为单位进行的。

　　A. 字节　　　　　　　B. 字　　　　　　　C. 数据块　　　　　　D. 位

（10）通道是特殊的处理器，它有自己的（　　），故并行工作能力较强。

　　A. 运算器　　　　　　　　　　　　　B. 存储器

　　C. 指令和程序　　　　　　　　　　　D. 以上均有

## 2. 填空题

（1）实现输入输出数据传送方式分成三种：_____、_____和程序查询方式。

（2）输入输出设备寻址方式有_____和_____。

（3）CPU 响应中断时最先完成的两个步骤是_____和_____。

（4）内部中断是由_____引起的，如运算溢出等。

（5）外部中断是由_____引起的，如输入输出设备产生的中断。

（6）DMA 的含义是_____，用于解决_____问题。

（7）DMA 数据传送过程可分为_____、数据块传送和_____ 3 个阶段。

（8）基本 DMA 控制器主要由_____、_____、数据寄存器、控制逻辑、标志寄存器及地址译码与同步电路组成。

（9）在中断服务中，开中断的目的是允许_____。

（10）中断向量对应一个_____。

（11）接口收到中断响应信号 INIA 后，将_____传送给 CPU。

（12）中断屏蔽的作用有两个，即_____和_____。

（13）CPU 响应中断时，必须先保护当前程序的断点状态，然后才能执行中断服务程序，这里的断点状态是指_____。

（14）通道是一个特殊功能_____，它有自己的_____，专门负责数据输入输出的传送控制。CPU 只负责_____的功能。

（15）CPU 对外设的控制方式按 CPU 的介入程度从小到大为_____、_____、_____、_____。

## 3. 判断题

（1）所有的数据传送方式都必须由 CPU 控制实现。　　　　　　（　　）
（2）屏蔽所有的中断源，即为关中断。　　　　　　　　　　　　（　　）
（3）中断请求出现时，CPU 立即停止当前指令的执行，转去受理中断请求。（　　）
（4）CPU 响应中断时，暂停运行当前程序，自动转移到中断服务程序。（　　）
（5）中断方式一般适用于随机出现的服务。　　　　　　　　　　（　　）
（6）DMA 设备的中断级别比其他外设高，否则可能引起数据丢失。（　　）
（7）CPU 在响应中断后可立即响应更高优先级的中断请求（不考虑中断优先级的动态分配）。　　　　　　　　　　　　　　　　　　　　　　　　　（　　）
（8）DMA 控制器和 CPU 可同时使用总线。　　　　　　　　　（　　）
（9）DMA 是主存与外设之间交换数据的方式，也可用于主存与主存之间的数据交换。（　　）
（10）为保证中断服务程序执行完毕以后能正确返回断点继续执行程序，必须进行现场保存操作。　　　　　　　　　　　　　　　　　　　　　　　（　　）

## 4. 简答题

（1）关于程序查询方式、中断方式和 DMA 方式，下面这些说法正确吗？
① 中断方式能提高 CPU 利用率，所以在设置了中断方式后就没有再应用程序查询方式的必要了。
② DMA 方式能处理高速外设与主存间的数据传送，高速工作性能往往能覆盖低速工作要求，所以 DMA 方式可以完全取代中断方式。
（2）什么是总线？总线传输有何特点？为了减轻总线负载，总线上的部件应具备什么特点？
（3）试比较同步通信和异步通信。

## 二、提高题

（1）【2009 年计算机联考真题】下列选项中，能引起外部中断的事件是（　　）。
    A. 键盘输入　　　　　　　　　　B. 除数为 0
    C. 浮点运算下溢　　　　　　　　D. 访存缺页
（2）【2011 年计算机联考真题】假定不采用 Cache 和指令预取技术，且计算机处于"开中断"状态。则在下列有关指令执行的叙述中，错误的是（　　）。
    A. 每个指令周期中 CPU 都至少访问内存一次
    B. 每个指令周期一定大于或等于一个 CPU 周期
    C. 空操作指令的指令周期中任何寄存器的内容都不会改变
    D. 当前程序在每条指令执行结束时都可能被外部中断打断

（3）【2011 年计算机联考真题】在系统总线的数据线上，不可能传输的是（　　）。

    A. 指令               B. 操作数               C. 握手（应答）信号  D. 中断类信号

（4）【2009 年计算机联考真题】假设某系统总线在一个总线周期中并行传输 8 字节信息，一个总线周期占用两个时钟周期，总线时钟频率为 10MHz，则总线带宽是（　　）。

    A. 10MB/s          B. 20MBs/          C. 40MB/s          D. 80MB/s

（5）【2010 年计算机联考真题】下列选项中的英文缩写均为总线标准的是（　　）。

    A. PCI、CRT、USB、EISA               B. ISA、CP、VESA、EISA

    C. ISA、SCSI、RAM、MIPS            D. ISA、HSA、PCI、PCI-Express

（6）以下关于总线的叙述中，正确的是（　　）。

Ⅰ. 总线忙信号由总线控制器建立

Ⅱ. 计数器定时查询方式不需要总线同意信号

Ⅲ. 链式查询方式、计数器查询方式、独立请求方式所需控制线路由少到多排序是链式查询方式、独立请求方式、计数器查询方式

    A. Ⅰ、Ⅲ               B. Ⅱ、Ⅲ               C. 只有Ⅲ            D. 只有Ⅱ

# 第 9 章

# TD-CMA 实验箱实验

## 9.1 TD-CMA 实验箱简介

TD-CMA 教学实验系统（以下简称 TD-CMA 实验箱）是西安唐都科教仪器公司 2008 年推出的新一代计算机组成原理与系统结构教学实验设备。该设备可使学生通过实验更有效地理解并掌握计算机的组成，为进一步开展具有实用价值的计算机系统设计打下良好的基础。

### 9.1.1 系统构成

TD-CMA 实验箱的硬件如表 9-1 所示。

表 9-1　TD-CMA 实验箱的硬件

| 硬 件 单 元 | 说　　明 |
| --- | --- |
| MC 单元 | 微程序存储器、微命令寄存器、微地址寄存器、微命令译码器等 |
| ALU&REG 单元 | 算术逻辑移位运算部件、A/B 显示灯、4 个通用寄存器 |
| PC&AR 单元 | 程序计数器、地址寄存器 |
| IR 单元 | 指令寄存器、指令译码电路、寄存器译码电路 |
| CPU 内总线 | CPU 内部数据排线座 |
| 数据总线 | LED 显示灯、数据排线座 |
| 地址总线 | LED 显示灯、地址译码电路、数据排线座 |
| 控制总线 | 读写译码电路、CPU 中断使能寄存器、DMA 控制电路 |
| 扩展总线 | LED 显示灯、扩展总线排线座 |
| IN 单元 | 8 位开关、LED 显示灯 |
| OUT 单元 | 8 位数码管、数码管显示译码电路 |
| MEM 单元 | SRAM 6116 芯片 |
| 8259 单元 | 8259 芯片 |

续表

| 硬 件 单 元 | 说　　　明 |
|---|---|
| 8237 单元 | 8237 芯片 |
| 8253 单元 | 8253 芯片 |
| CON 单元 | 3 组 8 位开关、系统清零按钮 |
| 时序与操作台单元 | 时序发生电路、555 多谐振荡电路、单脉冲输出电路、本地主/控存编程/校验电路、本地调试及运行操作控制电路 |
| SYS 单元 | 系统监视电路、总线竞争报警电路 |
| 逻辑测量单元 | 4 路逻辑示波器 |
| 扩展单元 | LED 显示灯、扩展接线座 |
| CPLD 单元 | ALTERA MAX Ⅱ EPM1270T144C5、下载电路、LED 显示灯 |

### 1. MC 单元

MC(微控制器)单元由编程部分和核心微控制器部分组成。

### 2. ALU&REG 单元

ALU 是 CPU 的核心部件,承载了 CPU 所有的运算操作,它由运算部位、逻辑部位和位移部件等组成。ALU 模块由一块 CPLD 模拟运行。ALU 模块和 REG 模块是构成基本运算器的主要模块,基本运算器实验就是以此为基础进行的。

### 3. PC&AR 单元

PC&AR 单元由程序计数器(PC)、地址寄存器(AR)组成,其输出为 $A_7 \sim A_0$,它的主要作用是进行地址的锁存,当地址控制信号 LDAR 为高电平时,若 $T_3$ 上升沿到来,则二输入与门有效, AR 就把 $D_7 \sim D_0$ 输入值送入地址总线。

### 4. IR 单元

IR(指令寄存器)单元包括指令寄存器、指令译码电路(INS_DEC)、寄存器译码电路(REG_DEC)。其作用是实现程序的跳转控制和对通用寄存器的选择控制。

### 5. 总线单元

总线是 CPU 进行数据交换的主要通道,一般分为数据总线、地址总线和控制总线。这些总线构成了 CPU 的总体框架结构。

(1) 数据总线是 CPU 与 RAM、ROM 及其他外设进行数据交换的双向通道。8 个 LED 显示灯分别对应 $D_7 \sim D_0$,显示数据总线上的内容。

(2) 地址总线使用 SN74LS139 双 2-4 线译码器完成 I/O 地址的译码工作,其作用是选择 I/O 线、产生 I/O 片选信号。

（3）控制总线包含 CPU 对存储器和 I/O 进行读写操作时的读写译码电路、CPU 中断使能寄存器、外部中断请求指示灯（INTR）、CPU 中断使能指示灯（EI）。其最常用的功能是与时序单元连接，依据产生的 $T$ 脉冲控制不同的操作，例如读写操作。

### 6. IN/OUT 单元

IN/OUT（输入输出）单元由 IN（输入）单元和 OUT（输出）单元组成。

（1）IN 单元使用 8 个双刀双掷拨动开关，输入数据的同时在 LED 显示灯上显示相应的开关状态。

（2）OUT 单元为 8 位数码管。

### 7. MEM 单元

MEM（存储器）单元使用一片静态随机存储器（SRAM）6116 和对应的编程电路组成，6116 是一种 $2K \times 8b$ 的高速静态 CMOS SRAM，它主要存储数据，不具备掉电保存的功能。读写信号低电平有效，片选信号也是低电平有效。

### 8. 外设单元

外设单元包括 8259 单元、8237 单元和 8253 单元。

### 9. 时序与操作台单元

任何 CPU 都是在时序的驱动条件下工作的，时序是 CPU 运行的基本条件。时序单元可以提供单脉冲或连续时钟信号。555 芯片可以构成多谐振荡器，它的输出端 Q 输出的时钟频率经分频之后，输出频率为 30Hz、300Hz，占空比为 50% 的连续时钟信号。单脉冲输出电路是通过按动 KK 按钮（微动开关）完成的，每按动一次 KK 按钮，在 KK＋和 KK-端将分别输出一个上升沿和一个下降沿单脉冲。

### 10. CON 单元

系统运行时，为了对微控制器进行操作，有很多控制信号需要用二进制开关模拟给出，所以在实验箱的最下方安排的是（CON）单元。该单元包含一个系统总清复位按钮（CLR）和 24 个双刀双掷开关。CLR 平时上拉，为高电平；下拉 CLR 时输出低电平，为系统提供清零信号，恢复初始状态。另外，实验箱的 LED 指示灯均为正逻辑，1 为高电平，0 为低电平。

### 11. SYS 单元

SYS（系统）单元有两个职责：实现实验箱与 PC 的硬件连接；检测数据总线上的竞争现象，并发出警报。

### 12. 逻辑测量单元

逻辑测量单元利用 4 路逻辑示波器 $CH_0 \sim CH_3$，通过探头得到被测点的逻辑波形，在软件界面中显示。

**13. CPLD 单元**

CPLD 是可编程逻辑器件,是 Quartus 软件结合比较紧密的器件。

## 9.1.2　硬件布局

TD-CMA 实验箱的硬件布局是按照计算机组成结构设计的,如图 9-1 所示。

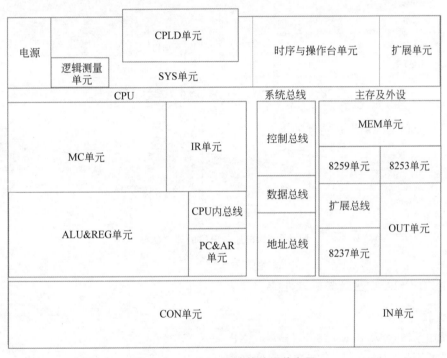

图 9-1　TD-CMA 实验箱的硬件布局

最上面一部分是 SYS 单元,这个单元是非操作区,其余单元均为操作区。在 SYS 单元之上架有 CPLD 单元,逻辑测量单元位于 SYS 单元的左侧,时序与操作台单元位于 SYS 单元的右侧。

所有构成 CPU 的单元放在中间区域的左边,并标注了"CPU"。CPU 对外表现的是系统总线,包括控制总线、数据总线和地址总线,这 3 条总线并排位于 CPU 右侧。与这 3 条总线挂接的主存和各种 I/O 设备都集中放在系统总线的右侧。

在实验箱中上部对 CPU、系统总线、主存及外设分别有清晰的文字标注,通过这 3 部分的模块可以方便地构造各种不同复杂程度的模型计算机。

系统独立运行时,为了对微控制器或主存进行读写操作,在实验箱最下方的 CON 单元中安排了一个开关组 SD07～SD00,专门用来给出主/控存的地址。在进行部件实验时,有很多控制信号需要用二进制开关模拟给出,所以在实验箱的最下方安排的是 CON 单元。

### 9.1.3  系统的安装

**1. TD-CMA 实验箱与 PC 连接**

用一根 RS232C 通信电缆按图 9-2 所示将 PC 串口和 TD-CMA 实验箱中的串口连接在一起。

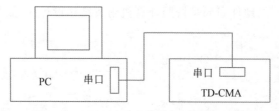

图 9-2  TD-CMA 实验箱与 PC 连机示意图

串行通信电缆的连接情况如图 9-3 所示。

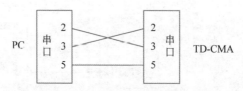

图 9-3  串口通信电缆的连接情况

**2. TD-CMA 实验箱联机软件的安装**

1）软件运行环境
操作系统：Windows 98/NT/2000/XP。
最低配置：Pentium CPU,300MHz。
内存：64MB。
显示卡：标准 VGA，256 色显示模式以上。
硬盘：20MB 以上。
光驱：标准 CD-ROM。
2）软件安装与运行
可以通过"资源管理器"找到光盘中软件安装目录下的"安装 CMA.EXE"文件，双击执行该文件，按屏幕提示进行安装操作。软件安装成功后，在桌面"开始"菜单的"程序"里将出现 CMA 程序组，单击 CMA 即可运行软件。
3）软件卸载
TD-CMA 实验箱的软件提供了自卸载功能，因而可以方便地删除该软件的所有文件、程序组或快捷方式。选择"开始"→"程序"→CMA，然后选择"卸载"命令，就可以执行卸载功能，按照屏幕提示操作即可安全、快速地卸载软件。

## 9.1.4　软件操作说明

TD-CMA 实验箱的软件主界面如图 9-4 所示,由指令区、输出区和图形区 3 部分组成。

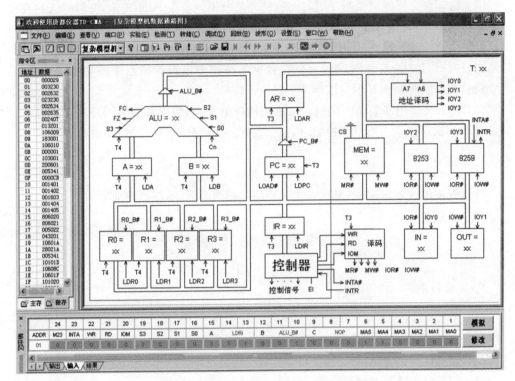

图 9-4　TD-CMA 实验箱的软件主界面

### 1. 指令区

指令区分为机器指令区和微指令区。指令区下方有两个选项卡,分别是"主存"和"微存",可通过这两个选项卡在两者之间切换。

(1) 机器指令区分为两列,第一列为主存地址(00~FF,共 256 个单元),第二列为每个地址对应的数值。串口通信正常且串口无其他操作时,可以直接修改指定单元的内容:单击要修改的单元的数据,此时单元格会变成一个编辑框,即可输入数据,编辑框只接收两位合法的 16 进制数,按 Enter 键或用单击单元格以外的区域,即可完成修改工作。按 Esc 键可取消修改,编辑框会自动消失,恢复显示原来的值,也可以通过上下方向键移动编辑框。

(2) 微指令区分为两列,第一列为微控器地址(00~3F,共 64 个单元),第二列为每个地址对应的微指令,共 6 字节。修改微指令的操作和修改机器指令一样,只不过微指令是 6 位,而机器指令是两位。

### 2. 输出区

输出区由输出页、输入页和结果页组成。

（1）输出页。在数据通路图中打开，且该通路图中用到微控制器。运行程序时，输出页用来实时显示当前正在执行的微指令和下一条将要执行的微指令的 24 位微码及其微地址。当前正在执行的微指令的显示可通过菜单"设置"→"当前微指令"命令进行控制。

（2）输入页。可以对微指令进行按位输入及模拟。单击 ADDR 值，此时单元格会变成一个编辑框，即可输入微地址，然后按 Enter 键，编辑框就会消失。后面的 24 位代表当前地址的 24 位微码，微码值用红色显示，单击微码值可使该值在 0、1 之间切换。在数据通路图打开时，单击"模拟"按钮，可以在数据通路图中模拟该微指令的功能。单击"修改"按钮，则可以将当前显示的微码值下载到下位机。

（3）结果页。用来显示一些提示信息或错误信息，当保存和装载程序时会在这一区域显示一些提示信息。当系统检测时，也会在这一区域显示检测状态和检测结果。

**3. 图形区**

可以在图形区编辑指令，显示各个实验的数据通路图、示波器界面等。

# 9.2　时序与操作台实验

**1. 实验目的**

（1）了解 TD-CMA 实验箱的基本组成。
（2）熟悉 TD-CMA 实验箱软件的应用。
（3）熟悉接线的方法。
（4）掌握时序控制逻辑。

**2. 实验设备**

（1）PC 一台。
（2）TD-CMA 教学实验系统一套。

**3. 实验内容**

（1）安装 TD-CMA 实验箱软件。
（2）连接时序电路和控制总线。
（3）操作时序与操作台单元。
（4）观察 LED 显示灯状态和时序的关系。

**4. 实验原理**

（1）本实验用到了时序与操作台单元和总线单元。
（2）将时序与操作台单元和总线单元连接起来。
（3）操作时序与操作台单元，通过总线时序 LED 显示灯观察结果。

**5. 实验步骤**

(1) 关闭 TD-CMA 实验箱电源,按图 9-5 连接实验电路,并检查接线无误。图 9-5 中将用户需要连接的信号用圆圈标明。

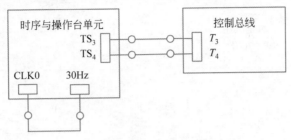

图 9-5　时序控制与操作台实验电路

(2) 将时序与操作台单元的开关 KK2 置为"单拍"挡,开关 KK1、KK3 置为"运行"挡。

(3) 给出时序信号,连续按动开关 ST,观察总线单元的 LED 显示灯。LED 显示灯按顺序显示为 $T_1 \sim T_4$ 时刻。

# 9.3　读写控制逻辑实验

**1. 实验目的**

(1) 进一步熟悉 TD-CMA 实验箱。
(2) 熟练掌握接线的方法。
(3) 掌握数据的读写控制逻辑。

**2. 实验设备**

(1) PC 一台。
(2) TD-CMA 教学实验系统一套。

**3. 实验内容**

(1) 回顾 TD-CMA 实验箱的硬件布局。
(2) 连接 IN/OUT 单元和 MEM 单元之间的控制总线,用扩展 LED 显示灯显示总线执行状态。

**4. 实验原理**

(1) 本实验用到了总线单元的控制总线和扩展单元。
(2) 控制总线有一个读写译码电路,可实现对主存和 I/O 设备的读写控制。
(3) 扩展单元有 LED 显示灯,可以将读写状态显示出来。

**5. 实验步骤**

（1）关闭 TD-CMA 实验箱电源，按图 9-6 连接实验电路，并检查接线无误。图 9-6 中将用户需要连接的信号用圆圈标明。

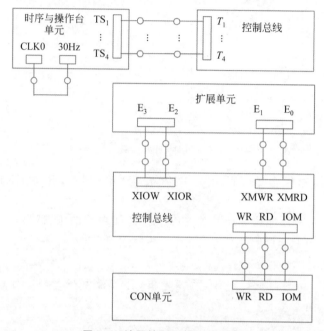

图 9-6　读写控制逻辑实验电路

（2）对主存进行读操作：IOM＝0，WR＝0，RD＝1，此时 $E_0$ 灯灭，表示存储器读功能信号有效。

（3）对主存进行写操作：IOM＝0，WR＝1，RD＝0，连续按动开关 ST，观察扩展单元 LED 显示灯，在 LED 显示灯显示为 $T_3$ 时刻时，$E_3$ 灯灭，表示主存写功能信号有效。

（4）对 I/O 设备进行读操作：IOM＝1，WR＝0，RD＝1，此时 $E_2$ 灯灭，表示 I/O 设备读功能信号有效。

（5）对 I/O 设备进行写操作：IOM＝1，WR＝1，RD＝0，连续按动开关 ST，观察扩展单元 LED 显示灯，LED 显示灯显示为 $T_3$ 时刻时，$E_3$ 灯灭，表示 I/O 设备写功能信号有效。

# 9.4　I/O 设备控制实验

**1. 实验目的**

（1）熟悉 TD-CMA 实验箱的 I/O 设备。
（2）熟悉控制总线对 I/O 设备的读写。

**2. 实验设备**

（1）PC 一台。

（2）TD-CMA 教学实验系统一套。

**3. 实验内容**

（1）熟悉 TD-CMA 实验箱的 IN/OUT 单元。

（2）连接总线单元的控制总线和 IN/OUT 单元，实现数据的输入并通过 LED 显示灯显示出来。

**4. 实验原理**

（1）本实验用到了总线单元的控制总线、IN 单元和 OUT 单元。

（2）控制总线有一个读写译码电路，可实现对主存和 I/O 设备的读写控制。

（3）通过控制总线控制 IN/OUT 单元对数据进行写入和显示。

**5. 实验步骤**

（1）关闭 TD-CMA 实验箱电源，按图 9-7 连接实验电路，并检查接线无误。图 9-7 中将用户需要连接的信号用圆圈标明。

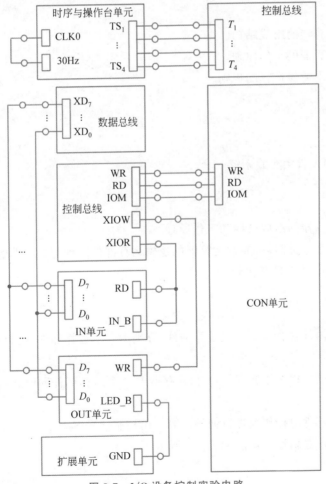

**图 9-7　I/O 设备控制实验电路**

（2）将时序与操作台单元的开关 KK2 置为"单拍"挡，开关 KK1、KK3 置为"运行"挡。

（3）拨动 IN 单元的 $D_7 \sim D_0$ 数据开关，形成二进制数（这里输入自己学号的后两位，注意需将十进制的两位数转换为两个 4 位二进制数）。LED 显示灯亮为 1，灭为 0。

（4）对 I/O 设备进行读操作：IOM=1，WR=0，RD=1，此时总线数据 LED 显示灯会呈现与 IN 单元的 LED 显示灯相同的状态。如果不一致，说明有误。

（5）对 I/O 设备进行写操作：IOM=1，WR=1，RD=0，连续按动开关 ST，当时序 LED 显示灯显示为 $T_3$ 时刻时，数据总线上的数据写入 OUT 单元，并通过 LED 显示灯显示出来。

# 9.5　运算器实验

## 9.5.1　运算器实验一

### 1. 实验目的

（1）了解运算器的组成结构。
（2）掌握运算器的工作原理。
（3）掌握基本逻辑运算的规则。

### 2. 实验设备

（1）PC 一台。
（2）TD-CMA 教学实验系统一套。

### 3. 实验内容

（1）了解运算器的组成结构和工作原理。
（2）输入两个二进制数，通过运算器的逻辑运算部件实现与、或、非逻辑运算，并将运算结果与手工运算结果进行比较。

### 4. 实验原理

（1）运算器内部含有 3 个独立运算部件，分别为算术运算部件、逻辑运算部件和移位运算部件。

（2）要处理的数据存于暂存器 A 和暂存器 B，3 个运算部件同时接收来自 A 和 B 的数据。

（3）各运算部件对操作数进行何种运算是由控制信号 $S_3 \sim S_0$ 和 CN 决定的。

（4）运算器的逻辑运算功能如表 9-2 所示。

表 9-2    运算器的逻辑运算功能

| 运算类型 | $S_3S_2S_1S_0$ | CN | 功    能 | |
|---|---|---|---|---|
| 逻辑运算 | 0000 | × | $F=A$（直通） | |
| | 0001 | × | $F=B$（直通） | |
| | 0010 | × | $F=AB$ | （FZ） |
| | 0011 | × | $F=A+B$ | （FZ） |
| | 0100 | × | $F=/A$ | （FZ） |
| 移位运算 | 0101 | × | $F=A$ 不带进位循环右移 $B$（取低 3 位）位 | （FZ） |
| | 0110 | 0 | $F=A$ 逻辑右移一位 | （FZ） |
| | | 1 | $F=A$ 带进位循环右移一位 | （FC,FZ） |
| | 0111 | 0 | $F=A$ 逻辑左移一位 | （FZ） |
| | | 1 | $F=A$ 带进位循环左移一位 | （FC,FZ） |
| 算术运算 | 1000 | × | 置 $FC=CN$ | （FC） |
| | 1001 | × | $F=A$ 加 $B$ | （FC,FZ） |
| | 1010 | × | $F=A$ 加 $B$ 加 $FC$ | （FC,FZ） |
| | 1011 | × | $F=A$ 减 $B$ | （FC,FZ） |
| | 1100 | × | $F=A$ 减 1 | （FC,FZ） |
| | 1101 | × | $F=A$ 加 1 | （FC,FZ） |
| | 1110 | × | （保留） | |
| | 1111 | × | （保留） | |

### 5. 实验步骤

（1）关闭 TD-CMA 实验箱电源，按图 9-8 连接实验电路，并检查接线无误。图 9-8 中将用户需要连接的信号用圆圈标明。

（2）将时序与操作台单元的开关 KK2 置为"单拍"挡，开关 KK1、KK3 置为"运行"挡。

（3）打开 TD-CMA 实验箱电源开关，如果听到有"嘀"的报警声，说明有总线竞争现象，应立即关闭电源，重新检查接线，直到错误排除。然后按 CON 单元的 CLR 按钮，将运算器的 A、B 和 FC、FZ 清零。

（4）用输入开关向暂存器 A 置数。

① 拨动 CON 单元的 $SD_{27} \sim SD_{20}$ 数据开关，形成二进制数 0110 0101B（65H）。

② 置 LDA=1、LDB=0，连续按时序单元的 ST 按钮，产生一个 $T_4$ 上升沿信号，将二进制数 0110 0101B 置入暂存器 A 中。观察 ALU 单元的 $A_7 \sim A_0$ 这 8 位 LED 显示灯，判断与输入数据 0110 0101B 是否一致。

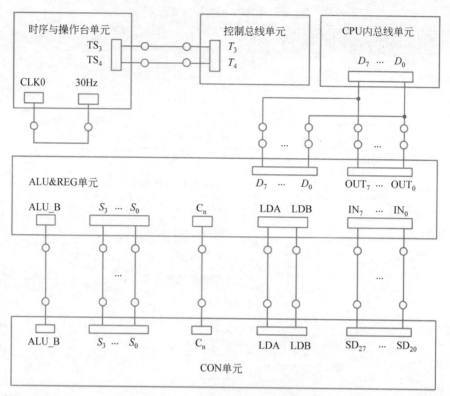

图 9-8　运算器实验连接电路

（5）用输入开关向暂存器 B 置数。

① 拨动 CON 单元的 $SD_{27}\sim SD_{20}$ 数据开关，形成二进制数 1010 0111B(A7H)。

② 置 LDA=0、LDB=1，连续按时序单元的 ST 按钮，产生一个 $T_4$ 上升沿信号，将二进制数 1010 0111B 置入暂存器 B 中。观察 ALU 单元的 $B_7\sim B_0$ 这 8 位 LED 显示灯，判断与输入数据 1010 0111B 是否一致。

（6）置 CON 单元的 ALU_B=0、LDA=0、LDB=0，然后按表 9-3 依次改变 $S_3\sim S_0$ 的数值，连续按 ST 按钮，产生 $T_4$ 上升沿信号，观察 CPU 内总线 LED 显示灯以及 FC、FZ LED 显示灯的显示结果，并在表 9-3 中记录下来。

表 9-3　运算器逻辑运算功能实验结果

| A | B | $S_3 S_2 S_1 S_0$ | CN | 运算结果 | | |
|---|---|---|---|---|---|---|
| | | | | F | FC | FZ |
| 65 | | 0 0 0 0 | × | | | |
| | | 0 0 0 1 | × | | | |
| | | 0 0 1 0 | × | | | |
| | | 0 0 1 1 | × | | | |
| | | 0 1 0 0 | × | | | |

（7）通过 TD-CMA 实验箱软件中的数据通路图观测实验结果。从菜单中选择"实验"→"运算器实验"命令，打开运算器实验的数据通路图。每按一次 ST 按钮，数据通路图就会有数据的流动，反映当前运算器所做的操作。

## 9.5.2　运算器实验二

### 1. 实验目的

（1）熟悉运算器的组成结构。
（2）熟悉运算器的工作原理。
（3）掌握算术运算和移位运算的规则。

### 2. 实验设备

（1）PC 一台。
（2）TD-CMA 教学实验系统一套。

### 3. 实验内容

（1）熟悉运算器的组成结构和工作原理。
（2）输入两个二进制数，通过运算器的算术运算部件和移位运算部件实现加减和移位运算，并将运算结果与手工运算结果进行比较。

### 4. 实验原理

（1）运算器内部含有 3 个独立运算部件，分别为算术运算部件、逻辑运算部件和移位运算部件。
（2）要处理的数据存于暂存器 A 和暂存器 B，运算器的 3 个运算部件同时接收来自暂存器 A 和 B 的数据。
（3）各部件对操作数进行何种运算是由控制信号 $S_3 \sim S_0$ 和 CN 决定的。

### 5. 实验步骤

（1）关闭 TD-CMA 实验箱电源，按图 9-8 连接实验电路，并检查接线无误。图 9-8 中将用户需要连接的信号用圆圈标明。
（2）将时序与操作台单元的开关 KK2 置为"单拍"挡，开关 KK1、KK3 置为"运行"挡。
（3）打开 TD-CMA 实验箱电源开关，如果听到有"嘀"的报警声，说明有总线竞争现象，应立即关闭电源，重新检查接线，直到错误排除。然后按 CON 单元的 CLR 按钮，将运算器的 A、B 和 FC、FZ 清零。
（4）用输入开关向暂存器 A 置数。
① 拨动 CON 单元的 $SD_{27} \sim SD_{20}$ 数据开关，形成二进制数 0110 0101B（65H）。
② 置 LDA=1、LDB=0，连续按时序单元的 ST 按钮，产生一个 $T_4$ 上升沿信号，将二进制数 0110 0101B 置入暂存器 A 中。观察 ALU 单元的 $A_7 \sim A_0$ 这 8 位 LED 显示

灯，判断与输入数据 0110 0101B 是否一致。

（5）用输入开关向暂存器 B 置数。

① 拨动 CON 单元的 $SD_{27}\sim SD_{20}$ 数据开关，形成二进制数 1010 0111B(A7H)。

② 置 LDA=0、LDB=1，连续按时序单元的 ST 按钮，产生一个 $T_4$ 上升沿信号，则将二进制数 1010 0111B 置入暂存器 B 中。观察 ALU 单元的 $B_7\sim B_0$ 这 8 位 LED 显示灯，判断与输入数据 1010 0111B 是否一致。

（6）置 CON 单元的 ALU_B=0、LDA=0、LDB=0，然后按表 9-4 依次改变 $S_3\sim S_0$ 的数值，连续按 ST 按钮，产生 $T_4$ 脉冲，观察 CPU 内总线 LED 显示灯以及 FC、FZ LED 显示灯的显示结果，并在表 9-4 中记录下来。

表 9-4　运算器算术和移位运算功能实验结果

| 运算类型 | A | B | $S_3 S_2 S_1 S_0$ | CN | 运算结果 | | |
| --- | --- | --- | --- | --- | --- | --- | --- |
| | | | | | F | FC | FZ |
| 移位运算 | 65 | | 0　1　0　1 | × | | | |
| | | | 0　1　1　0 | 0 | | | |
| | | | 0　1　1　0 | 1 | | | |
| | | | 0　1　1　1 | 1 | | | |
| | | | 0　1　1　1 | 1 | | | |
| 算术运算 | 65 | | 1　0　0　0 | 0 | 65 | 0 | 0 |
| | | | 1　0　0　0 | 1 | | | |
| | | | 1　0　0　1 | × | | | |
| | | | 1　0　1　0 | × | | | |
| | | | 1　0　1　1 | × | | | |
| | | | 1　1　0　0 | × | | | |
| | | | 1　1　0　1 | × | | | |

（7）通过 TD-CMA 实验箱软件中的数据通路图观测实验结果。从菜单中选择"实验"→"运算器实验"命令，打开运算器实验的数据通路图。每按一次 ST 按钮，数据通路图就会有数据的流动，反映当前运算器所做的操作。

# 9.6　静态随机存储器实验

## 9.6.1　静态随机存储器实验一

### 1. 实验目的

（1）熟悉存储器的工作特性。

（2）掌握存储器数据的读写方法。

**2. 实验设备**

（1）PC 一台。
（2）TD-CMA 教学实验系统一套。

**3. 实验内容**

（1）向指定的存储器地址单元写入数据。
（2）从指定的存储器地址单元读出数据，并与写入的数据进行比较。

**4. 实验原理**

（1）随机存储器的工作方式：CPU 按地址访问存储器。
（2）具体过程：CPU 先发送地址，经过地址译码后，选中存储体中的某一存储单元，在读写控制电路的作用下，对该存储单元进行读写操作。

**5. 实验步骤**

（1）关闭 CD-CMA 实验箱电源，按图 9-9 连接实验电路，并检查接线无误。图 9-9 中将用户需要连接的信号用圆圈标明。

（2）将时序与操作台单元的开关 KK2 置为"单步"挡，开关 KK1、KK3 置为"运行"挡。

（3）将 CON 单元的 IOR 开关置为 1（使 IN 单元无输出）。打开电源开关，如果听到"嘀"的报警声，说明有总线竞争现象，应立即关闭电源，重新检查接线，直到错误排除。

（4）依次向存储器的 00H、01H、02H、03H、04H 存储单元中分别写入数据 AAH、BBH、CCH、DDH、EEH。

① 送地址的具体操作步骤为：先关闭存储器的读写（WR=0、RD=0），然后打开 IN 单元数据输出（IOR=0），最后打开地址寄存器门控信号（LDAR=1），按 ST 按钮，当产生 $T_3$ 上升沿信号时，地址将写入地址寄存器中。

② 送数据的具体操作步骤为：先关闭存储器的读写（WR=0、RD=0），然后关闭地址寄存器门控信号（LDAR=0），再打开 IN 单元数据输出（IOR=0），最后控制存储器进入写状态（WR=1，RD=0，IOM=0），按 ST 按钮，当产生 $T_3$ 上升沿信号时，数据将写入存储器中。

（5）依次读出 00H、01H、02H、03H、04H 存储单元中的内容，观察上述各存储单元中的内容是否与前面写入的一致。

① 送地址的具体操作步骤为：先关闭存储器的读写（WR=0、RD=0），然后打开 IN 单元数据输出（IOR=0），最后打开地址寄存器门控信号（LDAR=1），按 ST 按钮，当产生 $T_3$ 上升沿信号时，地址将写入地址寄存器中。

② 送数据的具体操作步骤为：先关闭存储器的读写（WR=0、RD=0），然后关闭地址寄存器门控信号（LDAR=0），再关闭 IN 单元数据输出（IOR=1），最后控制存储器进

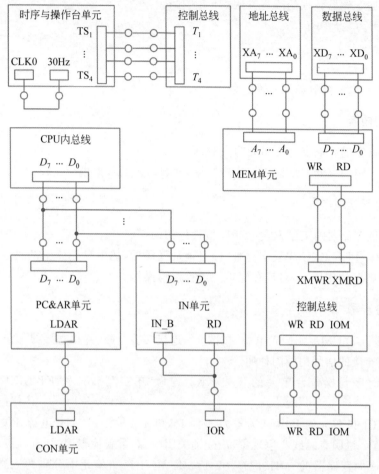

图 9-9　存储器实验电路一

入读状态（WR＝0，RD＝1，IOM＝0），此时 CPU 内总线数据 LED 显示灯显示的数据即为从存储器中读出的内容。观察 LED 显示灯的显示结果，将其与之前存储的数据进行对照，判断是否一致。

（6）通过 TD-CMA 软件中的数据通路图观测实验结果。从菜单中选择"实验"→"存储器实验"命令，打开存储器实验的数据通路图。在实验过程中，数据通路图会有数据的流动，反映当前对存储器所做的操作。

## 9.6.2　静态随机存储器实验二

### 1. 实验目的

（1）进一步熟悉存储器的工作特性。

（2）熟练掌握存储器数据的读写方法。

（3）了解数据存储和显示的过程。

### 2. 实验设备

（1）PC 一台。

（2）TD-CMA 教学实验系统一套。

### 3. 实验内容

（1）向指定的存储单元写入数据。

（2）从指定的存储单元读出数据，并写入输出设备，通过 LED 显示灯显示出来。

### 4. 实验原理

（1）随机存储器的工作方式：CPU 按地址访问存储器。

（2）具体过程：CPU 先发送地址，经过地址译码后，选中存储体中的某一存储单元，在读写控制电路的作用下，对该存储单元进行读写操作。

### 5. 实验步骤

（1）关闭 TD-CMA 实验箱实验箱电源，按图 9-9 连接实验电路，同时按图 9-10 接入 OUT 单元，并检查接线无误。图 9-10 中将用户需要连接的信号用圆圈标明。

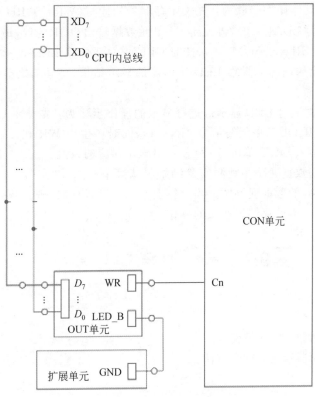

**图 9-10　存储器实验电路二**

（2）将时序与操作台单元的开关 KK2 置为"单步"挡，开关 KK1、KK3 置为"运行"挡。

（3）将 CON 单元的 IOR 开关置为 1（使 IN 单元无输出）。打开电源开关，如果听到有"嘀"的报警声，说明有总线竞争现象，应立即关闭电源，重新检查接线，直到错误排除。

（4）依次向存储器的 00H、01H、02H、03H、04H 存储单元中分别写入数据 AAH、BBH、CCH、DDH、EEH。

① 送地址的具体操作步骤为：先关闭存储器的读写（WR=0、RD=0），然后打开 IN 单元数据输出（IOR=0），最后打开地址寄存器门控信号（LDAR=1），按 ST 按钮，当产生 $T_3$ 上升沿信号时，地址将写入地址寄存器中。

② 送数据的具体操作步骤为：先关闭存储器的读写（WR=0、RD=0），然后关闭地址寄存器门控信号（LDAR=0），再打开 IN 单元数据输出（IOR=0），最后控制存储器进入写状态（WR=1，RD=0，IOM=0），按 ST 按钮，当产生 $T_3$ 上升沿信号时，数据将写入存储器中。

（5）依次读出 00H、01H、02H、03H、04H 存储单元中的内容，观察上述各存储单元中的内容是否与前面写入的一致。

① 送地址的具体操作步骤为：先关闭存储器的读写（WR=0、RD=0），然后打开 IN 单元数据输出（IOR=0），最后打开地址寄存器门控信号（LDAR=1），按 ST 按钮，当产生 $T_3$ 上升沿信号时，地址将写入地址寄存器中。

② 送数据的具体操作步骤为：先关闭存储器的读写（WR=0、RD=0），然后关闭地址寄存器门控信号（LDAR=0），再关闭 IN 单元数据输出（IOR=1），最后控制存储器进入读状态（WR=0，RD=1，IOM=0），此时 CPU 内总线数据 LED 显示灯显示的数据即为从存储器中读出的内容。观察 LED 显示灯的显示结果，将其与之前存储的数据进行对照，判断是否一致。

③ 读出的数据通过 LED 显示灯进行显示的操作步骤为：先关闭 OUT 单元写信号（CN=0），然后打开 OUT 单元写信号（CN=1），同时产生出 WR 和 $T_3$ 信号，此时 CPU 内总线上的数据写入 OUT 单位，LED 显示灯显示对应的数值。

通过软件中的数据通路图观测实验结果。从菜单中选择"实验"→"存储器实验"命令，打开存储器实验的数据通路图。当进行上面的手动操作时，观察数据通路图，其中会有数据的流动，反映当前存储器所做的操作。

## 9.7 系统总线接口实验

**1. 实验目的**

（1）熟悉存储器的工作特性。
（2）掌握存储器数据的读写方法。

**2. 实验设备**

（1）PC 一台。

（2）TD-CMA 教学实验系统一套。

### 3. 实验内容

（1）用输入设备将一个数写入 R0 寄存器。
（2）用输入设备将另一个数（存储器地址）写入地址寄存器。
（3）将 R0 寄存器中的数写入地址寄存器指定的存储单元中。
（4）将指定存储单元中的数读出，并用 LED 显示灯显示。

### 4. 实验原理

（1）由于存储器和输入输出设备最终要挂接到外部总线上，所以需要外部总线提供数据信号、地址信号以及控制信号。在该实验系统中，外部总线分为数据总线、地址总线和控制总线，分别为外设提供上述信号。外部总线和 CPU 内总线之间通过三态门连接，同时实现了内外总线的分离和对数据流向的控制。

（2）总线有一个读写控制逻辑，用于实现对于主存和 I/O 设备的读写操作，使得CPU 能控制主存和 I/O 设备的读写。

（3）TD-CMA 实验箱将几种不同的设备挂接到总线上，有存储器、输入设备、输出设备、寄存器。这些设备都需要有三态输出控制，按照传输要求恰当、有序地控制它们，就可实现总线信息传输。

### 5. 实验步骤

（1）关闭 TD-CMA 实验箱电源，按图 9-11 连接实验电路，并检查接线无误。图 9-11中将用户需要连接的信号用圆圈标明。

（2）将时序与操作台单元的开关 KK2 置为"单拍"挡，开关 KK1、KK3 置为"运行"挡。

（3）打开 TD-CMA 实验箱电源开关，如果听到有"嘀"的报警声，说明有总线竞争现象，应立即关闭电源，重新检查接线，直到错误排除。

（4）进入软件界面，选择菜单"实验"→"简单模型机"命令，打开简单模型机实验数据通路图。

（5）通过输入设备将 11H 写入 R0 寄存器。

① 设置 $K_6=1$，打开 R0 寄存器的输入。

② 设置 $K_7=1$，关闭 R0 寄存器的输出。

③ 设置 WR=0、RD=1、IOM=1，对 IN 单元进行读操作。

④ 设置 LDAR=0，不将数据总线的数写入地址寄存器。

⑤ 将 IN 单元置 00010001（11H）。

⑥ 按 ST 按钮，产生 $T_3$ 脉冲，完成对 R0 寄存器的写入操作。

（6）将 R0 寄存器中的数据 11H 写入 01H 存储单元。

① 先写存储单元地址 01H。

（a）设置 $K_6=0$，关闭 R0 寄存器的输入。

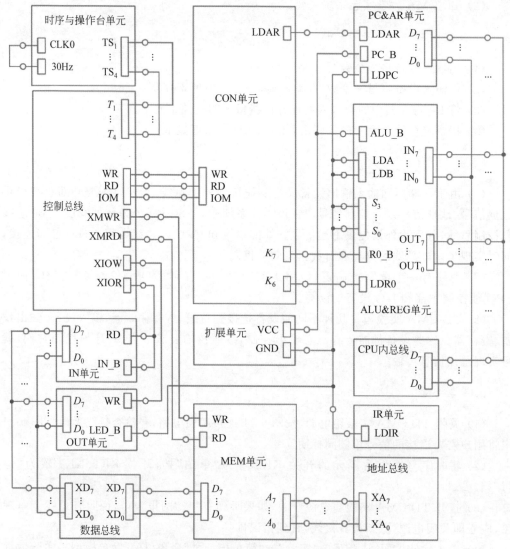

图 9-11 系统总线接口实验电路

（b）设置 $K_7 = 1$，关闭 R0 寄存器的输出。

（c）设置 WR＝0、RD＝1、IOM＝1，对 IN 单元进行读操作。

（d）设置 LDAR＝1，将数据总线的数值写入地址寄存器。

（e）将 IN 单元置 00000001（01H）。

（f）按 ST 按钮，按钮，产生 $T_3$ 脉冲，完成对地址寄存器的写入操作。

② 再把 R0 寄存器的数据 11H 写到指定的 01H 存储单元。

（a）设置 $K_6 = 0$，关闭 R0 寄存器的输入。

（b）设置 WR＝1、RD＝0、IOM＝0，对存储器进行写操作。

（c）设置 $K_7 = 0$，打开 R0 寄存器的输出。

（d）设置 LDAR＝0，不将数据总线的数写入地址寄存器。

(e) 按 ST 按钮,产生 $T_3$ 脉冲,完成对存储器的写入操作。

(7) 将存储器中指定地址(01H)的数值写入 R0 寄存器中。

① 先读存储单元地址 01H。

(a) 设置 $K_6=0$,关闭 R0 寄存器的输入。

(b) 设置 $K_7=1$,关闭 R0 寄存器的输出。

(c) 设置 WR=0、RD=1、IOM=1,对 IN 单元进行读操作。

(d) 设置 LDAR=1,将数据总线的数值写入地址寄存器。

(e) 将 IN 单元置 00000001(01H)。

(f) 按 ST 按钮产生 $T_3$ 脉冲,完成对地址寄存器的写入操作。

② 再把指定的 01H 存储单元中的数据 11H 写入 R0 寄存器。

(a) 设置 $K_6=1$,打开 R0 寄存器的输入。

(b) 设置 $K_7=1$,关闭 R0 寄存器的输出。

(c) 设置 WR=0、RD=1、IOM=0,对存储器进行读操作。

(d) 设置 LDAR=0,不将数据总线的数值写入地址寄存器。

(e) 将 IN 单元置 00000001(01H)。

(f) 按 ST 按钮,产生 $T_3$ 脉冲,完成对 R0 寄存器的写入操作。

(8) R0 寄存器中的数通过 LED 显示灯显示。

① 设置 $K_6=0$,关闭 R0 寄存器的输入。

② 设置 WR=1、RD=0、IOM=1,对 OUT 单元进行写操作。

③ 设置 $K_7=0$,打开 R0 寄存器的输出。

④ 设置 LDAR=0,不将数据总线的数打入地址寄存器。

⑤ 按 ST 按钮,产生 $T_3$ 脉冲,完成对 OUT 单元的写入操作。

注意:由于采用简单模型机的数据通路图,为了不让悬空的引脚影响数据通路图的显示结果,将这些引脚置为无效。在接线时为了方便,可将引脚接到 CON 单元闲置的开关上。若开关拨到 1,等效于接到 VCC;若开关拨到 0,等效于接到 GND。

# 各章习题参考答案

## 第 1 章习题参考答案

### 一、基础题

**1. 选择题**

(1) B  (2) A  (3) C  (4) C  (5) C

**2. 简答题**

(1) 数字计算机分为专用计算机和通用计算机。通用计算机又分为巨型机、大型机、中型机、小型机、微型机和单片机 6 类。

分类依据：专用和通用是根据计算机的效率、速度、价格、运行的经济性和适应性划分的；通用计算机的分类依据主要是体积、简易性、功率损耗、性能指标、数据存储容量、指令系统规模和机器价格等因素。

(2) 冯·诺依曼计算机的主要设计思想是存储程序和程序控制。

存储程序：将解题的程序(指令序列)存放到存储器中。

程序控制：控制器顺序执行存储的程序，按指令功能控制整机协调地完成运算任务。

冯·诺依曼计算机的主要组成部分有控制器、运算器、存储器、输入设备、输出设备。

### 二、提高题

(1) C  (2) D

## 第 2 章习题参考答案

### 一、基础题

(1)

① $F = AB(1 + (C+D)E) = AB$

② $F = \bar{A}B\bar{C}D + \bar{A}BCD + AB\bar{C}D + ABCD$

$\quad = \bar{A}BD(C+\bar{C}) + ABD(C+\bar{C})$

$\quad = \bar{A}BD + ABD$

$\quad = BD(\bar{A}+A)$

$\quad = BD$

③ $F = AC + ADE + \bar{C}D$

$\quad = AC + ADE(C+\bar{C}) + \bar{C}D$

$\quad = AC + ACDE + A\bar{C}DE + \bar{C}D$

$\quad = AC + \bar{C}D$

(2)

① $AB + A\bar{B} = A(B+\bar{B}) = A$

② $AB + \bar{A}C + BCD = AB + \bar{A}C + BCD(A+\bar{A})$

$\qquad\qquad\qquad = AB + \bar{A}C + ABCD + \bar{A}BCD$

$\qquad\qquad\qquad = AB(1+CD) + \bar{A}C(1+BD)$

$\qquad\qquad\qquad = AB + \bar{A}C$

③ $AB + A\bar{B} + \bar{A}B + \bar{A}\bar{B} = A(B+\bar{B}) + \bar{A}(B+\bar{B}) = 1$

④ $A\bar{B} + B + BC = A\bar{B} + B(1+C) = A + B$

(3)

①

| A | B | C | F |
|---|---|---|---|
| 0 | 0 | 0 | 0 |
| 0 | 0 | 1 | 1 |
| 0 | 1 | 0 | 0 |
| 0 | 1 | 1 | 1 |
| 1 | 0 | 0 | 0 |
| 1 | 0 | 1 | 1 |
| 1 | 1 | 0 | 1 |
| 1 | 1 | 1 | 1 |

②

| A | B | F |
|---|---|---|
| 0 | 0 | 1 |
| 0 | 1 | 0 |
| 1 | 0 | 0 |
| 1 | 1 | 1 |

## 二、提高题

（1）A　（2）C　（3）D　（4）A

# 第3章习题参考答案

（1）C　（2）B　（3）A　（4）D　（5）B　（6）B

# 第4章习题参考答案

## 一、基础题

（1）符号位　符号位产生的进位
（2）00　11
（3）不相同　01　10
（4）不一致　不会产生溢出
（5）$C_0 \oplus C_1$
（6）负数　正　正数　负

## 二、提高题

（1）D　（2）B　（3）D　（4）B　（5）A

# 第5章习题参考答案

## 一、基础题

### 1. 填空题

（1）PROM　EPROM　$E^2$PROM

（2）存储容量　存取速度　带宽　可靠性

（3）11　8

（4）触发器　电荷元件

（5）片选地址　片内地址　芯片　片内存储单元

**2. 选择题**

（1）D　（2）C　（3）C　（4）A　（5）C

（6）A　（7）D　（8）B　（9）B　（10）C

（11）C　（12）C　（13）A　（14）D　（15）B

**3. 判断题**

（1）错　（2）对　（3）错　（4）错　（5）对

**4. 简答题**

（1）存储器与 CPU 连接主要包括地址线的连接、数据线的连接和控制线的连接。在连接时主要应考虑以下 4 个问题：

① CPU 总线的带负载能力，即 CPU 总线能不能带得动。

② CPU 的时序和存储器的存取速度之间的配合问题。

③ 存储器的地址分配和选片问题。

④ 控制信号的连接问题。

（2）ROM 和 RAM 都是一种存储技术，只是两者原理不同。RAM 为随机存储，掉电不会保存数据；而 ROM 在掉电的情况下会保存原有的数据。

（3）SRAM 由触发器实现存储数据，不需要刷新；DRAM 由电容充放电实现存储数据，需要动态刷新，价格相对便宜，速度较慢。

（4）① 需要地址线 10 条，芯片 256 片。

② 需要地址线 10 条，芯片 64 片。

③ 需要地址线 14 条，芯片 16 片。

④ 需要地址线 12 条，芯片 8 片。

（5）Cache 是高速缓冲缓存器，它的访问速度比一般随机存取存储器快。通常它不像系统主存那样使用 DRAM 技术，而使用昂贵但较快速的 SRAM 技术。提供 Cache 的目的是让数据访问的速度跟上 CPU 的处理速度，它基于的原理是程序的局部性原理。

## 二、提高题

（1）B　（2）A　（3）D　（4）C

# 第6章习题参考答案

## 一、基础题

### 1. 填空题

(1) 性能

(2) 功能    操作数的地址

(3) 操作码    地址码

(4) 精简指令集计算机    复杂指令集计算机

(5) 缩短指令长度    扩大寻址空间    提高编程灵活性

(6) 寄存器直接

(7) 主存单元

(8) 变址寄存器的内容+形式地址

(9) 基址寄存器的内容+形式地址

### 2. 选择题

(1) C    (2) B    (3) B    (4) B    (5) A    (6) C    (7) C
(8) A    (9) D

### 3. 计算题

(1) ①4 位。②3.4 位。

(2) $(2^4-K)\times 2^6-L/2^6$ 种。

### 4. 综合设计题

略

## 二、提高题

(1) C    (2) A    (3) D    (4) A

# 第7章习题参考答案

### 1. 选择题

(1) D    (2) D    (3) B

**2. 填空题**

(1) 堆栈寄存器

(2) 指令寄存器

(3) 程序计数器或指令计数器

**3. 简答题**

(1) 在计算机中,算术逻辑单元(ALU)是专门执行算术和逻辑运算的数字电路。其主要功能是进行二位元的算术运算,如加减乘(不包括整数除法)。

(2) 指令寄存器和程序计数器。

(3) 运算器的基本功能是完成对各种数据的加工处理,例如算术运算、逻辑运算、算术和逻辑移位操作、比较数值、变更符号、计算主存地址等。

控制器的基本功能如下:

① 数据缓冲。由于 I/O 设备的速度较低而 CPU 和内存的速度却很高,故在控制器中必须设置缓冲器。

② 差错控制。设备控制器还兼管对 I/O 设备传送来的数据进行差错检测。

③ 数据交换。这是指实现 CPU 与控制器之间、控制器与 I/O 设备之间的数据交换。

④ 状态说明。标识和报告 I/O 设备的状态。控制器应记下 I/O 设备的状态供 CPU 了解。

⑤ 接收和识别命令。CPU 可以向控制器发送多种不同的命令,控制器应能接收并识别这些命令。

⑥ 地址识别。就像内存中的每一个单元都有一个地址一样,系统中的每一台 I/O 设备也都有一个地址,而控制器必须能够识别它所控制的每一台 I/O 设备的地址。

(4) 指令周期是取出并执行一条指令的时间。CPU 周期是计算机完成一个基本操作所花费的时间。指令周期通常用若干 CPU 周期表示,而 CPU 周期又包含若干时钟周期。

# 第 8 章习题参考答案

## 一、基础题

**1. 选择题**

(1) A   (2) C   (3) C   (4) B   (5) B   (6) D   (7) C

(8) B   (9) A   (10) C

**2. 填空题**

(1) DMA 方式   中断方式

（2）统一编址　独立编址

（3）关中断　保存现场信息

（4）CPU 的某种内部因素

（5）主机外部的中断信号

（6）直接存储器访问　数据块传送

（7）预处理　传送后处理

（8）地址计数器　字计数器

（9）多级中断

（10）中断服务程序的入口地址

（11）中断向量

（12）改变中断处理的优先级别　屏蔽一些不允许产生的中断

（13）返回地址和状态寄存器的内容

（14）处理器　指令和程序　数据处理

（15）通道方式　DMA 方式　中断方式　程序查询方式

**3. 判断题**

（1）错　（2）错　（3）错　（4）对　（5）对

（6）对　（7）错　（8）错　（9）错　（10）对

**4. 简答题**

（1）

① 不正确。程序查询方式接口简单，可用于外设与主机速度相差不大且外设数量很少的情况。

② 不正确。DMA 方式用于高速外设与主存间的数据传送，但 DMA 结束时仍需中断方式做后处理。

（2）总线是多个部件共享的传输部件。总线传输的特点为某一时刻只能有一路信息在总线上传输，即分时使用。为了减轻总线负载，总线上的部件应通过三态驱动缓冲电路与总线连通，由三态门的控制端控制什么时刻由哪个寄存器输出。当控制端无效时，寄存器和总线之间呈高阻态。

（3）同步通信指由统一时钟控制的通信，控制方式简单，灵活性差，当系统中各部件工作速度差异较大时，总线工作效率明显下降，适用于速度差别不大的场合。异步通信指没有统一时钟控制的通信，部件间采用应答方式进行联系，控制方式较同步复杂，灵活性高，当系统中各部件工作速度差异较大时，有利于提高总线工作效率。

**二、提高题**

（1）A　（2）C　（3）C　（4）C　（5）D　（6）D

# 参 考 文 献

[1] 张燕平,赵姝. 计算机组成原理[M]. 北京：清华大学出版社,2012.

[2] BRYANT R E, O'HA LIARON D R. 深入理解计算机系统[M]. 龚奕利，贺莲，译. 北京：机械工业出版社,2016.

[3] 谢树煜,谭浩强. 计算机组成原理[M]. 北京：清华大学出版社,2009.

[4] 陈泽宇. 计算机组成原理[M]. 北京：清华大学出版社,2009.

[5] 袁春风,余子濠. 计算机系统基础[M]. 北京：机械工业出版社,2018.

[6] 石磊. 计算机组成原理[M]. 北京：清华大学出版社,2012.

[7] CLEMENTS A. 计算机组成原理[M]. 沈立,王苏峰,肖晓强,译. 北京：机械工业出版社,2017.

[8] 唐朔飞. 计算机组成原理[M]. 北京：高等教育出版社,2013.

# 图书资源支持

感谢您一直以来对清华版图书的支持和爱护。为了配合本书的使用，本书提供配套的资源，有需求的读者请扫描下方的"书圈"微信公众号二维码，在图书专区下载，也可以拨打电话或发送电子邮件咨询。

如果您在使用本书的过程中遇到了什么问题，或者有相关图书出版计划，也请您发邮件告诉我们，以便我们更好地为您服务。

**我们的联系方式：**

地　　址：北京市海淀区双清路学研大厦 A 座 714

邮　　编：100084

电　　话：010-83470236　010-83470237

客服邮箱：2301891038@qq.com

QQ：2301891038（请写明您的单位和姓名）

**资源下载：**关注公众号"书圈"下载配套资源。

资源下载、样书申请

书 圈

图书案例

清华计算机学堂

观看课程直播